金万昆论文集

———— 金万昆 等 著 ————

中国农业科学技术出版社

图书在版编目(CIP)数据

金万昆论文集 / 金万昆等著. —北京:中国农业科学技术出版社,
2016.1
ISBN 978 - 7 - 5116 - 2303 - 4

Ⅰ.①金… Ⅱ.①金… Ⅲ.①农业技术 – 文集 Ⅳ.①S – 53

中国版本图书馆 CIP 数据核字(2015)第 242730 号

责任编辑　张孝安
责任校对　马广洋

出 版 者　中国农业科学技术出版社
　　　　　北京市中关村南大街 12 号　邮编:100081
电　　话　(010)82109708(编辑室)　　(010)82109702(发行部)
　　　　　(010)82109703(读者服务部)
传　　真　(010) 82106650
网　　址　http://www.castp.cn
经 销 者　各地新华书店
印 刷 者　北京富泰印刷有限责任公司
开　　本　889 mm×1 194 mm　1/16
印　　张　12.75
字　　数　260 千字
版　　次　2016 年 1 月第 1 版　2016 年 1 月第 1 次印刷
定　　价　99.00 元

金万昆论文集

著作委员会

金万昆　沈俊宝　王民生

赵建英　高永平

序

FOREWORD

虽然我国是世界淡水鱼类养殖大国,养殖历史悠久,但已开发的养殖品种仅有100余种。新中国成立后,特别是改革开放以来,国家对鱼类遗传育种的研究和开发工作高度重视,曾先后将其列入"十五"、"十一五"渔业发展规划。鱼类育种科学工作者更是以高度的责任感和使命感,从多方面、多渠道探索鱼类的遗传变异,并通过品种选育、杂交选育和基因工程育种等途径与技术,创新选育出不少高产、优质、抗病、抗逆良种。

金万昆同志自20世纪50年代任天津市换新水产良种场场长以来,一直致力于淡水鱼类良种的选育工作。特别是2002年以来,带领科研团队进行了鲤鱼、鲫鱼、鳊鱼、鲂鱼、鲌鱼和观赏鱼等多种鱼类新品种的选育研究,先后培育出红白长尾鲫、蓝花长尾鲫、墨龙鲤、乌克兰鳞鲤、津新鲤、黄金鲫、津鲢、芦台鲂鲌、津新乌鲫、津新鲤2号(超级鲤)10个经全国水产原种和良种审定委员会审定,农业部批准在全国推广养殖的新品种。更为可贵的是,这些新品种经全国推广后,许多品种已成为全国重要的养殖品种。如黄金鲫和被广大养殖者誉为"超级鲤"的津新鲤2号等已推广到全国29个省区市,获得了显著的经济、社会效益,其产值占到全国同类产品30%的市场份额。同时在新品种的研究开发中,还创新出一批实用新技术,其中,有10项实用新型和发明专利获得国家知识产权局授权。金万昆同志及其团队,在淡水鱼类新品种的选育研究与创新上所做的大量工作,对不断提高淡水鱼类良种覆盖率,推动我国淡水鱼类养殖业的健康、高效和可持续发展,做出了突出贡献。

康、高效和可持续发展，做出了突出贡献。

在淡水鱼类新品种的研发上，他们共进行了 600 余项目间、科间、亚科间、属间的远缘杂交试验，获得了一批有生命力的远缘杂交子代。选育出多项具有育种前景的组合，为进一步开展鱼类遗传育种和分子生物育种奠定了良好基础。在此期间，他们先后将实验研究和取得的结果，以论文形式写成科研报告，先后出版了《淡水鱼类远缘杂交种染色体图谱》《淡水鱼类远缘杂交实验报告》《淡水养殖鱼类种质资源库》和《淡水鱼类杂交种胚胎发育图谱》4 部专著。

《金万昆论文集》是将金万昆同志在国内有关期刊、杂志上发表的论文收集整理，以论文集形式出版，以便为广大水产养殖及科技工作者提供参考。

邢志育

2015 年 9 月 16 日

前　言

PREFACE

　　天津市换新水产良种场场长金万昆同志带领其科研团队，自 2002 年以来，在淡水鱼类遗传育种和健康高效养殖技术方面进行了大量深入系统的研究和实践。先后培育出红白长尾鲫、蓝花长尾鲫、墨龙鲤、乌克兰鳞鲤、津新鲤、黄金鲫、津鲢、芦台鲂鲌、津新乌鲫、津新鲤 2 号（超级鲤）10 个经全国水产原种和良种审定委员会审定、农业部批准在全国推广养殖的新品种。在此期间，还进行了 600 余项目间、科间、亚科间、属间远缘杂交试验，获得了一批有生命力的远缘杂交子代，并为以后进一步深入研究提供了宝贵的育种材料。

　　上述新品种的部分育种试验研究、淡水鱼类远缘杂交试验以及一些品种的育种素材、亲本培育和健康养殖技术研究中积累的基础资料，已经整理，并在国内相关水产刊物上发表。为了将这些淡水鱼类新品种培育研究方面所做的工作整理存档，并将这些新品种培育及远缘杂交试验的资料提供给水产科学研究和养殖工作者参考，现将这些文章以论文集形式出版。

　　本文集根据内容分为品种、杂交组合、品种育种及养殖技术 3 部分，共收录论文 46 篇。鉴于淡水鱼类品种变异复杂，相关研究亟待进一步深入和持续，同时由于水平所限，本文集资料中的疏漏和不当之处在所难免，敬请读者批评指正。对本文集中所引用参考文献的作者，在此一并致谢！

著作委员会

2015 年 9 月 30 日

目　录
CONTENTS

一、品种

(一)津鲢

(二)超级鲤、墨龙鲤

(三)黄金鲫

(四)乌龙鲫、红白长尾鲫、蓝花长尾鲫

(五)芦台鲂鲌

二、杂交组合

三、品种育种及养殖技术

一、品　种

（一）津　鲢

Isozyme Analysis of Jin Silver Carp
(*Hypophthalmichthys molitrix* Var Jin)

Yang Qiang[1], Hao Jun[1], Bao Di[1], Liang AiJun[1], Jin Wankun[2], Li Chongwen[3],

Zhang Xinghua[1], Dong Shi[1]*

(1. College of Life Science, Tianjin Key Laboratory of Cyto – Genetical and

Molecular Regulation, Tianjin Normal University, Tianjin 300387, China;

2. National Level Tianjin Huanxin Excellent Fisheries Seed Farm, Tianjin 301500, China;

3. Tianjin Tianxiang Aquatic Co. , Ltd. , Tianjin 301500, China)

Abstract: [Objective] The aim was to carry out isozyme analysis of jin silver carp (*Hypophthalmichthys molitrix* Var Jin). [Method] The isozyme of AAT, EST, α – GPD, GPI, IDH, LDH, MDH, ME, PGM and PROT of muscles and liver in two populations of the silver carp (*Hypophthalmichthys molitrix*): Jin silver carp (a breed through selective breeding) and artificially propagated population bought from Jingzhou city, Hubei Province were examined by horizontal starch gel electrophoresis. [Result] Eighteen loci were observed in two populations. Two loci of GPI* and PGM* in Jin silver carp population and the locus of GPI* in Jingzhou population were polymorphic. The proportions of polymorphic loci (maximum allele frequency $\leqslant 0.99$) of Jin silver carp and Jingzhou populations were 11.11% and 5.56% respectively, expected heterozygosity were 0.0150 and 0.0011 respectively. The Nei's genetic distances were 0.00059 between two populations. The result of chi – square test of the GPI* gene in two populations showed that their genetic structure has very significant difference. [Conclusion] This study provided a theoretical basis for large – scale extension of Jin silver carp.

Key words: Silver carp(*Hypophthalmichthys molitrix*); Isozyme; Genetic diversity

Silver carp (*Hypophthalmicthys molitrix*), as one of Chinese "Four Fish", belongs to Cyprinidae of Cypriniformes[1]. It is also one of the most important freshwater fish in China. The Yangtse River is our country's important produce place of silver carp. However, due to recent changes in the natural environment, the production of silver carp of Yangtze River has declined sharply. At the same time, the proportion of silver carp also produced corresponding change[2], which is dropped from 26.1% to 3.9%[3].

The substantially change in natural output of silver carp has a close relationship with their own genetic material structure changes. Therefore, many scholars have carried out variety of studies on the genetic variation of silver carp by many methods such as morphology, isozyme, RAPD, mtDNA RFLP, D –

loop segment sequencing of mtDNA and microsatellite[4~14].

In recent years, artificial propagation has been used to increase the yield of silver carp, but the unreasonable genetic resources management and propagation method used in this process has significantly reduced the growth performance, disease resistance, stress resistance and genetic diversity of silver carp[15]. Jin silver carp, a breed through selective breeding, is obtained by closed breeding of silver carp collected from Yangtze River with the method of the combination of population propagation and hybrid breeding in "National Level Tianjin Huanxin High Quality Fish Farm". In 2010, it has been approved as new variety by the National Aquatic Species and Varieties Committee. Jin silver carp has many advantages such as fast growth, good adaptability, strong resistance, high fecundity, high economic benefits and so on. It is the first variety in "Four Fish" which is obtained by artificial breeding in our country[16]. In this study, the isozyme analysis technology was used for genetic diversity analysis of Jin silver carp so as to provide theoretical basis for large – scale spread of jin silver carp.

I Materials and Methods

1 Materials

Fifty jin silver carp from National Level Tianjin Huanxin High Quality Fish Farm with the average weight of(73.6 ± 14.1)g was collected on Nov. 17, 2010, which belonged to artificial breeding fries of June 2010; 50 Jingzhou silver crap with the average weight of(73.4 ± 9.9)g were collected from Tianjin Tianxiang Aquatic Co., Ltd. on Sep 21, 2011, which was purchased from Daming aquaculture farms in Jingzhou City of Hubei Province on May 15, 2011. All materials were collected and then saved at −20℃.

2 Methods

Horizontal starch gel electrophoresis method was used in this study with the citric acid – aminopropyl morpholine(C – APM, pH = 6)as buffer. Electrophoresis and staining methods were according to the method of Taniguchi[17] and Dong[18]. The thawing solution of brain, eye, heart, muscle, liver and kidney of two populations of silver carp were used as samples for pre test to distinguish the suitable isozymes and organization for individual genotypes. Then, the isozymes detection of two populations of silver carp was carried out, and the isozyme types, No., locus and organization were shown in Table 1. Isozymes abbreviated name, No., locus, allele and genotype name were according to the method of Shaklee[19].

Table 1 The detected isozyme, No., locus

Isozyme	Abbreviated name	No.	Locus	Tissue
Aspartate aminotransferase	AAT	2.6.1.1	AAT*	Muscle
Esterase	EST	3.1.1 –	EST*	Liver
Glucosephosphate isomerase	GPI	5.3.1.9	GPI*	Muscle
Glyceraldehyde phosphate dehydrogenase	α – GPD	1.2.1.12	α – GPD*	Muscle
Isocitrate dehydrogenase	IDH	1.1.1.42	IDH – 1*	Muscle
			IDH – 2*	Liver
			IDH – 3*	Liver
Lactate dehydrogenase	LDH	1.1.1.27	LDH – 1*	Muscle
			LDH – 2*	Muscle
Malate dehydrogenase	MDH	1.1.1.37	MDH – 1*	Muscle
			MDH – 2*	Muscle
			MDH – 3*	Muscle
			MDH – 4*	Muscle
Malic enzyme	ME	1.1.1.40	ME – 1*	Muscle
			ME – 2*	Muscle
			ME – 3*	Liver
Phosphoglucomutase	PGM	5.4.2.2	PGM*	Muscle
Sarcoplasmic protein	PROT	–	PROT*	Muscle

3 Data processing and analysis

According to the electrophoretic band, the genotypes of each isozyme of each fish were judged, and then the allele frequency of each allele was calculated. According to the method of Wang Zhongren[20] and PopGen32 software, proportions of polymorphic loci(P), No. of allele gene(A), No. of effective alleles(Ne), Observed heterozygosity(Ho) and Expected heterozygosity(He) were calculated. And the Hardy – Weinberg equilibrium χ^2 test was carried out on the varied locus of each population. At the same time, the χ^2 test between two populations on the highest allele frequency of the varied locus was performed[21].

II Results and Analysis

1 Allele frequency of two populations

The pre test result showed that the activity of AAT, a – GPD, GPI, IDH, LDH, MDH, ME, PGM and PROT in muscle tissue was strong and the bands were clear. The locus of EST, IDH, ME in liver was significantly different from those in muscle, and the

bands were clear. The bands of other tissues were the same as those in liver or muscle, or can't be distinguished. Therefore, liver and muscle were selected as test materials.

In the ten detected isozymes, there were a total of 18 locus, in which the GPI* and PGM* were the varied loci in Jin silver carp and the GPI* was the varied loci in Jingzhou silver carp. The allele frequency of GPI* and PGM* loci was shown in Table 2. Parts of isozyme electrophoresis of two populations of silver carp were shown in Figure.

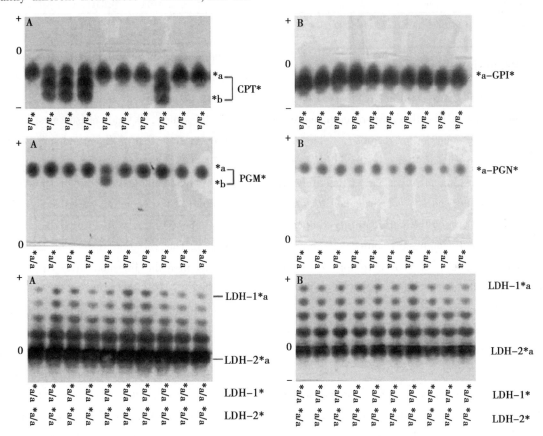

A, Jin silver carp; B, Jingzhou silver carp.

Figure Parts of the isozymes electrophoresis of two populations of silver carp

Table 2 The allele frequency of two populations of silver carp

Locus	Allele	Allele frequency	
		Jin silver carp	Jingzhou silver carp
GPI*	*a	0. 8900	0. 9900
	*b	0. 1100	0. 0100
PGM*	*a	0. 9700	1. 0000
	*b	0. 030 0	0

Other 16 loci are without variation.

2 Genetic variation within and among groups

The calculated variation indexes were shown in Table 3. It could be concluded that the calculated P, A, Ne, Ho and He of Jin silver carp were higher than that of Jingzhou silver carp. The ratio of Ho to He of two populations was close to 1. The χ^2 test on the varied locus of each population showed that $P > 0.05$,
which was in line with Hardy – Weinberg equilibrium. The Nei genetic distance between two populations was 0.00059, with the χ^2 value of a allele frequency on GPI * was 9.95, $P < 0.01$. It suggested that these two populations had certain genetic differences. The χ^2 value of a allele frequency on PGM * was 3.05, $P > 0.05$.

Table 3　The genetic variation between two populations of silver carp

Population	Number of locus	Number of polymorphic loci	P	A	Ne	Ho	He	Ho/He
Jin silver carp	18	2	0.1111	1.1111	1.0183	0.0167	0.0150	1.1133
Jingzhou silver carp	18	1	0.0556	1.0556	1.0011	0.0011	0.0011	1.0000

The highest allele frequency of variant loci ≤ 0.99.

III Discussion

The natural distribution area of silver carp is fromHeilongjiang to Red River. Silver carp has been introduced to 71 countries or regions [22]. The Yangtze River and the Pearl River are the birthplace of fries and propagation of silver carp (including the Aristichthys nobilis and *Ctenopharyngodon idellus*) in our country and around the world, are very important fish gene pool and germplasm resources [23]. In recent years, natural resources of silver carp appear a severe recession, and the number of fry was drastically reduced [6]. Therefore, the breeding of silver carp new varieties appears to be particularly important. However, till 2009, there is not a silver carp breeding varieties in China.

Many scholars in our country have carried out studies on the population structure of silver carp by the application of multiple genetic markers [2-14]. Zhao and Li [2], Li *et al.* [4], Wu and Nang [7], Wang and Liu [24], Zou *et al.* [25] and others had studied on the genetic structure of multiple population of silver carp or individual polymorphism and so on using isozyme detection technology. In these studies, LDH and EST show variation loci, and there also a small number of groups showed the ADH, MDH and IDH have gene variation. Zhao Jinliang *et al.* [2] detected 10 kinds of isozymes and sarcoplasmic proteins, and
they found that four populations of silver carp of middle and lower reaches of Yangtze River were populations with no significant genetic differentiation.

In this study, 10 kinds of isozymes (four of them are different from that of Zhao) and sarcoplasmic protein (PROT) of Jin silver carp and Jingzhou silver carp were detected, and the result showed that the GPI * and PGM * were the varied loci in Jin silver carp and the GPI * was the varied loci in Jingzhou silver carp. The variation degree of Jin silver carp was higher than the Jingzhou silver carp. The χ^2 test on an allele frequency of GPI * of two kinds of silver carp showed that there were significant difference between these two populations. Wang [26] analyzed the RFLP of D – loop section of mtDNA of Jin carp and three populations of silver carp of Yangtse River, the results also showed that haplotype diversity index, nucleotide diversity index of Jin silver carp were the highest, which was consistent with the results in this study.

Generally, the genetic diversity of artificial propagation population will have a certain decline degree. However, there are some exceptions. Taniguchi *et al.* [27] analyzed the 10 kinds of *Plecoglossus altivelis* by isozyme analysis technology, and the results showed that the allele frequency and genetic variability of artificial breeding populations were significantly different from wild populations and that some genes may be directly or indirectly associated with growth factor. The reason for high variation degree of Jin silver carp may be due to low variation degree of Jingzhou silver carp，or that Jin silver carp has retained the original genetic diversity.

IV References

［1］Cheng QT（成庆泰），Zheng BS（郑葆珊）. China fish system retrieval（中国鱼类系统检索（上））［M］. Beijing：Science Press（北京：科学出版社），1987.

［2］Zhao JL（赵金良），Li SF（李思发）. Analysis on isozyme of population differentiation of *Hypophthalmichthys molitrix*，*Aristichthys nobilis*，*Ctenopharyngodon idellus* and *Mylopharyngodon piceusin* middle and lower reaches of Yangtze River（长江中下游鲢、鳙、草鱼、青鱼种群分化的同工酶分析）［J］. Journal of Fisheries of China（水产学报），1996，20（2）：104－110.

［3］Zhang SM（张四明），Deng H（邓怀），Wang DQ（汪登强），*et al.* Population structure and genetic diversity of silver carp and grass carp from populations of Yangtze River system revealed by RAPD（长江水系鲢和草鱼遗传结构及变异性的 RAPD 研究）［J］. Acta Hydrobiologica Sinica（水生生物学报），2001，25（4）：324－330.

［4］Li SF（李思发），Wang Q（王强），Chen YB（陈永乐）. The biochemical genetics structure and variation of *Hypophthalmichthys molitrix*，*Aristichthys nobilis* and *Ctenopharyngodon idellus* in Yangtze River，Pearl River and Heilongjiang River（长江、珠江、黑龙江三水系的鲢、鳙、草鱼原种种群的生化遗传结构与变异）［J］. Journal of Fisheries of China（水产学报），1986，10（4）：351－372.

［5］Li SF（李思发），Zhou BY（周碧云），Ni ZK（倪重匡），*et al.* The morphology differences of *Hypophthalmichthys molitrix*，*Aristichthys nobilis* and *Ctenopharyngodon idellus* in Yangtze River，Pearl River and Heilongjiang River（长江、珠江、黑龙江鲢、鳙和草鱼原种种群形态差异）［J］. Animal Journal（动物学报），1989，35（4）：390－398.

［6］Li SF（李思发）. On biology diversity and protection of important fishes in Yangtze River（长江重要鱼类生物多样性和保护研究）［M］. Shanghai：Shanghai Science and Technology Press（上海：上海科学技术出版社），2001.

［7］Wu LZ（吴力钊），Wang ZX（王祖熊）. The biochemical genetic structure and variation of natural population of *Hypophthalmichthys molitrix* in middle reaches of Yangtze River（长江中游鲢鱼天然种群的生化遗传结构及变异）［J］. Acta Hydrobiologica Sinica（水生生物学报），1997，21（2）：157－162.

［8］Jiang JG（姜建国），Xiong QM（熊全沫），Yao RH（姚汝华）. On isozyme of *Hypophthalmichthys molitrix*（鲢鱼的同工酶研究）［J］. Journal of South China University of Technology：Natural Science Edition（（华南理工大学学报：自然科学版），1998，26（1）：107－111.

［9］Zhang XY（张锡元），Yang JQ（杨建琪），Zhang DC（张德春），*et al.* RAPD analysis on *Hypophthalmichthys molitrix* and *Anistchthys noblils*（白鲢和鳙鱼的随机扩增多态 DNA 分析）［J］. Progress in Biochemistry and Biophysics（生物化学与生物物理进展），1999，26（5）：469－472.

［10］Yang XM（杨学明），Li SF（李思发）. *Hypophthalmichthys molitrix*，*Ctenopharyngodon idellus* in Yangtze River — people propagation growth difference and biochemical genetics variation（长江鲢，草鱼原种——人繁群体生长差异与生化遗传变化）［J］. Journal of Fishery Sciences of China（中国水产科学），1996，3（4）：1－10.

［11］Jiang JG（姜建国），Xiong QM（熊全沫），Yao RH（姚汝华）. Comparative study on isozyme of *Mylopharyngodon piceus*，*Ctenopharyngodon idellus*，*Hypophthalmichthys molitrix*，*Aristichthys nobilis*（青草鲢鳙四种鱼同工酶的比较研究）［J］. Hereditas（遗传），1998，20（2）：19－22.

［12］Zhang SM（张四明），Wang DQ（汪登强），Deng H（邓怀），*et al.* On mtDNA genetic variation of *Aristichthys nobilis* and *Ctenopharyngodon idellus* group in Yangtze middle reaches water system(长江中游水系鲢和草鱼群体 mtDNA 遗传变异的研究)[J]. Acta Hydrobiologica Sinica(水生生物学报),2002,26(2): 142 – 146.

[13]Zhu XD(朱晓东),Geng B(耿波),Li J(李娇),*et al*. Analysis of genetic diversity among silver carp populations in the middle and lower Yangtse River using thirty microsatellite markers(利用 30 个微卫星标记分析长江中下游鲢群体的遗传多样性)[J]. Hereditas(遗传),2007,29(6):705 – 713.

[14]Ji CH(姬长虹),Gu JJ(谷晶晶),Mao RX(毛瑞鑫),*et al*. Analysis of genetic diversity among wild silver carp (*Hypophthalmichthys molitrix*) populations in the Yangtze, Heilongjiang and Pearl Rivers using microsatellite markers(长江、珠江、黑龙江水系野生鲢遗传多样性的微卫星分析)[J]. Journal of Fisheries of China(水产学报),2009,33(3):364 – 371.

[15]Liao MJ,Yang GP,Zou GW,et al. Development of microsatellite DNA markers of silver carp (*Hypophthalmichthys molitrix*) and their application in the determination of genetic diversities of silver carp and bighead carp (*Aristichthys nobilis*)[J]. Journal of Fishery Sciences of China,2006,13(5):756 – 761.

[16]Fu LJ(付连君). The culture technique of the first artificial breeding new variety Jinlian("四大家鱼"首个人工选育新品种津鲢养殖技术)[J]. Hebei Fisheries(河北渔业),2011 (9):34 – 35,60.

[17]Taniguchi N,Okada Y. Genetic study on the biochemical polymorphism in red sea bream[J]. Bulletin of the Japanese Society of Scientific Fisheries,1980,46(4):437 – 443.

[18]Dong S,Taniguchi N,Tsuji S. Identification of clones of ginbuna Carassius langsdorfii by DNA fingerprinting and isozyme pattern[J]. Nippon Suisan Gakkaishi,1996,62(5):747 – 753.

[19]Shaklee JB,Aliendorf FW,Morizot DC,*et al*. Gene nomenclature for protein – coding loci in fish[J]. Transactions of the American Fisheries Society,1990(119):2 – 15.

[20]Wang ZR(王中仁). Plant allozyme analysis (植物等位酶分析)[M]. Beijing:Science Press(北京:科学出版社),1996.

[21]Motoo K(木村资生). Group genetics conspectus(集团遗传学概论)[M]. Tokyo:Peifeng Library(东京:培风馆),1960.

[22]Xie P(谢平). *Hypophthalmichthys molitrix*, *Aristichthys nobilis* and algae bloom control(鲢、鳙与藻类水华控制)[M]. Beijing:Science Press(北京:科学出版社),2003.

[23]Li SF(李思发),Wu LZ(吴力钊),Wang Q (王强),et al. On germplasm resources of *Hypophthalmichthys molitrix*, *Aristichthys nobilis*, *Ctenopharyngodon idellus* in Yangtze River, Pearl River and Heilongjiang River(长江、珠江、黑龙江鲢、鳙、草鱼种质资源研究)[M]. Shanghai:Shanghai Science and Technology Press(上海:上海科学技术出版社),1990.

[24]Wang ZX(王祖熊),Liu F(刘峰). On isozyme ontogeny polymorphism of LDH and EST in different breeding community of *Hypophthalmichthys molitrix*(白鲢不同繁育群体中乳酸脱氢酶和酯酶同工酶个体发生多态性的研究)[J]. Acta Hydrobiologica Sinica(水生生物学报),1985,9(3):285 – 291.

[25]Zou GW(邹桂伟),Zheng BB(郑蓓蓓),LUO XZ(罗相忠),*et al*. Expression of esterase and laetate dehydrogenase from different tissues of inbreeding F_1 progeny artificial gynogenetic silver carp(*Hypophthalmichthys molitrix*)酯酶和乳酸脱氢酶在人工雌核发育鲢近交 F_1 不同组织中的表达[J]. Freshwater Fisheries(淡水渔业),2006,36(6):12 – 15.

[26]Wang S(王淞),Cao XX(曹晓霞),Gukou SY (谷口顺彦),*et al*. PCR – RFLP analysis on mtDNA D – loop region of four populations of silver carp(*Hypophthalmichthys molitrix*)(4 个群体鲢 mtDNA D – loop 的 PCR—RFLP 分

析）［J］. Freshwater Fisheries（淡水渔业），
2010，40（4）：3－9.

［27］Taniguehi N，Seki S，Inada Y. Genic variability
and differentiation of amphidromous，landlocked
and hatchery populations of ayu*Plecoglossus al-
tivelis*［J］. Bulletin of the Japanese Society of
Scientific Fisheries，1983，49（11）：1 655 －
1 663.

津鲢的同工酶分析

杨　蔷[1]，郝君[1]，鲍　迪[1]，梁爱军[1]，金万昆[2]，李崇文[3]，张兴华[1]，董　仕[1]*

（1. 天津师范大学生命科学学院，天津市细胞遗传与分子调控重点实验室，天津　300387；

2. 国家级天津市换新水产良种场，天津　301500；

3. 天津市天祥水产有限责任公司，天津　301500）

摘　要：[目的]对津鲢进行同工酶分析。[方法]使用水平式淀粉凝胶电泳法，对选育品种津鲢进行 AAT、EST、α－GPD、GPI、IDH、LDH、MDH、ME、PGM 和 PROT 共 10 种同工酶及蛋白质的电泳分析，并以购自湖北省荆州市的鲢人工繁殖群体进行比较。[结果]以肌肉和肝脏作为检测用组织，共检测出 18 个基因座位；在津鲢群体中有变异的基因座位为 GPI* 和 PGM*，荆州鲢群体中有变异的基因座位为 GPI*；津鲢与荆州鲢的多态基因座位（最高基因频率≤0.99）比例和平均杂合度预期值分别为 11.11%、5.56% 和 0.0150、0.0011，群体间 Nei 遗传距离为 0.00059；2 群体 GPI* 基因座位最高基因频率间的 χ^2 检验结果表明这 2 个群体间呈极显著差异。[结论]为津鲢的大面积推广奠定理论依据。

关键词：鲢；同工酶；遗传多样性

[原载《Agricultural Science & Technology》2012，13（7）]

＊ 基金项目：天津市细胞遗传与分子调控重点实验室开放研究基金资助项目；
天津市科技支撑计划项目（09ZCKFNC02100）

津鲢的同工酶分析

杨　蔷[1]，郝　君[1]，鲍　迪[1]，梁爱军[1]，金万昆[2]，李崇文[3]，张兴华[1]，董　仕[1]*

(1. 天津师范大学生命科学学院，天津市细胞遗传与分子调控重点实验室，天津　300387；
2. 国家级天津市换新水产良种场，天津　301500；
3. 天津市天祥水产有限责任公司，天津　301500)

摘　要：[目的]对津鲢进行同工酶分析。[方法]使用水平式淀粉凝胶电泳法，对选育品种津鲢进行 AAT、EST、α-GPD、GPI、IDH、LDH、MDH、ME、PGM 和 PROT 共 10 种同工酶及蛋白质的电泳分析，并以购自湖北省荆州市的鲢人工繁殖群体进行比较。[结果]以肌肉和肝脏作为检测用组织，共检测出 18 个基因座位；在津鲢群体中有变异的基因座位为 GPI* 和 PGM*，荆州鲢群体中有变异的基因座位为 GPI*；津鲢与荆州鲢的多态基因座位(最高基因频率 ≤0.99)比例和平均杂合度预期值分别为 11.11%、5.56% 和 0.0150、0.0011，群体间 Nei 遗传距离为 0.00059；2 群体 GPI* 基因座位最高基因频率间的 χ^2 检验结果表明这 2 个群体间呈极显著差异。[结论]为津鲢的大面积推广奠定理论依据。

关键词：鲢；同工酶；遗传多样性

鲢(*Hypophthalmicthys molitrix*)，为鲤形目、鲤科、鲢属鱼类，也称作白鲢、鲢鱼，是我国的"四大家鱼"之一[1]，也是我国最重要的淡水养殖鱼类之一。长江是我国鲢鱼的重要产地，然而，由于近年自然环境的变化，使长江水系的鲢野生群体不论是成鱼捕捞还是天然鱼苗产量均急剧下降。与此同时，"四大家鱼"鱼苗成色也发生了相应的变化[2]，鲢鱼在其中所占的比例由 26.1% 锐减到 3.9%[3]。鲢鱼天然产量的大幅变化与其自身遗传物质结构的改变有着密切关系。因此，很多学者利用各种方法进行了关于鲢的遗传变异研究，应用了如形态学、同工酶、RAPD、mtDNA 的 RFLP、mtDNA 的 D-1oop 区段序列测定及微卫星等等方法[4~14]。

近年来很多地方都采用人工繁殖的方法来增加鲢鱼的产量，但人工繁殖过程中遗传资源管理和使用方法的不完善，使鲢的生长表现、抗病抗逆性和遗传多样性等有明显降低[15]。"津鲢"是国家级天津市换新水产良种场经 50 余年，采用群体繁殖与混合选育相结合的方法，对长江白鲢进行封闭式系统选育而成。2010 年经全国水产原种和良种审定委员会审定为新品种。"津鲢"具有生长快、适应性强、抗逆性强、繁殖力高、经济效益好等特点，是我国"四大家鱼"中第一个由人工选育而来的新品种[16]。该研究应用同工酶检测技术对"津鲢"的遗传多样性进行分析，并与购自湖北省荆州市的鲢鱼群体进行比较，为"津鲢"的大面积推广奠定理论依据。

1　材料与方法

1.1　材料

2010 年 11 月 17 日，从天津市换新水产良种场采集津鲢 50 尾，均为 2010 年 6 月人工繁殖的苗种(以 1957 年长江白鲢鱼苗为基础，选育至第 7 代)，平均体重(73.6±14.1)g。2011 年 9 月 21 日，从天津市天祥水产有限责任公司采集鲢 50 尾，平均体重(73.4±9.9)g，均为 2011 年 5 月 15 日购自湖北省荆州市大明水产养殖场的苗种(为场内繁殖的苗种，以下简称荆州鲢)。所有材料采集后于鲜活状态下 -20℃ 冷冻保存。

* 基金项目：天津市细胞遗传与分子调控重点实验室开放研究基金资助项目；
天津市科技支撑计划项目(09ZCKFNC02100)

1.2 方法

使用水平式淀粉凝胶电泳法,用柠檬酸—氨丙基吗啉(C – APM,pH 值 6.0)为缓冲液,电泳及染色方法参照 Taniguchi 等[17]及 Dong 等[18]的方法进行。先选取冷冻保存两尾鲢的脑、眼、心脏、肌肉、肝脏和肾脏共 6 种组织的解冻液作为电泳用样品进行预试验,从中筛选出电泳带清晰、可判别个体基因型的适宜同工酶和组织。根据筛选结果进行 2 个群体鲢同工酶的检测,检测的同工酶种类、编号、基因座位以及组织如表 1 所示。同工酶的缩写名、编号、基因座位、等位基因、基因型的命名采用 Shaklee 等[19]的方法进行。

表 1 检测的同工酶种类、编号及基因座位

同工酶种类	缩写	编号	基因座位	组织
天冬氨酸转氨酶	AAT	2.6.1.1	AAT *	肌肉
酯酶	EST	3.1.1. –	EST *	肝脏
葡萄糖磷酸异构酶	GPI	5.3.1.9	GPI *	肌肉
磷酸甘油醛脱氢酶	α – GPD	1.2.1.12	α – GPD *	肌肉
异柠檬酸脱氢酶	IDH	1.1.1.42	IDH – 1 *	肌肉
			IDH – 2 *	肝脏
			IDH – 3 *	肝脏
乳酸脱氢酶	LDH	1.1.1.27	LDH – 1 *	肌肉
			LDH – 2 *	肌肉
苹果酸脱氢酶	MDH	1.1.1.37	MDH – 1 *	肌肉
			MDH – 2 *	肌肉
			MDH – 3 *	肌肉
			MDH – 4 *	肌肉
苹果酸酶	ME	1.1.1.40	ME – 1 *	肌肉
			ME – 2 *	肌肉
			ME – 3 *	肝脏
磷酸葡萄糖变位酶	PGM	5.4.2.2	PGM *	肌肉
肌浆蛋白	PROT	–	PROT *	肌肉

1.3 数据处理与分析

根据电泳条带判断每尾鱼每种同工酶的基因型,依据个体的基因型计算每个等位基因的基因频率。按王中仁[20]报道的方法并辅以 PopGen32 软件,计算多态基因座位比例(P)、单位基因座位的等位基因数(A)、有效等位基因数(Ne)、平均杂合度观察值(Ho)和平均杂合度预期值(He),并对每个群体有变异基因座位进行哈代 – 温伯格平衡的 χ^2 检验。对有变异基因座位的最高基因频率进行两群体间的 χ^2 检验[21]。

2 结果与分析

2.1 2 群体的等位基因频率

对 2 尾鲢的 6 种组织所做的预试验结果表明,AAT、α – GPD、GPI、IDH、LDH、MDH、ME、PGM 和 PROT 在肌肉组织中酶活性较强,条带清晰;EST、IDH、ME 3 种酶在肝脏组织中的基因位点与肌肉组织中的有明显区别,且条带清晰;其他组织中的同工酶条带或与肝脏、肌肉组织相同,或模糊不可判别。因此,该试验选用肝脏和肌肉组织作为试验材料。

在 2 个群体检测的 10 种同工酶中,共检测出 18 个基因座位。在"津鲢"群体中有变异的基因座位为 GPI* 和 PGM*,荆州群体中有变异的基因座位为 GPI*。GPI* 和 PGM* 基因座位上等位基因的基因频率如表 2 所示。2 个群体中部分个体的部分同工酶电泳图谱如图所示。

表 2　2 个群体鲢的等位基因频率

基因座位	等位基因	等位基因频率	
		津鲢	荆州鲢
GPI *	* a	0.8900	0.9900
	* b	0.1100	0.0100
PGM *	* a	0.9700	1.0000
	* b	0.0300	0

注:其他 16 个基因座位无变异。

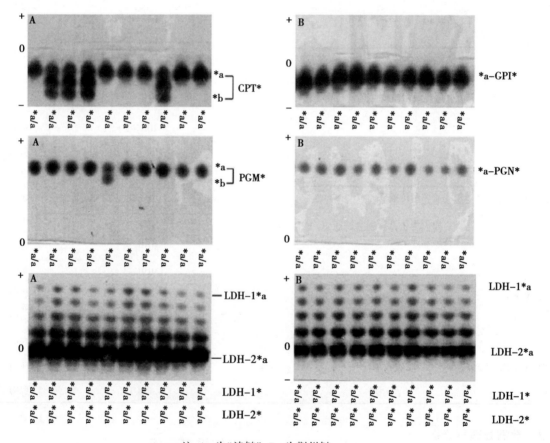

注:A. 为"津鲢";B. 为荆州鲢。

图 2　群体鲢的部分同工酶电泳图谱

2.2　群体内和群体间的遗传变异

依据个体基因型计算出的 2 群体变异指标如表 3 所示。由表 3 可见,"津鲢"的多态基因座位比例、单位基因座位的等位基因数、有效等位基因数、平均杂合度观察值、平均杂合度预期值均高于荆州鲢,2 个群体的平均杂合度观察值和预期值之比均接近 1。对每个群体中有变异的基因座位进行 χ^2 检验,P 值均大于 0.05,符合哈代 - 温伯格平衡。2 群体间 Nei 遗传距离为 0.00059,GPI* 座位 a 基因频率间的 χ^2 值为 9.95,P 小于 0.01,呈极显著差异,表明 2 群体间有一定的遗传差异;2 群体 PGM* 座位 a 基因频率间的 χ^2 值为 3.05,P 大于 0.05。

表3 2群体鲢的遗传变异

种类	基因座位数	多态基因座位数	P	A	Ne	Ho	He	Ho/He
津鲢	18	2	0.1111	1.1111	1.0183	0.0167	0.0150	1.1133
荆州鲢	18	1	0.0556	1.0556	1.0011	0.0011	0.0011	1.0000

3 讨论

鲢自然分布区域为北界至中俄交界的黑龙江地区,南界分布到中越交界的红河。其已被引种至71个国家或地区[22]。而长江与珠江一直是我国和世界各地鲢(包括鳙鱼、草鱼)苗种和繁殖群体的发源地,是极为重要的鱼类基因库和种质资源库[23]。但近年来鲢的自然资源资源量严重衰退,苗种数量急剧减少[6]。因此,选育鲢的养殖新品种显得尤为重要,但我国至2009年还未出现一个鲢的选育品种。

至今,我国已有许多学者应用多种遗传标记对鲢的种群结构进行研究[2-14],其中赵金良等[2]、李思发等[4]、吴力钊等[7]、王祖熊等[24]、邹桂伟等[25]应用同工酶检测技术对鲢进行了多个群体的遗传结构或个体发生多态性等多方面的研究。这些研究中出现变异的基因座位主要集中在LDH和EST 2种酶类,也有少量群体具有ADH、MDH和IDH酶类的基因变异。赵金良等[2]检测了10种同工酶和肌浆蛋白,发现长江中下游4个群体鲢属于无显著遗传分化的种群。

"津鲢"为天津市换新水产良种场以1957年长江苗种为基础,经50多年选育得到的,2010年经全国水产原种和良种审定委员会审定为新品种。该研究对"津鲢"及荆州鲢也检测10种同工酶(其中有4种酶不同于赵金良等的研究)和肌浆蛋白(PROT),结果表明"津鲢"有变异的为GPI*和PGM* 2个基因座位,荆州鲢有变异的基因座位为GPI*,"津鲢"的变异程度高于荆州鲢。2群体GPI*座位a基因频率间的χ²检验表明2群体间呈极显著差异。王淞等[26]分析了选育至第6代的鲢(2010年被审定为津鲢)与长江流域3个原种场鲢的mtDNA D-loop区段RFLP,结果显示津鲢的单倍型多样性指数、核苷酸多样性指数均最高,与笔者的研究结果一致。

一般认为,鱼类人工繁殖群体的遗传多样性会有一定程度的下降。然而,有些人工繁殖群体鱼类的遗传变异程度并不低于、甚至高于天然种群。Taniguchi等[27]用同工酶检测技术分析了野生及人工繁殖共10个群体的香鱼,结果表明人工繁殖群体的等位基因频率及遗传变异程度与野生群体相比有明显变化,一些基因可能与生长因子具有直接或间接的联系。"津鲢"变异程度高的原因可能是由于荆州鲢属于由变异程度较低的亲鱼人工繁殖的子代,也有可能是由于津鲢保留了原有的遗传多样性或经选育选择出了与经济性状有一定联系的鲢鱼类型。

参考文献

[1]成庆泰,郑葆珊.中国鱼类系统检索(上)[M].北京:科学出版社,1987:182-183.

[2]赵金良,李思发.长江中下游鲢、鳙、草鱼、青鱼种群分化的同工酶分析[J].水产学报,1996,20(2):104-110.

[3]张四明,邓怀,汪登强,等.长江水系鲢和草鱼遗传结构及变异性的RAPD研究[J].水生生物学报,2001,25(4):324-330.

[4]李思发,王强,陈永乐.长江、珠江、黑龙江三水系的鲢、鳙、草鱼原种种群的生化遗传结构与变异[J].水产学报,1986,10(4):351-372.

[5]李思发,周碧云,倪重匡,等.长江、珠江、黑龙江鲢、鳙和草鱼原种种群形态差异[J].动物学报,1989,35(4):390-398.

[6]李思发.长江重要鱼类生物多样性和保护研究[M].上海:上海科学技术出版社,2001:5-64.

[7]吴力钊,王祖熊.长江中游鲢鱼天然种群的生化遗传结构及变异[J].水生生物学报,1997,21(2):157-162.

[8]姜建国,熊全沫,姚汝华.鲢鱼的同工酶研究[J].华南理工大学学报:自然科学版,1998,26(1):107-111.

[9]张锡元,杨建琪,张德春,等.白鲢和鳙鱼的随

机扩增多态 DNA 分析[J].生物化学与生物物理进展,1999,26(5):469-472.

[10]杨学明,李思发.长江鲢、草鱼原种——人繁群体生长差异与生化遗传变化[J].中国水产科学,1996,3(4):1-10.

[11]姜建国,熊全沫,姚汝华.青草鲢鳙四种鱼同工酶的比较研究[J].遗传,1998,20(2):19-22.

[12]张四明,汪登强,邓怀,等.长江中游水系鲢和草鱼群体 mtDNA 遗传变异的研究[J].水生生物学报,2002,26(2):142-146.

[13]朱晓东,耿波,李娇,等.利用30个微卫星标记分析长江中下游鲢群体的遗传多样性[J].遗传,2007,29(6):705-713.

[14]姬长虹,谷晶晶,毛瑞鑫,等.长江、珠江、黑龙江水系野生鲢遗传多样性的微卫星分析[J].水产学报,2009,33(3):364-371.

[15]Liao M J,Yang G P,Zou G W,et al. Development of microsatellite DNA markers of silver carp (*Hypophthalmichthys molitrix*) and their application in the determination of genetic diversities of silver carp and bighead carp (*Aristichthys nobilis*) [J]. Journal of Fishery Sciences of China,2006,13(5):756-761.

[16]付连君."四大家鱼"首个人工选育新品种津鲢养殖技术[J].河北渔业,2011(9):34-35,60.

[17]Taniguchi N,Okada Y. Genetic study on the biochemical polymorphism in red sea bream[J]. Bulletin of the Japanese Society of Scientific Fisheries,1980,46(4):437-443.

[18]Dong S,Taniguchi N,Tsuji S. Identification of clones of ginbuna *Carassius langsdorfii* by DNA fingerprinting and isozyme pattern [J]. Nippon Suisan Gakkaishi,1996,62(5):747-753.

[19]Shaklee J B,Allendorf F W,Moriaot D C,et al. Gene nomenclature for protein-coding loci in fish[J]. Transactions of the American Fisheries Society,1990,119:2-15.

[20]王中仁.植物等位酶分析[M].北京:科学出版社,1996:145-163.

[21]木村资生.集团遗传学概论[M].東京:培风馆,1960:267-268.

[22]谢平.鲢、鳙与藻类水华控制[M].北京科学出版社,2003:1-12.

[23]李思发,吴力钊,王强,等.长江、珠江、黑龙江鲢、鳙、草鱼种质资源研究[M].上海:上海科学技术出版社,1990:1-4.

[24]王祖熊,刘峰.白鲢不同繁育群体中乳酸脱氢酶和酯酶同工酶个体发育多态性的研究[J].水生生物学报,1985,9(3):285-291.

[25]邹桂伟,郑蓓蓓,罗相忠,等.酯酶和乳酸脱氢酶在人工雌核发育鲢近交 F_1 不同组织中的表达[J].淡水渔业,2006,36(6):12-15.

[26]王淞,曹晓霞,谷口顺彦,等.4 个群体鲢 mtDNA D-loop 的 PCR-RFLP 分析[J].淡水渔业,2010,40(4):3-9.

[27]Taniguchi N,Seki S,Inadg Y. Genic variability and differentiation of amphidromous, landlocked,and hatchery populations of ayu *Plecoglossus altivelis*[J]. Bulletin of the Japanese Society of Scientific Fisheries, 1983, 49 (11): 1 655-1 663.

[原载《安徽农业》2012,40(19)]

The Isozyme Analysis of Jin Silver Carp
(*Hypophthalmichthys molitrix* Var Jin)

Yang Qiang et al

(College of Life Science, Tianjin Key Laboratory of Cyto – Genetical and
Molecular Regulation, Tianjin Normal University, Tianjin 300387, China)

Abstract: [Objective] The aim was to carry out isozyme analysis of Jin silver carp (*Hypophthalmichthys molitrix* Var Jin). [Method] The isozyme of AAT, EST, α – GPD, GPI, IDH, LDH, MDH, ME, PGM and PROT of muscles and liver in two populations of the silver carp (*Hypophthalmichthys molitrix*): Jin silver carp (a breed through selective breeding) and artificially propagated population bought from Jingzhou City, Hubei province were examined by horizontal starch gel electrophoresis. [Result] 18 loci were observed in two populations. Two loci of GPI* and PGM* in Jin silver carp population and the locus of GPI* in Jingzhou population were polymorphic. The proportions of polymorphic loci (maximum gene frequency ≤ 0.99) of Jin silver carp and Jingzhou populations were 11.11% and 5.56% respectively, expected heterozygosity were 0.0150 and 0.0011 respectively. The Nei's genetic distances were 0.00059 between two populations. The result of chisquare test of the GPI* gene in two populations showed that their genetic structure has very significant difference. [Conclusion] This study had provide a theoretical basis for large – scale spread of Jin silver carp.

Key words: Silver carp (*Hypophthalmichthys molitrix*); Isozyme; Genetic diversity

[原载《安徽农业》2012,40(19)]

津鲢与长江白鲢的生长对照试验

金万昆　杨建新　朱振秀　俞丽　高永平

（农业部天津鲤鲫鱼遗传育种中心　国家级天津市换新水产良种场,天津　301500）

津鲢是以长江白鲢为原始材料,采用群体繁殖和混合选择相结合的选育方法,经过40余年6代的选育,育成的遗传稳定的鲢鱼新品种。津鲢在形态学性状、分子生物学方面与长江白鲢已有所区别。为了解选育效果(在封闭的选育条件下是否发生近交,并导致生长等经济性状的衰退),我们于2010年5月30日从江苏省邗江长江系家鱼原种场引进长江白鲢鱼苗,分3组与津鲢进行了同塘生长对照试验。现报告如下。

1　材料与方法

1.1　苗种来源

长江白鲢鱼苗(水花)是5月30日由江苏省邗江长江系家鱼原种场(以下简称邗江鲢)空运的10万尾鱼苗,据介绍,这10万尾鱼苗是从10组亲鱼繁殖的600万尾鱼苗中随机取样的,引进后经"缓苗"处理,暂养在天津市鲤鲫鱼遗传育种中心重点试验池架设的一只网箱(4m×3m×1m,80目)内培育。

津鲢鱼苗(水花)是从6月3日由48组亲鱼繁殖生产的4 608万尾鱼苗中随机取样的,6月6日下午也取10万尾暂养在试验池中另一只网箱内。

1.2　试验方法

6月7日将邗江鲢和津鲢分别分养在3只网箱中,共占用6只网箱。因规格相异,故采用不同密度培育的方法,使两者的规格基本接近。待两种试验鲢饲养到能做标记(个体重0.705～

0.930g)时,于7月7日采用津鲢剪尾鳍上叶、邗江鲢剪尾鳍下叶的标记方法,进行同水体同密度(216尾/亩)生长对照试验,试验是在天津市鑫三角水产养殖公司相邻的3口鲤鱼鱼种池进行的,饲养管理基本一致。

1.3　饲养管理

试验是以培育鲢鱼种为主,在池中距池边1.5m处用聚乙烯网布和竹竿架设一个投饵框架(网布入水20cm),前期投喂干鱼虫,待主养鱼鱼体全长达到5cm左右时,投喂鲢幼鱼膨化饲料,不单独给鲢鱼投喂饲料。饲养过程中注重池塘水质,根据水质加注或更换新水,每半月进行1次鱼病预防,30d左右进行1次生长测定,包括全长、体长和体重。

1.4　测定数据处理公式

采用邓梦颖等(2010)的方法。依据公式:

$$DWG = (W_t - W_0)/t$$ 进行生长比较。

式中:DWG 为日增重;

W_t 为试验鱼第 t 天时的体重(g);

W_0 为试验鱼初始体重(g);

t 为饲养天数。

2　试验结果

在同密度同塘饲养条件下,3组试验中津鲢的生长均比邗江鲢快。经过95d的培育,津鲢比邗江鲢 DWG 快10.37%～12.66%,平均快11.14%,生长情况如表所示。

表　同密度同塘饲养条件下津鲢和邗江鲢的生长比较

池号	试验品种	7月7日放养情况		8月10日测定		9月10日测定		10月10日测定			DWG (g/d)	比邗江鲢快 (%)
		密度 (尾/亩)	规格 (g/尾)	数量 (尾)	规格 (g/尾)	数量 (尾)	规格 (g/尾)	数量 (尾)	规格(g/尾)			
									范围	平均数		
4#	津鲢	108	0.899	90	7.133	81	36.5432	35	32～75	47.8000	0.4937	10.37
	邗江鲢	108	0.802	34	5.982	25	35.5200	35	30～52	43.2941	0.4473	

（续表）

池号	试验品种	7月7日放养情况		8月10日测定		9月10日测定		10月10日测定			DWG (g/d)	比邗江鲢快 (%)
		密度（尾/亩）	规格（g/尾）	数量（尾）	规格（g/尾）	数量（尾）	规格（g/尾）	数量（尾）	规格（g/尾）范围	平均数		
5#	津鲢	108	0.930	108	7.247	73	14.8630	35	22～51	29.8571	0.3068	10.38
	邗江鲢	108	0.860	72	6.387	37	14.5946	35	21～39	27.2632	0.2779	
6#	津鲢	108	0.859	57	9.019	28	68.8571	35	79～147	127.7600	1.3358	12.66
	邗江鲢	108	0.777	48	8.265	33	65.0769	35	65～178	113.4167	1.1857	

*注：4#、5#、6#池面积分别为3.5亩、4.3亩和5.0亩。

3 讨论

3.1 一个良种必须具备生长快的优良特性

鱼类的生长性状是由两种因素决定的，一是遗传，二是环境。本试验的津鲢和邗江鲢都来源于长江，只是一个是未经选育的原种，另一个是选育的品种，而且两种鲢都在同池塘饲养和管理，不存在环境影响，主要是遗传差异。

3.2 试验中4#、5#池鲢的规格偏小

这是由于饲养水体造成的，这两口池塘在每次拉网时，均能捕获10kg以上的"麻线"（又称"虾虱子"，一种10mm以下的小虾）和麦穗鱼等，这些生物与同池饲养的鱼类，特别是与鲢争空间、争氧气、争食饵，严重影响了主养鱼和试验鲢的生长。

3.3 采用同水体同密度生长对照

津鲢在规格稍小的情况下，比邗江鲢DWG平均快11.14%，说明在封闭的环境条件下，通过逐代选育的津鲢并未使生长减慢，而且表现出一定的生长优势。可见，津鲢的选育是有效的，主要原因可能与大规模的群体繁殖、封闭条件下高强度的人工选育有关，也可能是在近50年的选育过程中产生了某些突变或选择出与经济性状有一定联系的类型。

[原载《渔业致富指南》2011,(17)]

津鲢繁殖力研究

金万昆 杨建新 杜 婷 高永平 朱振秀 俞 丽 赵宜双 张慈军

（国家级天津市换新水产良种场 天津市宁河县水产科学研究所，天津 301500）

繁殖力是鱼类重要的生产性能指标，对鱼类增养殖生产十分重要。白鲢一直是我国淡水养殖生产的重要种类，但由于种种原因，其中包括选育周期长等因素，至今未选育出养殖用的白鲢良种。虽然1958年解决了白鲢的池塘人工繁殖，但作为繁殖用的亲本仍需从长江、珠江水域采捕野生亲鱼，以保证人工繁殖的苗种质量。天津市换新水产良种场由1957年河北省人民政府奖励的1 000尾白鲢鱼苗，经40余年的封闭选育，已选育至F_6，并将选育白鲢F_6定名为津鲢。为了解该选育品种的繁殖性能，于2007年5月从繁殖的津鲢中随机选取10尾4～6龄亲鱼，测定了性腺重、绝对繁殖力和相对繁殖力等，并与长江原种白鲢进行了比较，以下是津鲢繁殖力的测定结果。

1 材料与方法

1.1 试验鱼

用于繁殖力测定的白鲢是从天津市换新水产良种场繁育的津鲢亲鱼中随机取样的，共10尾。分别为4龄鱼4尾，体重4.3～5.357kg，平均4.712kg，体长58.5～61.5cm，平均60.13cm；5龄鱼3尾，体重8.2～10.75kg，平均9.083kg，体长71.7～80.5cm，平均75.07cm；6龄鱼3尾，体重7.6～9.55kg，平均8.517kg，体长72.6～77.2cm，平均75.1cm。

1.2 繁殖力的测定

将试验鱼麻醉后，擦干体表水分，称量体重，测定全长、体长，然后解剖取出性腺，去除性腺表层的脂肪体，称量性腺重，分别从性腺的前、中、后3个部位随机取少量卵，用精度为0.1mg的电子天平精确称取1g，计算每克卵重的卵粒数（做2次平行），并按以下公式计算绝对怀卵量和相对怀卵量[1]。

绝对怀卵量（粒）＝每克卵重的卵粒数×性腺重（g）

相对怀卵量（粒/g体重）＝绝对怀卵量（粒）/体重（g）

2 结果与讨论

津鲢4～6龄鱼的绝对和相对怀卵量测定结果如表所示。

表 津鲢不同年龄组个体怀卵量测定结果

年龄		4^+	5^+	6^+
体重(g)		4 712.00 ±471.77	9 083.33 ±1179.22	8 516.67 ±980.22
绝对怀卵量(粒)	范围	619 255 ～1 063 942	1 448 208 ～1 993 320	638 145 ～1 653 893
	平均	$(8.34 ±1.94) ×10^5$	$(17.21 ±2.73) ×10^5$	$(11.28 ±5.09) ×10^5$
相对怀卵量(粒/g体重)	范围	144.01 ～223.47	174.48 ～210.06	83.97 ～173.18
	平均	176.18 ±33.6	189.99 ±18.22	129.07 ±44.62

2.1 鱼类繁殖力的大小取决于鱼类的怀卵量

在养殖鱼类中，提高繁殖力是良种选育的目标之一。美国超级虹鳟（*Oncorhynchus mykiss*）繁殖性能的提高是良种选育最成功的例子之一。虹鳟原产于北美太平洋沿岸山涧溪流中，1874年美国首次从自然水域移植池塘养殖，但其生长和繁殖力都很低。从1944年起，许多学者曾对该鱼进行了很多遗传改良，1949年美国华盛顿大学道纳尔逊氏（Donaldson）开始对野生虹鳟生长速度、初次性成熟的产卵鱼数、产卵时间和繁殖力等4个选育指标进行了群体选择[2],在选择4个指标中3个指标是关于繁殖性能的,经道纳尔逊氏23年逐代选择,选择后的虹鳟比未选择的虹鳟,在2龄时产卵鱼数量由原来的60%提高到100%,产卵时间由历年的2、3月提前到头年的11月;2龄鱼的产卵量由原来的2 000粒左右增加到9 000粒左右,提高了4~5倍;1龄鱼的体重增加1倍,在鱼类繁殖性能上,选育取得了十分显著的效果。本研究津鲢4龄鱼的绝对怀卵量平均为(8.34±1.94)×10^{5}粒,比长江白鲢高34.1%;相对怀卵量平均为176.18粒/g体重,比长江白鲢高59.3%。5龄鱼的绝对怀卵量平均为(17.21±2.73)×10^{5}粒,比长江白鲢高157.2%;相对怀卵量平均为189.99粒/g体重,比长江白鲢高68.9%。6龄鱼的绝对怀卵量平均为(11.28±5.09)×10^{5}粒,比长江白鲢高30.7%;相对怀卵量平均为129.07粒/g体重,比长江白鲢高7.9%。津鲢4~6龄鱼的相对怀卵量比长江白鲢提高了7.9%~68.9%,绝对怀卵量比长江白鲢提高了30.7%~157.2%。

2.2 鱼类的繁殖力

是随着第一次性成熟后逐年增加的,但到达一定年龄后繁殖力则逐年下降,了解这一性能对养殖鱼类的苗种生产十分重要。本次测定由于样本较少,6龄鱼的绝对怀卵量小于5龄鱼,呈下降趋势,津鲢在几龄繁殖力开始下降,还需进一步观察研究。

参考文献

[1]李思发,等.中国淡水主要养殖鱼类种质研究[M].上海:上海科学技术出版社,1996.
[2]楼允东.鱼类育种学[M].北京:中国农业出版社,1998.

[原载《齐鲁渔业》2009,26(10)]

（二）超级鲤、墨龙鲤

超级鲤的生物学特性和养殖技术

金万昆　　高永平

(国家级天津市换新水产良种场,农业部天津鲤鲫鱼遗传育种中心,天津　301500)

超级鲤是国家级天津市换新水产良种场在我国育种专家沈俊宝研究员指导下,采用传统育种与现代生物技术育种相结合的育种方法选育出的鲤鱼品种。由于该鱼生长速度较快,定名为"超级鲤"。

1 生物学特性简述

1.1 分类地位

属鲤形目(Cypriniformes)鲤亚目(Cyprinoidei)鲤科(Cyprinidae)鲤亚科(Cyprininae)鲤属(*Cyprinus*)鲤亚属(*Cyprinus*)鲤种(*Cyprinus carpio*)。

1.2 外部形态

体形健壮丰满,体长、体高、体厚三者适中。鱼体呈纺锤型,尾柄末稍立扁,胸腹部较平直。头小,吻圆钝,口亚下位,呈马蹄型,能收缩,有吻、颌须各一对。眼睛适中位于鼻后。全身被鳞,整齐晶莹。侧线鳞完全、清晰。体色:背脊至侧线鳞上方青灰色,侧线鳞下方呈微黄色,下腹及腹部银白,尾柄侧线鳞下方杏黄色;胸鳍基部青灰,端部至末稍逐渐变浅灰色;腹鳍乳白色;臀鳍杏黄色;尾鳍叉形,分上下两叶,上叶青灰色,下叶桔红色。鱼体全身体色艳丽,其形体似野生鲤鱼,体色易随栖息环境及生活条件不同而有所变化。

1.3 可数性状

侧线鳞35～39枚。背鳍一行,长有3～4根硬棘,分枝鳍条数16～19;胸鳍一对,各有1根硬棘,分枝鳍条数15～18;腹鳍一对,各有1根硬棘,分枝鳍条数8;臀鳍一行,长有3根硬棘,分枝鳍条数5。

1.4 可量性状

以2龄鱼为例,全长为体长的1.2倍;体长为体高的3.2倍,为体厚的5倍,为尾柄长的5.4倍;头长为吻长的3.7倍,为眼间距的2.03倍。

1.5 栖息习性

其栖息习性与目前养殖的鲤鱼品种基本相同,栖息池塘水体的中下层。当在水温适宜、生活环境无惊扰的情况下,也时常上浮水面集群逗游;当受到外界环境干扰时,便各自急速逃窜下沉;当养殖池水温下降至15℃以下时,其栖息方式大都活动在池塘水体的下层,并在池底最深处集群越冬。

1.6 适温性能

属广温性鱼类,比目前养殖的鲤鱼品种适温性能稍宽,能在2～32℃池水环境中生存和生长发育。

1.7 抗病性能

抗病性能强,在中试推广的5年中,推广范围覆盖28个省、区、市,推广面积260多万亩*,至今没有暴发性和突发性疾病发生。

1.8 抗逆性能

抗逆性能极强。一是抗寒能力强:经多年的实践证明,能在冰下水位0.8m的池塘水体中安全越冬,在东北地区的越冬成活率有的高达100%;二是耐低氧:能忍受养殖水体溶氧1.0mg/L的低值,当饲养池水体溶氧降至3.5mg/L时仍能够正常摄食;三是耐盐碱:在pH值6.5～9.5的池水环境中均能正常栖息、摄食和生长;在含盐量高达6‰的水体环境中,池鱼的各项活动均不受影响;四是耐运输:在适宜的温度情况下,能忍耐20～30个小时的长途运程,存活率达100%,而且没有掉鳞、伤残等任何不良应激反应。

1.9 成活率

由于抗病、抗逆性能强,给稳产、高产打下了

---

* 1亩≈667m²,15亩=1hm²,全书同

基础。水花饲养至夏花的出池成活率65%以上；夏花至秋片鱼种的出池成活率85%以上；鱼种至商品鱼的出池成活率高达98%以上。

1.10 食性

其食性和其他鲤鱼品种基本一样，属典型的杂食性鱼类。由于其生活力强，对食性要求比其他鲤鱼品种稍宽。在人工池塘饲养条件下，最喜摄食人工配制的全价颗粒饲料。在鱼苗阶段，自仔鱼开始摄食外源食物起，其主要食物是人工制作的蛋黄浆、黄豆浆、饼粕浆和养殖池水体中的轮虫，小个体的枝角类、桡足类等浮游生物。当鱼苗长至2.5cm以上时，主要食物是人工配制的饼粕糊（豆粕经水浸泡后制成的浆糊）、软面饵、粉状料，此阶段最喜吃的食物是养殖池水体中的轮虫、枝角类、桡足类及植物碎屑等。当鱼苗长至5cm以上时，主要食物是人工配制的软面料、微粒料、破碎的小粒料、碎颗饵、适口的小颗饵。此阶段也喜吃养殖水体中的枝角类、桡足类、摇蚊幼虫及植物碎屑等水生动植物。当鱼种长到12cm以上至商品鱼阶段时，最喜吃的食物是人工配制的全价适口的颗粒饲料。

1.11 摄食特性

属昼夜摄食的鱼类，但摄食量分昼多夜少，在昼间又分上午少，下午多。其摄食量受水温、溶氧等因素影响。当初春季节水温上升至4.5℃时，池鱼已开始少量的摄食，当养殖池水温上升到18℃时，池鱼已强烈摄食，当养殖池水温上升至20～30℃，水体中的溶氧值在4.5mg/L以上时，池鱼的活动增强，新陈代谢旺盛，摄食量最大。当养殖池水温高达31℃以上，水体中的溶氧值在3.5mg/L以下时，池鱼的摄食量明显减少，饲料转化率降低。

由于超级鲤继承了亲本的食性和消化吸收功能，在池塘养殖的条件下，对人工配制的全价颗粒饲料的营养成份消化吸收能力强、饲料转化率高，饲料系数低。稚、幼鱼阶段的饲料系数为1.5，鱼种至商品鱼阶段的饲料系数为1.4，若以全池鱼的总产计算，其饲料系数小于1.3。

1.12 生长条件

当池塘水质符合《渔业水质标准》（GB 11607），达到以下条件时，超级鲤生长最快。

（1）水质。水质较肥，水色呈微绿色，透明度在25cm以上，水体中生物量适中。

（2）水温。适温范围16～31℃，最佳生长范围20～30℃。

（3）溶氧。适宜溶氧在3.5mg/L以上，最佳适宜溶氧在4.5mg/L以上。

（4）盐度。适宜盐度在6‰以下，最佳适宜盐度范围3‰以下。

（5）pH值。生长适宜pH值范围6.5～9.5，最佳生长pH值适宜范围为7.0～8.8。

（6）氨氮（总量）。小于0.1mg/L。

（7）营养。鱼种至商品鱼阶段，最佳生长速率饲料中的粗蛋白质含量为32%～34%。

1.13 生长特性

其生长速度比其他鲤鱼品种都快。体长增长以1龄至4龄增长为快，其中又以1龄至3龄增长为最快，5龄时体长增长开始变慢；体重增重以2龄至6龄为快，其中又以3龄至5龄增重为最快，6龄以后体重增重开始变慢。

1.14 性成熟期

性成熟年龄比其他常规鲤鱼品种都晚。雌鱼4龄性成熟（极少数个体3龄性成熟），雄鱼3龄性成熟（极少数个体2龄性成熟）。雌鱼尾重达4.6kg以上，雄鱼尾重达3.0kg以上，其性腺才能完全成熟。初次性成熟产卵的鱼卵量不大，尾均产卵量在10万～15万粒，卵端黄，为黏性，是一种行春季繁衍分批产卵型的鱼类种群。其繁殖期受地理位置、气候、水温等条件制约。在北方地区4月中旬至6月中旬，当水温上升至16℃以上，并稳定3～4d后便可开始实施人工催产。

1.15 家化性强

家化程度高。一是适应能力强。吃食老实，适应外界环境抗惊扰力较强。二是好饲养。在喂鱼时，只要在投饵前用同一频率的响声敲打3～5min，逐步驯化，池鱼就会自动集群来台上抢吃饵食。

2 养殖技术

2.1 池塘条件

超级鲤的适应性强，对饲养池环境要求不严，凡能用作饲养常规鱼类的池塘，都能养殖超级鲤，但饲养的每个品种都是生物有机体，它们与周围环境之间具有十分密切的联系。生存环境越接近所养殖品种的最适条件,其生长和发育才能最好最快。因此,人工养殖池塘条件的优劣,对养殖品种的生长发育十分重要,也是能否获得高产、稳产、高效的关键。池塘条件包括水体容积、水温、透明度、水体中的溶氧量、酸碱度、营养盐类、饵料生物、溶解气体(特别是 O_2、CO_2、H_2S、NH_3)及水体的运动,饲料中的营养成分,饲养管理等都要满足其生长发育的需求。

(1)池塘环境。池塘周边无高大的树木和建筑群落,环境安静,少有外界惊扰。通风向阳,四周无污染源侵入。

(2)池塘土质。土质良好,为黏性,堤埝坚实,保水性能好,不渗、不漏水。池水水位在盛夏或严冬均能保证池鱼安全过夏或越冬。

(3)水源水质。水源能满足用水需要,水质达到渔业用水标准。

(4)操作空间。饲养池要便利于日常饲养管理,扦网出池、池鱼外运等操作空间。

(5)池塘面积

①从鱼苗(水花)饲养至夏花的池塘面积 1~10 亩均可,最佳面积以 2~6 亩为好。

②从夏花饲养至秋片(鱼种)的池塘面积 2~20 亩均可,最佳面积以 6~12 亩为好。

③从秋片(鱼种)至商品鱼的池塘面积由 3 亩至几十亩均可,最佳面积以 12~30 亩为高产、高效的池塘面积,其走向东西长、南北宽为佳。

2.2 池塘水位

用作饲养超级鲤的池塘水位也同其他常规鱼类一样。就全年饲养过程讲,饲养期间的池水水位应该是"两头低、盛夏高"为宜,就是说,在春季时节,当饲养池水温从 10℃ 上升至 18℃ 这段时节,不论饲养鱼苗(水花)、鱼种或商品鱼,在这段时节里,为了加快提高饲养池水温、池水水位都应适量放低。例如,用作饲养鱼苗(水花)的池塘,放苗时的池水水位不宜超过 0.6m 为好;用作饲养夏花的池塘,放苗时的池水水位不宜超过 1.0m 为好;用作饲养商品鱼的池塘,放种时的池水水位不宜超过 1.2m,待到饲养池水温升至最佳水温值(20℃ 以上)后,再酌情逐渐加高池水水位。到盛夏时节,池水水温升高至 23~31℃ 时,要将饲养池水位加注到最高点(2.5m 以上);到了秋季时节,由于气候变化所致,饲养池水温随着气候的降低

也日趋下降,为了保持饲养池水温降速缓慢,应将饲养池水位作相应的降低,由 2.5m 以上渐渐的降到 1.5m,直到越冬前再将饲养池水位加注到最高点(2.5m 以上),以便利于饲养池内的鱼类安全越冬。

2.3 放养密度

饲养超级鲤的池塘放养密度与饲养其他鲤鱼品种大致相同,至于亩有效水面放养多少能达到最佳产量,能获得最好效益,要以饲养池塘的设备条件、水源、水质,饲料质量,饲养管理技能等具体情况酌情而定。在水温适宜的条件下,从鱼苗(水花)饲养至夏花,亩有效水面放养超级鲤鱼苗(水花)30 万~60 万尾,饲养 17~21d,亩有效水面可育成全长 1.6~2.4cm 的夏花 19 万~39 万尾。从夏花饲养至秋片(鱼种),依据对鱼种规格的需要,亩有效水面可放养 6 000~8 000 尾,另配养同龄白鲢 200~300 尾,饲养至当年秋冬出池,亩有效水面可产尾均重 360~400g 的秋片鱼种 2 000~2 400kg。从夏花当年养成商品鱼,亩有效水面放养夏花 3 000~3 500 尾,饲养至当年秋冬时出池,养成尾重 0.8~1.0kg 的商品鱼,亩产可达 2 300~2 600kg。从鱼种饲养至商品鱼,亩有效水面可放养 360~400g 的鱼种 1 000~1 200 尾,另配养同龄的白鲢 160~200 尾、花鲢 40~60 尾、或鲫鱼 120~160 尾,饲养至当年秋冬出池,亩产可获尾重 1.8~2.2kg 的商品鱼 2 000~2 200kg。

2.4 营养指标

超级鲤对食物中所需的营养物质要求不高。从夏花饲养至秋片(鱼种)阶段,饲料中的粗蛋白含量为 42%~34%;从秋片(鱼种)饲养至商品鱼阶段,饲料中的蛋白含量为 34%~32%。但饲料必须营养全、物料配比科学,其中,动物性粗蛋白要占饲料中粗蛋白总量的 1/3 以上。

2.5 投饵量

超级鲤的新陈代谢旺盛,生长快,日食量偏大。在饲养池水质良好的状态下,日食量受水温和水体中溶氧量的影响。当饲养池水温在适宜的范围内并长期处于稳定状态时,其日投饵量的上限是:从鱼苗(水花)饲养至夏花阶段的日投饵量为池鱼总重的 200%~20%;从夏花饲养至寸片鱼种阶段的日投饵量为池鱼总重的 20%~16%;从寸片鱼种饲养至秋片鱼种阶段的日投饵量为池鱼

总重的 16% ~4%；从秋片鱼种饲养至商品鱼阶段的日投饵量为池鱼总重的 3.6% ~3% 。

2.6 水温与投喂

超级鲤几乎全年都在摄食，摄食量大小与饲养池水温有密切关系。以从鱼种饲养至商品鱼为例：当饲养池水温 6 ~12℃ 时，日投喂量仅为池鱼总重的 0.1% ~0.6%；当饲养池水温上升到 13 ~18℃ 时，日投喂量约为池鱼总重的 0.7% ~1.2%；当饲养池水温升至 19 ~22℃ 时，日投喂量约为池鱼总重的 1.4% ~2.9%；当饲养池水温升至 23 ~30℃ 时，日投喂量应保持在 3% ~3.6% 为宜。再就是，在日投喂总量的安排上，凡日投喂 2 次以上时（含 2 次），通常情况，都应上午少于下午的投喂量。如上午投喂日食总量的 40%，下午投喂 60%；或上午 45%，下午 55%。

为了确保养殖鱼类尽快的恢复体质，当饲养池水温升至 6℃ 以上，就应在晴好天气时开始喂鱼，但此时的日投喂量要小，不要超过池鱼总重的 0.1%。此后，依据饲养池水温逐渐的升高，日投喂量作相应的增加。为了达到让池鱼更好摄食、吃饱，应采取逐步驯化，坚持在投喂前给予一定的音响信号，然后再进行耐心地"从少到多、由慢到快、再从多到少、由快到慢"的投饵方法。

投喂次数应做到少量多次，遵循四定（定时、定位、定量、定质），四看（看季节、看天气、看水质、看鱼的吃食和活动情况）的原则为好。在天气正常的情况下，从鱼苗（水花）至夏花阶段的日投喂次数以 3 ~4 次为好；从夏花至秋片（鱼种）阶段的日投喂次数以 2 ~3 次为好；从鱼种至商品鱼阶段的日投喂次数 2 次即可。具体到每次投喂时间：从鱼苗（水花）至夏花期间以每天的上午 7:00 ~8:00、11:00 ~12:00、下午 2:00 ~3:00、5:30 ~6:30，或上午 8:00 ~9:00、中午 12:30 ~13:30、下午 4:30 ~5:30，每口池塘每次所投喂的饵料应控制在 30min 或 35min 以内全部吃完。从夏花至秋片（鱼种）的投喂时间，在每天的上午 8:00 ~9:00、中午 12:30 ~13:30、下午 4:30 ~5:30，或上午 9:30 ~10:30、下午 3:30 ~4:30。从鱼种至商品鱼的投喂时间，应安排在每天的上午 8:30 ~9:00、下午 3:30 ~4:00，或上午 9:00 ~9:30、下午 4:00 ~4:30。实施上述投喂时间一是这段时间水温稳定，二是这段时间饲养池水体溶

氧值高，三是这段时间正值池鱼食欲最为旺盛的时间。采用上述的投饵方法、投饵量、投饵时间及日投饵次数是饲养实践的经验总结。

众所周知，养殖鱼类的摄食是受水体中多种因素制约和影响的，在实际操作中，应根据养殖池的水质优劣、水温高低、池水水位深浅、水体中的溶氧状况如何、鱼体健康状况、季节、天气变化等实际情况，每天都应做好相应的调整。

3 日常管理

3.1 坚持按时巡塘

巡塘对饲养管理人员来说是养鱼全过程中最为重要的一项事情，也是养鱼事业成败的关键。所以每天都应坚持至少 2 次巡塘。观察池鱼活动有无异常，水质有无异常变化，池水水位高低，有无跑漏现象。在投饵时还应注意观察鱼群摄食行为及活动情况是否正常，一旦发现异常，就应立即采取相应有效的措施迅速加以解决。

3.2 保持池塘良好的环境

池塘是养殖鱼类栖息的场所，池塘环境的优劣将会直接或间接的影响到养殖鱼类的生长、发育质量。保持池塘环境良好是为了使池塘和水体的生产潜力得到最有效的释放和发挥，其中主要的是池塘的环境卫生和水体卫生。如及时地打掉池埂岸边及池水中的杂草，清除周边环境和池中污物，及时的往饲养池加注或更换新水，注意环境安静，特别是在投饵喂鱼时，要尽量避免不应有的外来惊扰等。

3.3 调节好养殖池水质

水是鱼类赖以生存的载体，水源、水质、水温及水体中的溶氧状况优劣，直接影响着养殖鱼类生存、生长和发育。对人工饲养条件下的池塘来说，每当春季到来之后，随着养殖池水温逐渐升高，投喂量也日渐增加，经过一段时间的投喂，养殖池水体中的排泄物质也相应的增多，加之浮游生物大量繁衍，腐殖质急速分解，导致饲养池水体中的耗氧因子增加，这时应及时的调节好养殖池水质。其方法是：春夏时节，每 15 ~20d 往池水加注一次新水，每次的加水量为 10 ~15cm。盛夏期间，每间隔 7 ~10d 就应加注一次新水或酌情适量的换掉养殖池内部分老水。到了秋季以后，池水水质渐渐趋稳，这时就要通过换水的方法，将池水

水位适时、适量的降低。总之，要使饲养池水质长期保持在肥、活、嫩、爽，溶氧值高的优势状态。

3.4　保持池水溶氧量

水体中的溶氧量是鱼类赖以生存的另一重要条件。养殖池水体中的溶氧量低，将直接影响鱼体血液中的载氧能力和鱼类的生存、生长和发育。目前养殖的鲤鲫鱼类能忍受的溶氧量低值为 0.5~2.0mg/L，生存溶氧值为 2.0~3.5mg/L，生长溶氧值为 3.5mg/L 以上，最佳生长、发育的溶氧值为 4.5mg/L 以上。超级鲤对水体中的溶氧值要求不高，最佳溶氧值为 4.5mg/L 以上。

在适宜的水温范围内，饲养池水体中的溶氧量达 4.5mg/L 以上时，是超级鲤生长最快、发育最好的溶氧值。为此，要注意保持养殖池水体中的溶氧量。特别是高密度养殖的池塘，在盛夏时期的高温季节，要掌握好开动增氧机的时间，通常情况，每昼夜应 2 次开机不少于 6~9h。如午夜零时后开机至早晨 6:00，或早晨 2:00~6:00，白天的中午 12:00~14:00，或 11:30~14:30，使养殖池水体中的溶氧量长期保持稳定在 4.5mg/L 以上。

3.5　做好鱼病预防

超级鲤抗病能力强。自中试推广，经五年养殖，覆盖全国 28 个省区市的 260 多万亩水面，回访反馈得到的信息是普遍良好，从未见有和听有暴发性和突发性病害发生。超级鲤确实是一个不易患病的品种，但是不等于在任何环境内、任何水体中、任何生长阶段的任何情况下，都绝对的不发生任何疾病。因此，在超级鲤饲养的全程中，要注意观察，发现异常提早诊断，对症用药，提早预防，以便保证池鱼健康生长。笔者还认为，做好鱼病预防工作最为有效的措施是加强水质和溶氧的管理。一是适时的做好养殖池水体交换，保持养殖池水质肥、活、嫩、爽；二是按时开动增氧机，使养殖池水体中的溶氧值长期保持在 4.5mg/L 以上；三是不投喂变质、发霉的饲料；四是全方位做好养殖池塘的环境卫生。

3.6　写好池塘日记

池塘日记是养殖鱼类的历史记载，是养殖实践的经验积累，只有坚持及时的写好池塘日记，才能实现有根据的回顾。在养殖过程中出现问题时，才能便于采取相应有效的措施应急的加以解决。

[原载《天津水产》2013（2）]

墨龙鲤的选育研究

金万昆

（国家级天津市换新水产良种场，天津　301500）

墨龙鲤是由几个锦鲤品种混合交配繁殖，将其后代中出现的 4 尾黑色个体留下建立自交系，再从自交系繁殖的黑色个体后代中采用混合选择技术逐代选育至 F_6，而育成的一个鲤鱼新品种。墨龙鲤体披全鳞，全身（包括各鳍）均为黑色，腹部灰白色，体纺锤型，稍粗短，可食用也可观赏，已试验推广养殖，深受养殖户欢迎。锦鲤源于中国、兴于日本，其养殖至今已有一千多年的历史。目前，锦鲤的体色、鳞被和体型等表现极为多样，尤以体色和斑纹变异大。在分类学上锦鲤与鲤鱼属同一种，但其色彩花纹已有 13 个品系百余个品种，如红白锦鲤、大正三色锦鲤、别光锦鲤、乌鲤、浅黄及秋翠、衣锦鲤变种、黄金鲤、光写锦鲤、金银鳞锦鲤、丹顶锦鲤等。日本对锦鲤体色、斑纹、体型、性状的遗传学研究已有二百余年的历史，但至今还未选育出一个体色遗传相对稳定的品种。我国对锦鲤的研究时间较短，目前，国内外还未见有关黑色鲤鱼的研究报道。本研究选育的墨龙鲤是经连续 6 代定向选育的一个食用、观赏两用的新品种，其黑色遗传稳定达 87% 以上。现将选育结果报道如下，以供参考。

1　材料与方法

1.1　亲本

亲本是 1985 年从杭州市水产研究所引进的红白、秋翠、大正三色等几个锦鲤品种混合交配繁殖的后代中分离出的黑色个体，经饲养培育而成。亲鱼共存活 3 尾，其中雌鱼 1 尾，体重 2.1kg，雄鱼 2 尾，体重分别为 1.0kg、1.5kg。将 3 尾亲鱼建立自交系，再逐代繁殖选育。

1.2　选育指标

以黑体色为主要选育指标，同时兼顾到体型好、生长快、成活率高、全鳞被等指标。

1.3　选育方法

采用混合选择和定向选育相结合的方法，从入选的亲本自交繁殖的子代群体中严格按照上述选择指标选出理想的个体，培育至性成熟，再繁殖后代，从其后代中按选育指标选出理想的个体，如此一代一代经 6 代的连续定向选育，使入选群体的体色、体型、抗逆性等遗传性状固定下来，并得到稳定的遗传。

1.4　选择强度

每代选择，按夏花、秋片、1 龄鱼、2 龄鱼、后备亲鱼、亲鱼等 6 个发育阶段进行，选择强度分别为：夏花为 2%，秋片为 8%～10%，1 龄鱼为 20%～30%，2 龄鱼为 50%～60%，后备亲鱼为 80%～90%，应产亲鱼为 95%。

2　结果

2.1　形态特征

墨龙鲤 F_6 的体型为纺锤型，但稍粗短，头适中，口亚下位，呈马蹄形，上颌包着下颌，吻圆钝能伸缩，须 2 对，全身披鳞，鳞片较大，背鳍外缘平直，头部、背部及体两侧墨黑色，腹部灰白色，背鳍、胸鳍、腹鳍、臀鳍、尾鳍各鳍均为纯黑色。背鳍 3(4)，16～19；多数为 17；臀鳍 3,5；侧线鳞 $34\frac{5\sim6}{6\sim7}37$；第一鳃弓外侧鳃耙数为 18～20，体长/体高平均为 2.81；体长/头长平均为 3.32；体长/体厚平均为 4.71；尾柄长/尾柄高平均为 0.96；头长/吻长平均为 2.71；头长/眼径平均为 5.03；头长/眼间距平均为 2.46，如图和表 1 所示。

图　墨龙鲤外形

表 1　不同体长组墨龙鲤可量的比例性状

项目	1 龄鱼		2 龄鱼	
	平均	范围	平均	范围
全长(mm)	187 ± 0.33	184.0 ~ 228.0	344 ± 0.32	250 ~ 380
体长(mm)	169 ± 0.21	153.0 ~ 196.0	261 ± 0.19	210 ~ 320
体重(g)	180.5 ± 0.17	98.5 ~ 220.4	658 ± 0.27	310 ~ 1 080
体长/体高	2.81 ± 0.16	2.63 ~ 3.20	3.14 ± 0.24	2.94 ~ 3.44
体长/头长	3.34 ± 0.28	2.91 ~ 4.16	3.56 ± 0.19	3.28 ~ 3.97
体长/体厚	4.67 ± 0.21	4.29 ~ 4.99	4.48 ± 0.18	4.02 ~ 4.76
尾柄长/尾柄高	0.95 ± 0.31	0.65 ~ 1.21	0.99 ± 0.21	0.96 ~ 1.24
头长/眼径	5.04 ± 0.52	4.35 ~ 5.70	5.46 ± 0.44	5.29 ~ 5.88
头长/吻长	2.71	1.96 ~ 3.47	2.71	1.96 ~ 3.28
头长/眼间距	2.47 ± 0.13	2.26 ~ 2.74	2.56 ± 0.18	2.38 ~ 2.95
背鳍条数	17.35	3(4),16 ~ 19	17.35	3(4),16 ~ 19
臀鳍条数	5	3,5	5	3,5
侧线鳞数	35.5	34 ~ 37	35.5	34 ~ 37
第一鳃弓外侧鳃数	19.23	18 ~ 20	19.23	18 ~ 20

2.2　体色的遗传稳定性

该品种各世代黑体色个体占总个体数的比例详见表 2 所示,从表 2 中可看出随世代增加,其黑体色个体也相应增多,其中,F_5、F_6 黑体色个体分别达 85.20%、87.18%,已达到体色遗传相对稳定。

表 2　不同世代黑体色鲤占总数的比例数

世代	取样数(尾)	黑体色(尾)	黑体色比例(%)
F_1	2 000 000	400	0.02
F_2	1 368	177	12.94
F_3	5 000	1 896	37.92
F_4	5 000	3 549	70.98
F_5	10 000	8 520	85.20
F_6	5 000	4 359	87.18

2.3　经济性

2.3.1　生长

测定 30 尾 1 ~ 4 龄墨龙鲤(F_6)的生长,不同年龄组的体长和体重实测值,如表 3 所示。

表3 不同年龄组鱼的体长和体重实测值

项目	1龄鱼		2龄鱼		3龄鱼		4龄鱼	
	平均	范围	平均	范围	平均	范围	平均	范围
体长(mm)	169	153～196	261	210～320	358.4	317～400	478.8	394～565
体重(g)	180.5	98.5～220.4	685	310～1 080	1 430	1 150～2 000	3 110	2 100～4 750

2.3.2 含肉率

测定15尾生长良好,体重100～231g的2龄墨龙鲤(F_6)个体的含肉率为73.2%～77.6%。

2.3.3 肌肉营养成分

测定15尾生长良好,体重100～350g的2龄墨龙鲤(F_6)的肌肉营养成分的含量,如表4所示。

表4 2龄墨龙鲤(F_6)肌肉营养成分的含量(g/100g肌肉)

成分	水分	蛋白质	脂肪	灰分
含量	78.50	18.25	1.82	1.24

2.3.4 主要氨基酸含量

测定10尾生长良好,体重150～250g的2龄

墨龙鲤(F_6)的主要氨基酸含量,如表5所示。

表5 主要氨基酸的含量(g/100g肌肉蛋白质)

名称	符号	含量	名称	符号	含量
天门冬氨酸	Asp	8.867	异亮氨酸	Iie	4.082
苏氨酸	Thr	3.679	亮氨酸	Leu	6.857
丝氨酸	Ser	3.226	酪氨酸	Tyr	1.513
谷氨酸	Glu	12.583	苯丙氨酸	Phe	3.836
甘氨酸	Gly	2.355	赖氨酸	Lys	9.084
丙氨酸	Ala	2.790	组氨酸	His	2.370
胱氨酸	Cys	0.490	精氨酸	Arg	4.852
缬氨酸	Val	4.813	脯氨酸	Pro	2.450
蛋氨酸	Met	2.978			

2.3.5 抗病性和饲养成活率

在各世代的饲养中,该鱼基本不发病,其饲养

成活率如表6所示。

表6 不同世代黑色体色1龄、2龄鱼的池塘饲养成活率

世代	1龄鱼			2龄鱼		
	放养数(尾)	出池数(尾)	饲养成活率(%)	放养数(尾)	出池数(尾)	成活率(%)
F_1	4	3	75	3	3	100
F_2	177	141	79.66	26	23	88.48
F_3	686	551	80.32	123	99	80.49
F_4	1 616	1 395	86.32	105	105	100
F_5	9 912	8 702	87.79	210	210	100
F_6	11 500	9 896	86.05	687	687	100

3　讨论

3.1　保持锦鲤的基本形态特征

墨龙鲤是从锦鲤中选育出的一个新品种,其外形除稍显粗短外基本保持了锦鲤的粗壮形态,兼备了食用、观赏的品种特点。

3.2　黑体色的遗传

鲤鱼体色遗传研究较多,鲤鱼的体色主要有两种:一是野生种的自然体色——青灰色;另一种是青灰色发生变异产生的红色。目前,鲤鱼体色因基因突变,已知的体色变异越来越多样化。如金色鲤是一种体色基因 g 的隐性突变种;橙黄色鲤是由二种隐性基因 $b1$ 和 $b2$ 相互作用而形成的体色变种;银灰色鲤是 r 基因的隐性突变鲤;另一种淡色鲤则是显性突变体等等。鲤鱼的不同体色,是由于其鳞片和皮肤中含有不同的色素细胞及其不同的数量分布所致。黑色鲤含有大量的黑色素细胞和黄色素细胞,而红色素细胞、银色反光组织均较少;红色鲤含有大量的红色素、黄色素细胞和反光组织,而无黑色素细胞。锦鲤是野生鲤体色变异和遗传的突变种。日本对锦鲤体色的变异和遗传做过大量的研究,但尚未找到锦鲤体色遗传的基本规律。本研究是利用锦鲤子代中分离出的 3 个黑体色变异个体自交繁殖,再通过混合选择和定向选育,将黑体色固定下来,并育成了本品种。研究发现该品种鳞片和皮肤中含有大量的黑色素细胞和黄色素细胞,且黑色素细胞和黄色素细胞在黑鲤体表各个部位分布不同,鱼体背部和两侧分布的黑色素细胞占多数,黄色素细胞占少数,而鱼体腹部黑色素细胞和黄色素细胞分布的少,因此,本研究选育的墨龙鲤体背部及各鳍均

为纯黑色,腹部灰白色。而且,这些体色是受多基因控制,这与张兴忠等(1988)报道黑色鲤鱼的体色遗传和变异基本一致。

3.3　主要优良经济性状

3.3.1　经济性状

经济性状是评价一个品种优劣程度的重要指标。生长是其中最重要的经济性状之一。墨龙鲤的生长速度与锦鲤相似,但稍慢于我国推广的建鲤和引进种全鳞镜鲤、德国镜鲤,生长速度慢 5% 左右。但该鱼的含肉率较高,其 2 龄鱼的含肉率在 73.2% ~ 77.6%,比黑龙江鲤(58.7%)、荷包红鲤(57.7%)、散鳞镜鲤(64.29%)都高。肌肉营养成分中的水分占 78.50%,稍高于高寒鲤和散鳞镜鲤(每100g 肌肉中含水分分别为 77.24% 和 77.82%),这可能与人工饲养有关;而蛋白质含量较高,为 18.25(每100g 新鲜肌肉中的含量),脂肪含量一般。肌肉中 8 种必须氨基酸含量有缬氨酸、蛋氨酸、异亮氨酸、苯丙氨酸和精氨酸 4 种明显高于兴国红鲤、高寒鲤等。在墨龙鲤蛋白质的 17 种氨基酸中,以天门冬氨酸(8.867)、谷氨酸(12.583)、亮氨酸(6.857)和赖氨酸(9.084)含量较高。在这 4 种较高的氨基酸中有 2 种是鲜味氨基酸,尤以赖氨酸含量最高,几乎与虹鳟相似。

3.3.2　抗病性

抗病性是人工养殖鱼类经济性状中最为宝贵的一种指标,抗病率强的养殖鱼类,其池塘饲养成活率高,尤其在高密度养殖条件下饲养成活率高,是获得高产的基础,该品种各世代饲养成活率都保持在 90% 以上。

[原载《淡水渔业》2005,35(1)]

（三）黄金鲫

金万昆论文集

黄金鲫健康养殖技术(上)

金万昆

(国家级天津市换新水产良种场,天津　301500)

黄金鲫属鲤形目、鲤科、鲤亚科、鲤属和鲫属的鲤、鲫杂交种。该品种外形如鲫鱼,体高,头小、头后背部隆起,体厚实丰满,有一对较短的吻须,无颌须,全身披鳞晶莹,排列整齐,侧线鳞31～34枚,体色金黄色,十分艳丽。天津市换新水产良种场自2001年以来,历经7年推广试验,推广面积达6.3万亩,推广苗种5.1亿尾,在这几年的推广中已总结出一套较完备的高产、优质、高效、环保的集约化养殖技术。现将养殖技术介绍如下。

1 池塘准备

黄金鲫的适应性能极强,对池塘环境、水质要求不严,池塘面积一般5～10亩为宜,池塘水源充足,保水性能好,注排水方便,无任何污染,池底平坦,淤泥10～15cm,每个池塘配备一台投饵机,每5～10亩面积配备3.0kW叶轮式增氧机1台。

鱼种投放前半个月用生石灰或漂白粉严格进行彻底清塘处理,用木耙翻动池底淤泥,暴晒风化分解。清塘后3～5d注水,注水时进水口用80目筛绢网过滤,以防止野杂鱼等敌害生物进入,池塘水位在0.6～2.5m。

2 苗种投放

北方地区一般在5月1日前后投放苗种,南方地区一般稍早些。通常情况下,当水温达17～20℃时,从水花饲养至夏花,每亩水面可放养水花20万～60万尾;从夏花当年养成商品鱼的放养密度是每亩水面放养2～3cm的夏花4 600～4 700尾,另配养同龄的鲢鱼200～260尾;从夏花饲养至秋片(鱼种)的放养密度,应根据市场对个体的需要,每亩水面可放养1.3万～3.8万尾,另配养同龄的鲢鱼220～280尾;从鱼种饲养至商品鱼的放养密度是每亩水面可放养规格为60～200g的鱼种3 300～4 000尾,另配养同龄的鲢鱼220～

260尾。苗种应选择体质健壮、规格整齐、鳞鳍完整、无病无伤的个体,苗种放养前要用30～40mg/L的食盐水浸泡消毒5～10min,放养时温差应不超过4℃。

3 养殖管理

3.1 水质调控

3.1.1 水位调节

就全年来讲,应当是"两头小、中间高"为宜。也就是说,在早春时节,当养殖池水温升至12～18℃时,不论饲养水花、鱼种或商品鱼,在这一阶段为了加快提高池水温度,池塘水位要适量地降低。例如,培育水花的池塘,放鱼时的池塘水位不宜超过0.6m。饲养鱼种或商品鱼的池塘,为了提早开食,调控水温,此阶段池塘水位不宜高于1.2m,待到养殖池水温升至20℃以上后,再逐渐酌情加高池塘水位。到盛夏时节,池水水温高达21～30℃时,要将养殖池水位加注至最高点2.5m。到了秋季由于气候的变化,养殖池水温开始日趋下降,为保持养殖池水温降速放慢,应将水位作相应的调整,由2.5m逐渐降至1.5m,直到越冬前再将养殖池水位加注到最高点2.5m以上,以保证池鱼安全越冬。

3.1.2 水质调节

就人工养殖池塘来说,越冬后随着养殖池塘水温逐渐升高、投饵量的增加,养殖池水体中的排泄物质也相应增多,加之此时正值浮游生物大量繁衍、腐殖质急速分解的时节,养殖池的水质极易转肥,导致养殖池水体中的耗氧因子增加,这时应及时调节好养殖池水质。方法是:春夏时期每隔15～20d,加注1次新水或换掉部分老水。盛夏期间依据养殖池的实际情况每隔10d左右就应加注1次新水或换掉部分老水;到了秋季养殖池水质逐渐转稳,这时就应借注水或换水的机会,适时、适量地降低养殖池水位。在整个养殖期间长期保持水质的肥、活、嫩、爽,控制水中的藻相以鱼喜食的硅藻、绿藻等单胞藻类为主,水体呈油绿色、浅茶褐色为好。通过定期测量池水的溶解氧、氨氮、pH 值及亚硝酸盐的含量确定池塘水质状况。

3.2 日常管理

坚持每天至少 2 次按时巡塘,观察池鱼的健康状况、活动有无异常,养殖池水体是否缺氧,有无浮头前兆,水质有无异常变化,池水水位高低,有无漏水现象等。在投饵时还应注意观察摄食鱼群的吃食行为及活动情况是否异常,一旦发现异常就应立即采取相应有效的措施迅速给予解决。在养殖过程中,要保持池塘的环境卫生和水体卫生,及时打掉池埂、岸边及池中的杂草,及时加注或更换新水,注意环境安静,特别是在投饵喂鱼时要尽量避免外来干扰等,定期测定养殖池的溶解氧、pH 值、氨氮等化学指标,使溶解氧保持在4.5~6.5mg/L,pH 值保持在 7.0~9.0,氨氮浓度小于 0.1mg/L,加强阴天下雨、高温季节的夜间管理,及时开动增氧机防止浮头。

(待续)

[原载《科学养鱼》2008(2)]

黄金鲫健康养殖技术(下)

金万昆

(国家级天津市换新水产良种场,天津　301500)

3.3　饵料投喂

黄金鲫摄食时间较其他鲤、鲫鱼类都长,几乎全年都在摄食,当养殖池水温升至6℃时,就应在晴天开始投喂,无论采取何种方法投喂,都应在投喂前先给予3～5min响声,并坚持从少到多、由慢到快、再从多至少、由快到慢的投饵原则进行投喂,从水花至夏花阶段的日投饵次数以3～4次为宜。每天上午7:30～9:30,11:00～12:30,下午2:30～4:00,6:30～8:00进行投喂;或上午8:00～9:30,中午12:30至下午2:00,5:00～6:30进行投喂,投喂时间应控制在25min以内,把需投的饵料全部投完。从夏花至秋片(鱼种)阶段,日投饵2～3次,应安排在每天上午8:30～10:00,下午1:00～2:30,5:30～7:00,或上午9:00～10:30,下午3:30～5:00,投喂时间应控制在40～60min。从鱼种饲养至商品鱼阶段,日投饵两次,安排在每天上午9:00～10:30,下午3:30～5:00,采用延长投喂时间的方法,把每次投喂时间延长到60～90min为宜,具体投饵量视养殖池水温高低而定。

总的原则是:当水温为3℃时,日投饵量为池鱼总重的0.2%～0.25%;当水温为6～12℃时,日投饵量为池鱼总重的0.4%～0.65%;当水温为13～16℃时,日投饵量为池鱼总重量的0.7%～1.2%;当水温为17～20℃时,日投饵量为池鱼总重量的1.3%～2.8%;当水温为21～30℃时,日投饵量为池鱼总重的3%～4%。

投喂的饲料应根据GB 18406.4—2001《农产品质量安全　无公害水产品的安全要求》和NY 5072—2002《无公害食品 渔用配合饲料安全限量》、NY 5071—2002《无公害食品 渔用药物使用准则》的规定,保证投喂的饲料安全可靠和生产的黄金鲫商品鱼食用安全。

3.4　病害防治

黄金鲫的抗病能力极强,近几年推广到各地饲养的黄金鲫因其不易发病而得到养殖户青睐,在病害防治中要以防为主,发现异常情况提早诊断,对症用药,以保持池鱼的健康生长。

4　效益分析

4.1　从夏花当年养成商品鱼效益分析

在池塘精养条件下,每亩水面放养2～3cm的夏花鱼种5 600尾,饲养至越冬前出池,获尾均重400g的商品鱼2 100～2 200kg,销售价以每千克9元计算,亩产值19 350元;费用支出:池塘费600元,鱼种费168元,饲料费7 224元,水电费1 000元,人工费800元,其他600元,亩获纯利润8 958元,投入与产出比1：1.86。

4.2　从春片鱼种养成商品鱼的效益分析

在池塘精养条件下,每亩水面放养50g左右的鱼种3 000尾,饲养至越冬前出池,获尾均重800g以上的商品鱼2 100～2 200kg,销售价以每千克9元计算,每亩产值19 350元;费用支出:池塘费600元,鱼种费1 500元,饲料费7 224元,水电费1 000元,人工费800元,其他500元,每亩获纯利润7 726元,投入产出比1：1.66。

4.3　养殖实例

如河南省郑州市日日昇水产养殖场120亩养殖水面增产效果显著。每亩放养2～3cm的夏花4 000尾,平均产量超过1 280 kg,饲养成活率80%,每亩产值12 000元,年产值144万元;每亩比彭泽鲫平均增产640kg,增产值5 000元。取得了较好的经济效益和社会效益。

通过上述分析,黄金鲫比普通鲫鱼有以下几点优势。

4.3.1　生长速度快

亩放养乌仔4 600～4 700尾,当年可养成

400g 左右的商品鱼,经连续两年与彭泽鲫生长对照,黄金鲫的生长比彭泽鲫快很多,是生长较快的鲫鱼新品种,因此,缩短了养殖周期,进而节约了池塘、饲料、水电、人工等费用,大大降低了养殖成本,提高了养殖效益。

4.3.2 适应性强

其病害少、对环境要求低、杂食性、饲料转化率高,池塘健康养殖技术已经成熟且容易掌握,适宜在全国推广养殖。

4.3.3 营养价值高

北京市营养源研究所化验鉴定,黄金鲫含肉率高,为鲜重的 71.33%,比彭泽鲫高 13.17%;蛋白质含量高,为鲜重的 18.61%,比彭泽鲫高0.33%;氨基酸含量高,在蛋白质内含有 18 种氨基酸,每 100g 总量为 17.66g,其中,鲜味氨基酸含量为 6.74g,比彭泽鲫高 1.89%。

（全文完）

［原载《科学养鱼》2008（3）］

黄金鲫的养殖技术

金万昆　付连君

（国家级天津市换新水产良种场，天津　301500）

黄金鲫是国家级天津市换新水产良种场，采用常规育种和生物技术育种相结合的方法，经过8年的试验，育成的鲤鱼和鲫鱼杂交新品种。2007年经全国水产原种和良种审定委员会审定，农业部批准，在全国推广的淡水鱼类养殖新品种。现将其养殖技术介绍如下。

第一是池塘准备。黄金鲫的适应性能极强，对池塘环境、水质要求不严。在养殖中，一般选5~10亩的池塘为宜，池塘水源充足，保水性能好，注排水方便，无任何污染，池底平坦，淤泥10~15cm。每个池塘配备1台投饵机和1台增氧机。

在鱼种投放前15d，排干池水，用生石灰或漂白粉，进行彻底清塘处理，用木耙翻动池底淤泥，暴晒风化分解，清塘后3~5d注水，注水时进水口用80目筛绢网过滤，防止野杂鱼等敌害生物进入，池塘水位在0.6~2.5m。

第二是苗种投放。通常情况下，当池水水温达17~20℃时，从水花饲养至夏花，每亩有效水面可放养水花20万~60万尾；从夏花当年养成商品鱼的放养密度是每亩有效水面放养2~3cm的夏花4 600~4 700尾，另配养同龄的鲢鱼200~260尾；从夏花饲养至秋片（鱼种）的放养密度，应根据市场对个体的需要，每亩有效水面可放养1.3万~3.8万尾，另配养同龄的鲢鱼220~280尾；从鱼种饲养至商品鱼的放养密度是每亩有效水面可放养规格为60~200g的鱼种3 300~4 000尾，另配养同龄鲢鱼220~260尾。苗种应选择体质健壮、规格整齐、鳞鳍完整、无病无伤的个体，苗种放养前要用30~40mg/L的食盐水浸泡5~10min，放养时温差应不超过4℃。

第三是养殖管理。苗种投放之后，日常管理是关键。俗话说，管理出效益。

1. 水质调控。常言道"养好一池鱼，先养好一池水"。水质是养好鱼的重要条件之一。饲养黄金鲫的池塘水质，同其他常规吃食性鱼类相同，在水上做好"两个调节"。具体如下。

（1）水位调节。就全年饲养讲，应当是"两头小、中间高"为宜。为提早开食，调控水温，水位应控制在1.0~1.2m，待养殖池水温达到20℃以上时，可以逐渐加高池塘水位，到盛夏时节池塘水温达到21℃以上时，要将养殖池水位加至最高点2.5m。到秋季养殖池水温开始日趋下降，为保持养殖池水温下降速度，应将池水水位作相应调整，由水体最高点2.5m，逐渐降至1.5m。为保证鱼种安全越冬，再将水位调至最高点2.5m。

（2）水质调节。越冬后水温逐渐升高，投饵量也逐渐增加，养殖水体中的排泄物也相应增多，加上初春正是浮游生物大量繁衍，腐殖质也急速分解，这段时间养殖池的水质极易转肥，使池水中耗氧因子大大增加，这时应调节好水质。应间隔15d左右加注新水1次或换去30%~40%的老水，使池塘养殖水质保持"肥、活、嫩、爽"。

2. 饲料投喂。黄金鲫摄食时间比其他鲤鲫鱼类长，几乎全年都在摄食。当养殖池水温升至6℃时，就应在晴天开始投喂。为使黄金鲫能够集中摄食，应在投喂前先用硬物敲打3~5min响声，投喂时掌握"慢-快-慢"、"少-多-少"的原则。每天开始投喂时，鱼群还未全部到齐，投喂速度要慢，投饵量少，在投喂2~3min后，鱼群摄食非常厉害，投喂速度要快，抛料的面积要放大，呈扇形最好，饲料投放量也大，在鱼群摄食一段时间后，少部分鱼已吃饱走掉，此时要逐渐放慢投喂，减少投喂量。在饲料投喂中，一定要坚持"四定四看"。四定即：

一是定质。就是确定投喂饲料的营养质量，具体讲就是饲料中的蛋白指标。黄金鲫对所需食物中的营养物质要求不高，从水花饲养至夏花，饲料中的蛋白含量应为46%~42%；从夏花饲养至顶寸鱼种,饲料中蛋白指标应为41%～38%;从顶寸鱼种饲养至秋片(鱼种),饲料中蛋白指标应为37%～32%,但饲料必须是营养全,物料配比科学,动物蛋白要占饲料中粗蛋白总量的1/3以上的全价饲料。

二是定量。就是饲养时日投饵量。黄金鲫新陈代谢旺盛,生长速度超快,日食量偏大。在养殖池水质良好,水温在18～30℃范围内,从水花饲养至夏花阶段的日投饵量为池鱼总量的200%～36%;从夏花饲养至顶寸鱼种阶段的日投饵量为池鱼总重的36%～17%;从顶寸鱼种饲养至秋片(鱼种)阶段的日投饵量为池鱼总重的17%～4%;从鱼种饲养至商品鱼阶段的日投饵量为池鱼总重的4%～3%。

三是定时。就是饲养中投喂次数及时间。饲养黄金鲫与其他常规鱼一样,投喂以少量多次为好。从水花至夏花阶段的日投喂次数以3～4次为宜。每天上午7:30～9:00、11:00～12:30,下午2:30～4:00、6:30～8:00投喂,每次投喂时间应控制在25min以内;从夏花至秋片(鱼种)阶段的日投饵次数以2～3次为宜,每天上午8:30～10:00,下午1:00～2:30、5:30～7:00投喂,每次投喂应控制在40～60min;从鱼种饲养至商品鱼阶段的日投饵次数2次即可,每天上午9:00～10:30,下午3:30～5:00投喂,每次投喂时间延长到60～90min为宜。上述各阶段的投喂时间是池水水温稳定、水中溶氧高、鱼食欲最强的时间。

四是定位。就是每个养殖池固定的投喂位置,也就是建好投食台。在喂鱼时,敲打3～5min响声,池鱼就会自动集群来台前上浮水面抢吃饵食。

四看:一看鱼,根据鱼的吃食情况来投饵,当鱼群活动正常和摄食量旺盛时要适当多投喂,当鱼群活动不正常时则要少投喂;二看水,水质好时要多投喂,水质差时要少投喂;三看天气,晴天多投喂,阴天少投喂;四看季节,高温时要控制投饵量,水温偏低时要少投喂。

3. 病害防治。黄金鲫抗病力极强,近几年推广各地养殖很少感染疾病,因其不易发病而得到了养殖户青睐。但不等于在任何环境内、任何生长阶段的任何情况下,都绝对不发生任何疾病。

也就是说"以防为主,防重于治"的思想不能放松,在饲养过程中,要严格按照无公害水产品的技术要求,选用低毒、高效、无残留的绿色环保药品进行病害防治,除投放鱼种前对池塘进行彻底清整消毒外,在养殖中每隔20d左右时间泼洒1次漂白粉消毒,对食场和工具也要随时进行消毒,如发现鱼有异常情况,要提早诊断,对症用药,以保持池鱼健康生长。

4. 池塘管理。每天要坚持2～3次巡塘,观察池鱼的活动是否出现异常,池水是否有缺氧现象,有无浮头前兆,水质有无变化,池水水位的高低,还要检查鱼群的吃食情况,根据吃食情况及时增减投饵量,避免饲料的浪费及对水质的污染。在养殖过程中还要保持塘内外的环境卫生,塘外,要及时清除岸边的杂草及杂物;塘内,及时加注新水或换水,及时清理池塘内杂物。要定期测定养殖池的溶解氧、pH值、氨氮等化学指标,使溶解氧保持在4.5～6.5mg/L,pH值保持在7.0～9.0,另外还要加强阴天、雨天、高温季节的夜间管理,发现异常及时解决处理。

黄金鲫的养殖效益又如何呢?

自2001年以来,历经9年的推广养殖实践,黄金鲫已推广全国23个省区市,推广苗种达20亿尾,推广面积达25万亩,据不完全统计,该品种每养殖1亿尾,仅就纯生长增重一项计算,每年增产3.5万t,增收超过3.5亿元,成为农(渔)民致富的新品种。

江苏省宿迁市黄金鲫的养殖户唐国强,他是从水花养至春片鱼种。从2009年4月25日购进天津市换新水产良种场的黄金鲫水花510万尾,放入2个池塘养殖,一个12亩,另一个11亩。至5月8日出池,获每千克1780尾的夏花苗种290万尾。以每尾0.045元的价格出售260万尾,收入11.7万元。其余30万尾又放入这2个池塘继续饲养,至2010年3月10日出池,2个池塘获尾重200g的春片鱼种5.4万kg,以每千克10元出售,收入54万元,两次出售收入65.7万元,减去所有的费用36.225万元,平均每亩获纯利润1.28万元。

[原载《渔业致富指南》2011(4)]

黄金鲫养殖技术与效益

金万昆　付连君

（国家级天津市换新水产良种场,天津　301500）

摘　要:黄金鲫是鲤鱼和鲫鱼杂交新品种,生长超快,适应性强,营养价值高,易垂钓,养殖效益可观。介绍了配套养殖技术。

关键词:黄金鲫;养殖;效益

黄金鲫是国家级天津市换新水产良种场采用常规育种和生物技术育种相结合的方法,经过8年的试验,育成的鲤鱼和鲫鱼杂交新品种。2007年经全国水产原种和良种审定委员会审定,农业部批准,在全国推广的淡水鱼类养殖新品种。现将该品种在养殖上的优势和养殖技术要点介绍如下。

1　黄金鲫的优势

1.1　生长超快

由于黄金鲫是杂交物种,性腺发育不完全,其生理上不孕不育,无生殖功能,不会与其他鱼类混交,不会破坏养殖和生态环境,所有营养物质均用于生长。所以,其生长特别快,比普通鲫鱼快2倍以上。经多年养殖实践,当年放养的水花（鱼苗）,到年底可养成400g左右的成鱼,放养春片鱼种,可养成尾重800g以上的商品鱼,在池塘精养条件下,成鱼每667m²产量可超"双吨"。因其生长快,养殖周期短,养殖成本低,高产高效,由此给养殖户带来的经济效益是可观的。

1.2　适应性强

其主要表现"两强一高"。一是抗病能力强。从目前已推广的地区看,黄金鲫不易发病,未发生大规模病害。因不易发病,池塘养殖成活率高。从水花（鱼苗）至夏花出池成活率达65%以上,从夏花至秋片（鱼种）出池存活率达85%以上,从鱼种至商品鱼出池存活率达98%以上。二是抗逆性能强。黄金鲫耐低氧,当养殖水体溶氧在3～4mg/L时,仍能正常摄食生长。耐低温,其能在水温1.5℃,冰下水位1.2m的池水环境中安全越

冬。而且好运输,没有应激反应,鳞片紧实,不掉鳞。三是饲料转化率高。黄金鲫属杂食性鱼类,其食性和消化继承了双亲的功能,在池塘条件下,对人工配制的全价饲料中的营养成分,消化吸收性能强,饲料转化率高,饲料系数低。幼鱼阶段的饲料系数为1:1.5,鱼种至成鱼阶段的饲料系数仅为1:1.3～1:1.5,全池鱼的总产计算,饲料系数小于1:1.2。因而,此鱼好饲养。

1.3　营养价值高

黄金鲫肉质紧而细嫩,味道鲜美,营养全、价值高。经北京市营养源研究所测定,主要表现在"三高"。一是含肉率高。黄金鲫含肉率为鲜重的71.33%,比目前所养殖的普通鲫鱼含肉率都高。二是蛋白质含量高。其蛋白质含量为鲜重的18.61%,比普通鲫鱼都高。三是氨基酸含量高。黄金鲫的蛋白质内含有18种氨基酸,总量为17.66g/100g,其中,鲜味氨基酸含量为6.74g/100g,比普通鲫鱼都高。因此,该鱼深受消费者欢迎。

1.4　易垂钓

黄金鲫优于普通鲫鱼,体色艳丽,性情温和,不善跳动,在冰点以上的水体里都容易上钩,除生产供人们食用外,还具有垂钓性,因而也是休闲渔业的好品种。

2　黄金鲫的养殖方法

2.1　池塘准备

黄金鲫的适应性能极强,对池塘环境、水质要求不严。在养殖中,一般选0.3～0.7hm²的池塘为宜,池塘水源充足,保水性能好,注排水方便,无

任何污染,池底平坦,淤泥 10~15cm。每个池塘配备一台投饵机和一台增氧机。

在鱼种投放前 15d,排干池水,用生石灰或漂白粉,进行彻底清塘处理,用木耙翻动池底淤泥,暴晒风化分解,清塘后 3~5d 注水,注水时进水口用 80 目筛绢网过滤,防止野杂鱼等敌害生物进入,池塘水位在 0.6~2.5m。

2.2 苗种投放

通常情况下,当池水水温达 17~20℃时,从水花饲养至夏花,每 667m² 有效水面可放养水花 20 万~60 万尾;从夏花当年养成商品鱼的放养密度是每 667m² 有效水面放养 2~3cm 的夏花 4 600~4 700尾,另配养同龄的鲢鱼 200~260 尾;从夏花饲养至秋片(鱼种)的放养密度,应根据市场对个体的需要,每 667m² 有效水面可放养 1.3 万~3.8 万尾,另配养同龄的鲢鱼 220~280 尾;从鱼种饲养至商品鱼的放养密度是每 667m² 有效水面可放养规格为 60~200g 的鱼种 3 300~4 000尾,另配养同龄鲢鱼 220~260 尾。苗种应选择体质健壮、规格整齐、鳞鳍完整、无病无伤的个体,苗种放养前要用 30~40mg/L 的食盐水浸泡 5~10min,放养时温差应不超过 4℃。

2.3 养殖管理

苗种投放之后。日常管理是关键。俗话说,管理出效益。

2.3.1 水质调控

常言道"养好一池鱼,先养好一池水"。水质是养好鱼的重要条件之一。饲养黄金鲫的池塘水质,同其他常规吃食性鱼类相同,在水上做好"两个调节"。

2.3.1.1 水位调节

就全年饲养讲,应当是"两头小、中间高"为宜。为提早开食,调控水温,水位应控制在 1.0~1.2m,待养殖池水温达到 20℃以上时,可以逐渐加高池塘水位,到盛夏时节池塘水温达到 21℃以上时,要将养殖池塘水位加至最高点 2.5m。到秋季养殖池水温开始日趋下降,为保持养殖池水温下降速度,应将池水水位作相应调整,由水体最高点 2.5m,逐渐降至 1.5m。为保证鱼种安全越冬,再将水位调至最高点 2.5m。

2.3.1.2 水质调节

越冬后水温逐渐升高,投饵量也逐渐增加,养殖水体中的排泄物也相应增多,加上初春浮游生物大量繁衍,腐殖质也急速分解,这段时间养殖池的水质极易转肥,使池水中耗氧因子大大增加,这时应调节好水质。应间隔 15d 左右加注新水 1 次或换去 30%~40% 的老水,使池塘养殖水质保持肥、活、嫩、爽。

2.3.2 饲料投喂

黄金鲫摄食时间比其他鲤鲫鱼类长,几乎全年都在摄食。当养殖池水温升至 6℃时,就应在晴天开始投喂。为使黄金鲫能够集中摄食,应在投喂前先用硬物敲打 3~5min 响声,投喂时掌握"慢-快-慢"、"少-多-少"的原则。每天开始投喂时,鱼群还未全部到齐,投喂速度要慢,投饵量少,在投喂 2~3min 后,鱼群摄食非常活跃,投喂速度要快,抛料的面积要放大,呈扇形最好,饲料投放量也大,在鱼群摄食一段时间后,少部分鱼已吃饱走掉,此时要逐渐放慢投喂,减少投喂量。

在饲料投喂中,一定要坚持"四定四看"。

2.3.2.1 定质

就是确定投喂饲料的营养质量,具体讲就是饲料中的蛋白指标。黄金鲫对所需食物中的营养物质要求不高,从水花饲养至夏花,饲料中的蛋白含量应为 46%~42%;从夏花饲养至顶寸鱼种,饲料中蛋白含量应为 41%~38%;从顶寸鱼种饲养至秋片(鱼种),饲料中蛋白含量应为 37%~32%,但饲料必须是营养全、物料配比科学、动物蛋白占饲料中粗蛋白总量的 1/3 以上的全价饲料。

2.3.2.2 定量

就是饲养时日投饵量。黄金鲫新陈代谢旺盛,生长速度超快,日食量偏大。在养殖池水质良好,水温在 18~30℃范围内,从水花饲养至夏花阶段的日投饵量为池鱼总量的 200%~36%;从夏花饲料至顶寸鱼种阶段的日投饵量为池鱼总重的 36%~17%;从顶寸鱼种饲养至秋片(鱼种)阶段的日投饵量为池鱼总重的 17%~4%;从鱼种饲养至商品鱼阶段的日投饵量为池鱼总重的 4%~3%。

2.3.2.3 定时

就是饲养中投喂次数及时间。饲养黄金鲫与其他常规鱼一样,投喂以少量多次为好。从水花至夏花阶段的日投喂次数以 3~4 次为宜。每天上午 7:30~9:00、11:00~12:30,下午 2:30~4:00、6:30~8:00投喂,每次投喂时间应控制在25min以内;从夏花至秋片(鱼种)阶段的日投饵次数以2~3次为宜,每天上午8:30~10:00,下午1:00~2:30、5:30~7:00投喂,每次投喂应控制在40~60min;从鱼种饲养至商品鱼阶段的日投饵次数2次即可,每天上午9:00~10:30,下午3:30~5:00投喂,每次投喂时间延长到60~90min为宜。上述各阶段的投喂时间是池水水温稳定、水中溶氧高、鱼食欲最强的时间。

2.3.2.4 定位

就是每个养殖池固定的投喂位置,也就是建好投食台。在喂鱼时,敲打3~5min响声,池鱼就会自动集群来台前上浮水面抢吃饵食。

四看:一看鱼,根据鱼的吃食情况来投饵,当鱼群活动正常和摄食量旺盛时要适当多投喂,当鱼群活动不正常时则要少投喂;二看水,水质好时要多投喂,水质差时要少投喂;三看天气,晴天多投喂,阴天少投喂;四看季节,高温时要控制投饵量,水温偏低时要少投喂。

2.3.3 病害防治

黄金鲫抗病力极强,近几年推广各地养殖的黄金鲫很少感染疾病,因其不易发病而得到了养殖户青睐。但不等于在任何环境内、任何生长阶段的任何情况下,都绝对不发生任何疾病。也就是说"以防为主,防重于治"的思想不能放松,在饲养过程中,要严格按照无公害水产品的技术要求,选用低毒、高效、无残留的绿色环保药品进行病害防治,除投放鱼种前对池塘进行彻底清整消毒外,在养殖中每隔20d左右时间泼洒1次漂白粉消毒,对食场和工具也要随时进行消毒,如发现鱼有异常情况,要提早诊断,对症用药,以保持池鱼健康生长。

2.3.4 池塘管理

每天要坚持2~3次巡塘,观察池鱼的活动是否出现异常,池水是否有缺氧现象,有无浮头前兆,水质有无变化,池水水位的高低,还要检查鱼群的吃食情况,根据吃食情况及时增减投饵量,避免饲料的浪费及对水质的污染。在养殖过程中还要保持塘内外的环境卫生:塘外要及时清除岸边的杂草及杂物;塘内及时加注新水或换水,及时清理池塘内杂物。要定期测定养殖池的溶解氧、pH值、氨氮等化学指标,使溶解氧保持在4.5~6.5mg/L,pH值保持在7.0~9.0,另外还要加强阴天、雨天、高温季节的夜间管理,发现异常及时解决处理。

3 黄金鲫的养殖效益

自2001年以来,历经9年的推广养殖实践,黄金鲫已推广全国23个省区市,推广苗种达20亿尾,推广面积达1.67万 hm²,据不完全统计,该品种每养殖一亿尾,仅就纯生长增重一项计算,每年增产3.5万t,增收超过3.5亿元,成为农(渔)民致富的新品种。

江苏省宿迁市黄金鲫的养殖户唐国强,他是从水花养至春片鱼种。从2009年4月25日购进天津市换新水产良种场的黄金鲫水花510万尾,放入2个池塘养殖,一个0.8hm²,另一个0.73hm²。至5月8日出池,获每千克1 780尾的夏花苗种290万尾。以每尾0.045元的价格出售260万尾,收入11.7万元。其余30万尾又放入这2个池塘继续饲养,至2010年3月10日出池,2个池塘获尾重200g的春片鱼种5.4万kg,以每千克10元出售,收入54万元,两次出售收入65.7万元,减去所有的费用36.225万元,平均每667m²获纯利润1.28万元。

[原载《养殖与饲料》2011(9)]

（四）乌龙鲫、红白长尾鲫、蓝花长尾鲫

乌龙鲫的肌肉营养成分、氨基酸含量及脂肪酸组成分析

金万昆[1,2]　杨建新[2]　杜　婷[2]　高永平[2]　朱振秀[2]　俞　丽[2]　赵宜双[1]　张慈军[1]

(1. 国家级天津市换新水产良种场,天津　301500;

2. 天津市宁河县水产科学研究所,天津　301500)

摘　要:为了探讨乌龙鲫的食用价值和保健作用,利用国标生化方法对乌龙鲫的肌肉营养成分、氨基酸含量及脂肪酸组成进行了分析。结果表明:乌龙鲫肌肉(鲜样)中蛋白质、脂肪、水分和灰分的含量分别为:18.8%、3.3%、75.3%和1.13%;含有18种氨基酸,占肌肉总量的17.7%(鲜样),其中,8种人体必需氨基酸占肌肉总量的7.48%(鲜样),占氨基酸总量的42.46%,4种鲜味氨基酸占肌肉总量的6.3%,占氨基酸总量的35.59%;另外还富含钙、铁、锌、钾、镁、硒和铜等矿物质,微量元素比例合理;同时还检测到以 C18、C20、C22 三个系列脂肪酸的16种脂肪酸,饱和脂肪酸占脂肪酸总量的33.025%,不饱和脂肪酸占脂肪酸总量的66.975%,其中单不饱和脂肪酸占38.272%,多不饱和脂肪酸占28.703%。说明乌龙鲫是一个具有较高食用价值和保健作用的优良养殖品种。

关键词:乌龙鲫　含肉率　肌肉营养　氨基酸　脂肪酸

乌龙鲫是采用常规育种和现代生物技术相结合,国内首次人工合成的集观赏与食用为一体的黑色鲫鱼新品种[1]。因该鱼全身墨黑,故名乌龙鲫。为了探讨其食用价值和保健作用,我们对乌龙鲫的营养成分(蛋白质、脂肪、水分和灰分)、氨基酸含量及脂肪酸的组成进行了测定分析,旨在为乌龙鲫的开发利用提供理论依据。

1　材料与方法

1.1　试验材料

试验鱼于2007年11月取自国家级天津市换新水产良种场池塘培育的、体质健壮的2龄鱼,共6尾,体长25.6~26.7cm、体重690~786g。

1.2　试验方法

1.2.1　肌肉营养成分的测定

分别依据 GB/T 5009.5—2003、GB/T 5009.6—2003、GB/T 5009.4—2003 和 GB/T 5009.3—2003 测定蛋白质、脂肪、灰分和水分。

1.2.2　氨基酸含量的测定

色氨酸用 4.2mol/L 的 NaOH 水解,胱氨酸用过甲酸氧化法处理,其余氨基酸均用 6mol/L 的 HCl 水解,依据 GB/T 5009.124—2003,用日立835-50氨基酸分析仪测定。

1.2.3　矿物质和微量元素

分别依据 GB/T 5009.13—2003、GB/T 5009.14—2003、GB/T 5009.90—2003、GB/T 5009.91—2003、GB/T 5009.92—2003 和 GB/T 5009.93—2003 测定铜、锌、镁、铁、钾、钙、硒。

1.2.4　脂肪酸的测定

采用 AOAC996.06(内标法),日本岛津 GC-14C 气相色谱仪测定。

2　结果与讨论

2.1　乌龙鲫肌肉营养成分

乌龙鲫肌肉营养成分测定结果及与其他经济鱼类的比较如表1所示。

鱼类营养价值主要是由蛋白质和脂肪含量决定的[7]。从表1可见,乌龙鲫肌肉中蛋白质含量高于匙吻鲟、史氏鲟、鳜鱼、黄颡鱼、鳙、草鱼、鲤、鲫和团头鲂;脂肪含量低于匙吻鲟,接近于团头鲂,而明显高于史氏鲟、鳜鱼、黄颡鱼、鳙、草鱼、鲤和鲫;水分含量高于匙吻鲟,而明显低于史氏鲟、鳜鱼、黄颡鱼、鳙、草鱼、鲤、鲫和团头鲂;灰分含量高于黄颡鱼和鳜鱼,而明显低于匙吻鲟、鳙、草鱼、鲤、团头鲂和鲫。

表1　乌龙鲫与几种经济鱼类营养成分对比分析(%)

种类	蛋白质	脂肪	水分	灰分
乌龙鲫	18.8	3.3	75.3	1.13
匙吻鲟[2]	15.55	11.06	72.08	1.28
史氏鲟[3]	17.86	2.57	78.57	–
鳜鱼[4]	17.56	1.50	79.76	1.06
黄颡鱼[5]	15.37	1.61	82.40	0.16
鳙[6]	16.26	3.04	76.58	1.85
草鱼[6]	15.94	0.62	81.59	1.22
鲤[6]	16.52	2.06	79.58	1.18
鲫[6]	15.74	1.58	80.28	1.64
团头鲂[6]	16.68	3.36	76.72	1.35

2.2　氨基酸组成和含量

蛋白质的营养价值取决于氨基酸的含量和组成,而人体中8种必需氨基酸的含量是决定蛋白质营养价值的重要因素。鱼肉味道的鲜美程度决定于4种鲜味氨基酸的含量[2]。乌龙鲫肌肉氨基酸组成和含量如表2所示,与几种经济鱼类肌肉氨基酸含量的比较如表3所示。

表2　乌龙鲫肌肉氨基酸组成和含量(g/100g)

氨基酸	占鲜样的比例	氨基酸	占鲜样的比例
天门冬氨酸	1.53	苯丙氨酸	0.85
谷氨酸	2.76	赖氨酸	1.78
甘氨酸	0.98	色氨酸	0.21
丙氨酸	1.03	必需氨基酸总量	7.48
鲜味氨基酸总量	6.30	酪氨酸	0.62
苏氨酸	0.73	丝氨酸	0.72
缬氨酸	0.93	组氨酸	0.67
蛋氨酸	0.7	精氨酸	1.12
异亮氨酸	0.79	脯氨酸	0.62
亮氨酸	1.62	胱氨酸	0.17
		氨基酸总量	17.7

表3　乌龙鲫与几种经济鱼类肌肉氨基酸的比较(g/100g)

种类	氨基酸总量	必需氨基酸总量	鲜味氨基酸总量
乌龙鲫	17.7	7.48	6.30
匙吻鲟[2]	15.04	5.37	5.51
史氏鲟[3]	15.07	6.45	5.4
鳜鱼[4]	16.94	6.76	6.68
黄颡鱼[5]	14.19	5.87	5.74
鲢[6]	14.79	5.64	5.94
鳙[6]	14.98	5.96	6.01
草鱼[6]	12.37	4.97	4.88
鲤[6]	15.10	6.04	6.03
鲫[6]	13.94	5.58	5.59

由表2可见，乌龙鲫肌肉中18种氨基酸总量为17.7g/100g（鲜样），其中，8种必需氨基酸总量为7.48g/100g，占氨基酸总量的42.26%；鲜味氨基酸总量为6.3g/100g，占氨基酸总量的35.59%。

由表3可见，乌龙鲫肌肉氨基酸总量和必需氨基酸的含量明显高于匙吻鲟、史氏鲟、鳜鱼、黄颡鱼、鲢、鳙、草鱼、鲤和鲫；鲜味氨基酸的含量稍低于鳜鱼，而明显高于匙吻鲟、史氏鲟、黄颡鱼、鲢、鳙、草鱼、鲤和鲫。

2.3 矿物质和微量元素

乌龙鲫肌肉中富含维持人体生理功能起特殊作用的钙、镁、钾、锌、铜、铁和硒等元素如表4所示，可见，乌龙鲫肌肉（鲜样）中钾含量最高，其次为镁钙。微量元素中铁锌含量较高，而硒和铜含量较低。乌龙鲫肌肉中锌铜质量比为10。按照Hill和Matron提出的"理化性质相似的元素，其生物学功能是相互拮抗的"，且这种拮抗作用通常发生在锌：铜＞10[8]。可见，乌龙鲫肌肉中的锌铜比值是较为合理的。

表4 乌龙鲫肌肉中矿物质和微量元素的含量（mg/100g）

元素	钾	镁	钙	铜	铁	锌	硒
含量	268.22	31.16	13.68	0.1	1.08	1.0	0.22

2.4 脂肪酸的组成和比例

2.4.1 脂肪酸的组成

乌龙鲫肌肉共检测到16种脂肪酸，饱和脂肪酸（SFA）有5种，不饱和脂肪酸（UFA）有11种，其中，单不饱和脂肪酸（MU-FA）4种，多不饱和脂肪酸（PUFA）7种，如表5所示。

表5 乌龙鲫肌肉的脂肪酸组成和含量（g/100g）

脂肪酸种类	含量	脂肪酸种类	含量	脂肪酸种类	含量
C14:0	0.04	C16:1n-7	0.13	C18:2n-6c	0.60
C16:0	0.78	C18:1n-9c	1.02	C18:3n-6	0.01
C18:0	0.21	C20:1	0.08	C18:3n-3	0.06
C20:0	0.02	C22:1n-9c	0.01	C20:3n-6	0.02
C21:0	0.02			C20:4n-6	0.07
				C20:5n-3(EPA)	0.03
				C22:6n-3(DHA)	0.14
ΣSFA	1.07	ΣMUFA	1.24	ΣPUFA	0.93
ΣSFA/ΣUFA	33.025	ΣMUFA/ΣUFA	38.272	ΣPUFA/ΣUFA	28.703

注：ΣSFA为饱和脂肪酸总量，ΣUFA为不饱和脂肪酸总量，ΣMUFA为单不饱和脂肪酸总量，ΣPUFA为多不饱和脂肪酸总量

由表5可见，乌龙鲫肌肉中含C20:0，而草、鲢、鲤、鳙、鲂等鱼类肌肉中则没有检测到该脂肪酸[9~10]，同时乌龙鲫肌肉中还检测到一些海水鱼类如鲳、鲷、海鳗、小黄鱼、白姑鱼、银鱼、鲥鱼等肌肉中没有的C20:3n-6[11]。

2.4.2 乌龙鲫肌肉脂肪酸组成比例

在乌龙鲫肌肉中总饱和脂肪酸（ΣSFA）的质量分数占脂肪酸（鲜样）的33.025%，其中，C16:0最多，占24.07%，C18:00次之，占6.48%。近年来的研究发现，多不饱和脂肪酸具有明显的降血脂、抑制血小板凝集、降血压、提高生物膜液态

性、抗肿瘤和免疫调节作用，能显著降低心血管疾病的发生率[12]。乌龙鲫肌肉中总不饱和脂肪酸（ΣUFA）的质量分数占脂肪酸（鲜样）的66.975%，其中，单不饱和脂肪酸（ΣMUFA）的质量分数占38.272%，以C18:1n-9c含量最高，占31.48%；多不饱和脂肪酸（ΣPUFA）的质量分数占28.703%，以C18:2n-6c含量最高，占18.52%，其次为具有很强生理功能、人和动物生长发育所必需的n-3系列的多烯酸C22:6n-3（DHA），占4.32%；且ΣSFA/ΣUFA为0.4931，比值明显大于乌鳢、丁鱼岁、鲢、青鱼、鳊、鳙、

鲫、鲤和草鱼[13]。

3 结语

通过对乌龙鲫营养成分、氨基酸组成和含量、矿物质和微量元素以及脂肪酸的组成和含量分析来看,乌龙鲫是一个具有较高食用价值和保健作用的优良养殖品种,具有广阔的开发前景。

参考文献

[1] 金万昆. 乌龙鲫健康养殖技术[J]. 天津水产,2008(1):21-26.

[2] 冬宏伟,韩志忠,康志平,等. 匙吻鲟含肉率及营养成分分析[J]. 淡水渔业,2007,37(4):49-51.

[3] 胡国宏,朱世成,张俊辉,等. 养殖史氏鲟幼鱼的含肉率和营养成分分析[J]. 大连水产学院学报,2003,18(1):70-71.

[4] 严安生,熊传喜,钱健旺,等. 鳜鱼含肉率及肌肉价值的研究[J]. 华中农业大学学报,1995,14(1):80-84.

[5] 黄峰,严安生,熊传喜,等. 黄颡鱼的含肉率及鱼肉营养评价[J]. 淡水渔业,1999,29(10):3-6.

[6] 刘建康. 东湖生态学研究(一)[M]. 北京:科学出版社,1990.

[7] 白庆利,徐伟,刘明华,等. 高寒鲤含肉率及肌肉营养成分的分析[J]. 水产学杂志,1997,10(1):22-24.

[8] 柳琪,藤箴,张炳春. 中华鳖氨基酸和微量元素的分析研究[J]. 氨基酸和生物资源,1995,17(7):18-21.

[9] 李淡秋. 中国20种淡水鱼虾脂肪酸组成的分析研究[J]. 水产科技情报,1991,18(3):73-76.

[10] 童圣英. 四种鲤科鱼类越冬时脂肪酸组成的变化[J]. 水产学报,1997,21(4):373-379.

[11] 李淡秋. 中国20种海水鱼虾脂肪酸组成的分析研究[J]. 水产学报,1989,13(2):157-159.

[12] 杭晓敏,唐涌濂,柳向龙. 多不饱和脂肪酸的研究进展[J]. 生物工程进展,2001,21(4):18-21.

[13] 黄峰,严安生,陈莉,等. 丁鱼岁肌肉脂肪酸组成的分析[J]. 淡水渔业,2005,35(6):22-24.

[原载《河北渔业》2009(11)]

乌龙鲫的养殖技术

金万昆

(国家级天津市换新水产良种场,天津　301500)

乌龙鲫是国家级天津市换新水产良种场采用常规育种和生物技术育种相结合的技术路线,历经十几年初步育成的养殖新品种。其种质独特,营养价值高,是一个非常好的养殖推广品种。该鱼因体色墨黑,故得名乌龙鲫。

1　生物学特征

1.1　外部形态

乌龙鲫的体形丰满健壮,背较高。体长为体高的 2.32 倍,体长为体厚的 4.16 倍。头小,吻钝圆,马蹄形,口裂适中,口亚下位,能收缩。有吻须 1 对,但很短,须长仅 0.1 ~ 0.15cm。颌无须,细看只见有两个点状小的凸起。眼睛较大,位于鼻后。背厚实呈微弧形,腹部平直。背鳍 3,16 ~ 19;胸鳍 1,12 ~ 16;腹鳍 1,7 ~ 8;臀鳍 3,5。尾长叉形,尾长为体长的 31.4%。全身被鳞整齐艳丽,侧线鳞 30 ~ 32 枚,排列清晰。体色全身及各个鳍条均都墨黑,胸、腹部色素稍淡,似鲫鱼体型。

1.2　栖息习性

乌龙鲫栖息习性与目前养殖的鲫鱼类大致相同。喜栖息于水体的中下层。在正常生活环境下,常上浮水面集群围池绕游,受外界环境惊扰时,便各自急速下沉逃窜。当水温下降到 15℃ 以下时,其群体活动大都在池塘的底层水体中,并在池底最深处集群越冬。

1.3　适温性

乌龙鲫的适温性比目前养殖的鲫鱼品种宽。可在 1.5 ~ 34℃ 的水温环境中生活。

1.4　抗逆性能

乌龙鲫抗逆性能强。一是抗寒能力强。能在水温 1.5℃、冰下水位 1.2m 的池水环境中安全越冬。二是耐低氧。能忍受养殖池水体溶解氧低至 1.5mg/L 以下,当养殖池水体溶氧降至 3 ~ 4mg/L 时,仍能正常摄食。三是抗病能力强。在一般养殖条件下,不易发病,因此池塘养殖成活率较高。从水花至夏花出池成活率达 65% 以上。从夏花至秋片鱼种出池存活率达 85% 以上。从鱼种至商品鱼出池成活率达 98% 以上。

1.5　摄食特性

乌龙鲫属杂食性鱼类,喜食人工饲料。在人工饲养条件下,鱼苗时期,可摄食黄豆浆和养殖池水体中的轮虫及小型枝角类。鱼苗体长长至 2.5cm 以上时,可完全投喂人工配置的全价粉状饲料豆粕糊(豆粕经水浸泡后磨成的浆糊)。同时特别喜吃养殖池水体中的枝角类、桡足类、轮虫及小型藻类、植物碎屑等。当鱼苗长至 5cm 以上时,其主要食物是人工配制的全价微粒饲料,破碎的小粒饲料、碎饲料、小颗饵。此阶段还喜吃养殖池水体中较大个体的枝角类、桡足类及摇蚊幼虫、藻类、植物碎屑等。当鱼苗体长长至 10cm 以上时,最喜吃的食物是人工配合的全价颗粒饲料。

乌龙鲫属昼夜摄食品种,但摄食量为夜少昼多,白天上午少,下午多。其摄食量受水温、溶氧的制约。当养殖池水温在 3.5℃ 时,池鱼就开始少量摄食。当养殖池水温升到 16℃ 以上时摄食活动已较强烈。当养殖池水温达 20 ~ 30℃,水体中溶氧量 4.5mg/L 以上时,乌龙鲫摄食最为旺盛。当养殖池水温高达 32℃ 以上,水体中的溶氧 3.5mg/L 以下时,池鱼的摄食量明显减少,饲料转化率降低。

乌龙鲫继承了亲本的食性和消化功能,在池塘条件下,对人工配置的全价饵料中的营养成分,消化吸收性强,饲料转化率高,且饲料系数低。稚、幼鱼阶段的饲料系数为 1:1.5,鱼种至成鱼阶段的饲料系数仅为 1:1.3 ~ 1:1.5,若以全池鱼的总重量计算,饲料系数小于 1:1.2。

1.6　生长条件

在符合养殖鱼类用水标准的情况下,达到以

下生长条件时,乌龙鲫生长最佳。

(1)适宜水质:水质较肥,水色呈淡绿色,生物量较大。

(2)适宜水温:适宜温度16～31℃,最佳生长温度范围20～30℃。

(3)适宜溶氧:适宜溶氧3.5～7.5mg/L,最佳溶氧范围4.5～6.5mg/L。

(4)适宜盐度:能在盐度为6‰的水环境内生长,最佳生长的盐度范围为0‰～0.4‰。

(5)适宜pH值:适宜pH值为6.5～9.5,最佳pH值为7.0～9.0。

(6)适宜氨氮(总量):适宜范围0～0.10mg/L,最佳范围为0～0.06mg/L。

(7)适宜饲料与营养:最佳生长速率的饲料中的蛋白质含量为46%～32%。

1.7 生长特性

乌龙鲫比其他原种鲫鱼生长都快,体长增长以1～3龄最快,又以1～2龄最为明显,3龄开始变慢;体重增长以2～5龄为最快,又以3～4龄最为显著。从5龄开始变慢。其各龄鱼体长、体重测量结果如下。

1.7.1 体长增长范围

1龄鱼:全长范围16.54～20.2cm,平均18.3cm;体长范围13.37～15.9cm,平均14.67cm。

2龄鱼:全长范围26.90～34.50cm,平均30.94cm;体长范围20.70～27.70cm,平均23.54cm。

3龄鱼:全长范围35.10～42.70cm,平均38.24cm;体长范围26.10～31.00cm,平均28.95cm。

4龄鱼:全长范围37.60～43.20cm,平均41.70cm;体长范围28.60～33.80cm,平均32.00cm。

5龄鱼:全长范围39.80～44.60cm,平均43.20cm;体长范围31.20～35.80cm,平均34.20cm。

6龄鱼:全长范围42.00～46.60cm,平均44.00cm;体长范围33.20～37.22cm,平均34.80cm。

1.7.2 体重增长范围

1龄鱼:体重范围92.0～163.0g,平均126.7g。

2龄鱼:体重范围332.0～730.0g,平均562.6g。

3龄鱼:体重范围880.0～1 230.0g,平均1 062.0g。

4龄鱼:体重范围1 383.6～1 760.0g,平均1 696.6g。

5龄鱼:体重范围1 983.6～2 460.0g,平均2 336.1g。

6龄鱼:体重范围2 385.0～2 880.0g,平均2 696.1g。

1.8 性成熟与繁殖特性

乌龙鲫是通过雌雄两性基因重组后获得的种质独特的品种,其性成熟较我国其他原种鲫鱼晚。一般3龄开始成熟,且只有部分成熟。4龄雌鱼体重达1 500g以上,体长32cm以上;雄鱼体重1 300g以上,体长达29.0cm以上才全部成熟。雄鱼性成熟稍早于雌鱼,群体中雌鱼多于雄鱼,雌鱼占群体总数的61.1%。初次性成熟体重1 000g左右,个体(3龄)怀卵量在1.8万～2.2万粒。产卵期自4月中下旬至5月下旬。当水温在17℃以上时进行分批产卵,其卵为端黄、蓝绿色,为黏性。

乌龙鲫的卵比目前养殖的原种鲫鱼卵大,吸水前卵的直径在1.25～1.62mm,平均直径为1.48mm。水温17.2～18.6℃时吸水后6～8h测量,卵径范围在1.5～2.1mm,平均卵径为1.764mm。

2 饲养技术

2.1 池塘条件

乌龙鲫适应性强,对池塘环境、水质要求不高,凡能用作饲养常规吃食性鱼类的池塘,只要水位最高时能保持在2.5m以上,水质达标,能使养殖鱼类越冬的池塘,都能用来饲养乌龙鲫。但生存环境越接近养殖品种的最适条件,其生长和发育也就越快。因此人工饲养池塘条件的好坏,对养殖品种的生长、发育十分重要,也是获得高产的重要保证。池塘养殖条件包括:水体容积、水温、透明度、水体中的溶氧量、酸碱度、营养盐类、饲料生物、病虫害、溶解气体(特别是O_2、CO_2、H_2S、NH_3)、水的运动、饲料、饲养管理等都要满足其生长、发育的要求。同时要配备饲养常规鱼一样的制浆机、投饵机、潜水泵等生产设备。

2.2 池塘水位

用作饲养乌龙鲫的池塘水位,也同饲养其他鱼类相同。就全年饲养讲,应该是两头低、中间高为宜。也就是说,在早春时节,当养殖池水温升至12～18℃时,不论饲养水花、鱼种或成鱼,在这一阶段里为了加快提高池水温度,池塘水位要适量的放低。例如,培育水花的池塘,放鱼时的池塘水位不宜超过0.6m。饲养鱼种或成鱼的池塘，为了提早开食，调控水温，此阶段池塘水位不宜高于1.0~1.2m，待到养殖池水温升至理想值20℃以上后，再逐渐的酌情加高池塘水位。到盛夏时节，池水水温高达21~30℃时要将养殖池水位加至最高点2.5m以上。到了秋季由于气候的变化，养殖池水温开始日趋下降，为保持养殖池水温下降速度，应将养殖池水位作相应的降低，由2.5m以上逐渐地降至1.5m，直到越冬前将养殖池水位加到最高2.5m以上，以利于安全越冬。

2.3 放养密度

乌龙鲫的池塘放养密度，与饲养鲤科吃食性鱼类的放养密度大致相同，至于放养多少达到最佳产量，获得最好效益，这首先要以自身的池塘条件、水源、水质、饲料来源是否充足、饲养、管理技能高低等具体情况酌情确定。在通常情况下，从水花饲养至夏花，亩有效水面可放养水花20万~60万尾，可产全长1.7~2.7cm的夏花13万~38万尾。从夏花饲养至秋片（鱼种），依据对个体的需要，亩有效水面可放养1.2万~3.8万尾，另配养同龄的鲢鱼200~280尾，饲养至当年秋冬时出池，可获尾均重600~700g的商品鱼2 200~2 400kg。

2.4 营养指标与投饵

乌龙鲫对所需食物中的营养物质要求不高。从水花至夏花阶段，饲料中的蛋白指标与现行养殖的鲤科鱼类相同，为46%~42%；从夏花饲养至顶寸鱼种，饲料中的蛋白指标应为42%~38%；从寸鱼饲养至鱼种，饲料中的蛋白指标为38%~34%；从鱼种饲养至成鱼阶段，饲料中的蛋白指标应为34%~32%。但饲料必须是营养全、物料配比科学，其中动物蛋白要占饲料中粗蛋白总量的1/3以上的全价饲料。

乌龙鲫新陈代谢旺盛，生长速度快，日食量偏大。在养殖池水质良好的情况下，日食量多少，受水温和溶氧量的制约。当养殖池水温在适宜的范围内18~30℃，水体中的溶氧量4.5~6.5mg/L，并长期处于稳定状态时，从水花至夏花阶段的日投饵量为池鱼总体重的200%~36%；从夏花至顶寸鱼种阶段的日投饵量为池鱼总体重的36%~17%；从顶寸鱼种至秋片（鱼种）阶段的日投饵量为池鱼总体重的17%~4%，从鱼种至成鱼阶段

的日投饵量为池鱼总体重的4%~3%。

乌龙鲫的摄食时间长，几乎全年都在摄食。当养殖池水温6~12℃时，日投喂量约为池鱼总体重的0.3%~0.6%；当水温升至13~18℃时，日投喂量为池鱼总体重的0.7%~1.2%；当水温升至19~20℃时，日投喂量为池鱼总体重的1.4%~2.9%，当水温达到21~30℃时，日投喂量应保持在3%~4%为宜。在日投喂总量的安排上，凡日投喂在两次以上的，通常情况都应是上午少于下午的投喂量。如上午35%，下午为65%或上午40%，下午为60%。

为了确保乌龙鲫越冬后尽快的恢复体质，当养殖池水温升至6℃以上时，就应在好天气时开始喂鱼，但此时的日投喂量要小，不要超过池鱼总体重的0.25%~0.3%，此后依据养殖池水温逐渐升高，日投喂量也作相应的增加。为了让鱼吃好、吃饱，并养成集群抢食饵的习惯，在投饵技巧上不论是人工投喂，还是实施机械投饵，都应坚持给予一定的信号后再耐心从少到多、由慢到快，再从多到少、由快到慢的投喂方法。

饲养乌龙鲫投饵应做到，以少量多次为好。水花至夏花阶段的日投喂次数以3~4次为好；夏花至秋片（鱼种）阶段的日投喂次数以2~3次即可；鱼种至成鱼阶段的日投喂次数2次即可。

饲养乌龙鲫的投喂时间：水花至夏花期间以每天的上午7:30~9:00，11:00~12:30，下午2:30~4:00,6:30~8:00；或上午8:00~9:30，中午12:30~下午2:00，下午5:00~6:30。具体每口池塘每次投喂时间，应控制在25min以内，将需投的饵料全部投完；夏花饲养至秋片（鱼种）阶段，应安排在每天的上午8:30~10:00，下午1:00~2:30,5:30~7:00；或上午9:00~10:30，下午3:30~5:00。每次所投喂的饵料，应控制在40~60min，将投喂的饵料全部吃完；鱼种饲养至成鱼阶段，应安排在每天的上午9:00~10:30，下午3:30~5:00，采用放慢投喂的方法，把每次投喂的时间拉长到60~90min为宜。实施上述投饵时间，一是这段时间水温稳定，二是这段时间池水中的溶氧高，三是正值该鱼食欲最为旺盛的时间。

上述投饵量、投喂方法、投喂时间及日投喂次数，是在北方地区养殖实践的经验总结。养殖鱼类是摄食量受水体中多种因素制约和影响的水生

生物种群。但在实际操作中,死搬硬套是不科学的。每天都应根据养殖池的水质、水温、溶氧状况、池塘水位、鱼体健康状况、季节、气候等实际情况做好相应的调整。

3 日常管理

3.1 坚持按时巡塘

巡塘对饲养管理人员来说是养鱼全过程中最为重要的一项工作,所以每天都要坚持至少2次巡塘。观察池鱼的活动有无异常,养殖池水体中是否缺氧,有无浮头前兆或现象,水质有无异常变化,池水水位高低,有无跑漏现象。在投饵时不定期应注意观察摄食鱼群的吃食行为及活动情况是否正常。一旦发现异常就应立即采取相应有效的措施迅速的加以解决。

3.2 保持池塘优良环境

池塘是养殖鱼类栖息、生存的地方。环境的优劣将会直接或间接的影响到养殖鱼类的质量与生长。因此,保护池塘环境是为了使池塘和水体的生产潜力得到有效的发挥。主要是护理好池塘的环境卫生和水体卫生。例如,及时地打掉池埂、岸边及池水中的杂草,除掉环境与池中污物,及时地加注或更换新水,保持环境安静,特别是在投饵喂鱼时要尽量避免不应有的外来干扰等。

3.3 调节好池塘水质

水是鱼类赖以生存的载体,是鱼类生存、生长、发育的关键。水源水质、水温及溶氧状况的优劣直接影响着鱼类生存、生长和发育。对人工饲养条件下的池塘来说,随着养殖池水温逐渐升高,投喂量的增加,经过一段时间的投喂,养殖池水体中的排泄物质也相应的增多,加之此时正值是浮游生物大量繁衍,腐殖质迅速分解,在这段时间里养殖池的水质极易转肥,导致养殖池水体中的耗氧因子增加,这时应及时调节好养殖池水质。其方法是,春夏时期每隔15~20d,加注1次新水或换掉部分老水。盛夏期间每间隔10d左右就应加注一次新水或换掉部分老水。到了秋季水质逐渐

转稳,这时就要适时、适量的降低养殖池水位,并要适时注水或换水。总之,要使养殖池水质长期保持在活、嫩、爽和水温稳定、溶氧高的优势状态。

3.4 保持水体溶氧量

水体中的溶氧是鱼类赖以生存的另一重要条件。养殖池水体中的溶氧量低,将直接影响鱼体血液中的载氧能力和鱼类的生存、发育和生长。目前养殖的鲤鲫鱼,最低耐受溶氧值为0.5~2.0mg/L,生存溶氧值为3.5~4.5mg/L,最宜生长、发育的溶氧值为4.5~6.5mg/L。乌龙鲫对水体中溶氧要求不高,最佳溶氧值为4.5mg/L左右。

在适宜的水温范围内,养殖池水体中的溶氧量达到4.5mg/L以上时,是乌龙鲫生长最快、发育最好的溶氧指标。为此,要保持养殖池水体中的溶氧量。特别是盛夏的高温季节,要掌握好开增氧机时间。每昼夜2次开机不能少于9h。午夜0:00~6:00,或早晨2:00~8:00;白天的正午12:00~下午3:00,或中午11:30~2:30。要使养殖池水体中的溶氧量长期保持在4.5mg/L以上。

3.5 做好鱼病防治

乌龙鲫抗病能力强,近几年推广到各地饲养,从未发生过重大疾病,是一个不易患病的品种。但是不等于在任何环境内、任何水体中、任何生长阶段里的任何情况下,都绝对的不发生任何疾病。因此,在饲养过程中要注意观察,发现异常提早诊断,对症用药,提早预防,以便保持池鱼健康生长。笔者认为,做好鱼病防治工作,最为有效的措施:一是加强养殖池塘的水质管理,适时地做好养殖池水体交换,保持养殖池水质优良清新;二是按时开动增氧机,使养殖池水体中的溶氧量长期保持在4.5mg/L以上;三是不投喂变质发霉的饲料,同时做好全方位的池塘环境卫生。

3.6 做好池塘记录

池塘记录是养殖鱼类的历史记载,是养殖实践的经验积累,只有坚持及时地做好池塘记录,才能实现有根据的回顾,才能在养殖过程中出现问题时快速作出反应,采取有效措施。

[原载《天津水产》2008(1)]

水产养殖新品种(红白、蓝花长尾鲫)

金万昆

(国家级天津市换新水产良种场,天津　301500)

1　红白长尾鲫

属观赏鱼新品系,由天津市换新水产良种场(022 - 69591668、69592771)选育,是农业部 2003 年推荐的水产养殖新品种。该鱼体表底色银白,头部、背部或身两侧镶嵌红色斑块,红白相间,分界鲜明,尾鳍长等于或大于体长,薄而柔软,如飘带,极具观赏价值。适应能力强,食性广,耐低氧,生存水温为 1 ~ 35℃,在池塘和水族箱中均能很好地生活。近 3 ~ 4 年,在国内市场已试销 800 万尾。国内外均可养殖(注:只适宜在人工条件下养殖,禁止放入天然水域)。

2　蓝花长尾鲫

属观赏鱼新品系,由天津市换新水产良种场(022 - 69591668、69592771)选育,是农业部 2003 年推荐的水产养殖新品种。该鱼头部有一鲜艳的红色斑块,尾、胸、腹、臀鳍均较长,体色艳丽特异,游姿优美,极具观赏价值。适应能力强,食性广,耐低氧,在恶劣环境中有较强的忍耐力,在池塘和水族箱中均能很好地生活,水温达到 16℃ 即可繁殖后代。国内外均可养殖(注:只适宜在人工条件下养殖,禁止放入天然水域)。

3　SPE 凡纳对虾

2001 年,从夏威夷引进,由海南省水产研究所选育,是农业部 2003 年推荐的水产养殖新品种。该品种引进后,经驯化、培育,现已成功繁育 F_2 代虾苗 1.2 亿尾。预计每年可培育亲虾 10 万尾,孵化无节幼体 60 亿尾,育苗 1.5 亿尾以上。具有生长速度快、个体均匀、产量高、抗病力强等特点;体色透明,肉质佳,出肉率高,食性杂,对饲料蛋白质要求比其他对虾低,口感良好,适合高密度养殖。人工养殖水温适应范围为 15 ~ 40℃,盐度适应范围为 0.02% ~ 3.4%。全国沿海地区均适合养殖,淡化后在内陆一些淡水流域也可以养殖(注:只适宜在完全人工控制的池塘、网箱和养殖工厂中养殖,禁止在海洋、河流、湖泊和水库等天然水域中放养)。

[原载《农技服务》2004(9)]

红白长尾鲫选育技术研究

金万昆　朱振秀　王春英

（国家级天津市换新水产良种场，天津　301500）

金鱼、锦鲤和虹鳟等观赏鱼类已有较久的研究历史，对其性状遗传的规律和育种技术有较深入的研究基础，并培育开发出数量较多的观赏鱼品种。因此，我们认为要想在这些种类中再开发出新的品种有较大的难度，而彩鲫遗传育种研究相对较弱，目前尚无很多品种，更无色彩特异的珍稀名贵品种。同时，由于彩鲫与金鱼同属一种，都来自红鲫，因此，彩鲫是一个有很大市场前景和开发潜力的遗传育种材料，借鉴和应用金鱼在体色、体型、鳍形、鳞被、眼等的遗传变异规律，可望培育出更多的彩鲫观赏鱼新品种。本文是红白长尾鲫选育技术的初步总结，亲本是两种彩鲫杂交的后代，当时仅有9尾，而且在体色、体型、鳍形等性状上表现一般，不属于独具特色的名贵品种。

1　材料与方法

1.1　选育目标

（1）以白色体色为底色，头、背部镶嵌红色斑块，红白体色艳丽，分界鲜明。

（2）尾鳍单尾，其长度超过体长；其他各鳍，除背鳍外，均较长。

（3）体质健壮，具有很高的观赏价值。

1.2　亲本

父母本为本场保存的9尾亲本，年龄2龄，体重150g。

1.3　选育方法

采用混合选择和定向选育相结合的方法，开始用9尾亲本自交，从繁殖的后代大群体中按上述选育指标严格选择，选育的个体育成亲鱼后，再从亲鱼群体中挑选达到选育指标、观赏品位高的亲鱼进行群体繁殖，并从繁殖后代的群体中，严格按选育目标选择，如此连续选5个世代到F_5，达到选育指标的红白长尾鲫在群体中的比例已达

到90.2%。

1.4　选择强度

分4个阶段进行4次选择，选择强度从鱼苗至夏花为1.5%；从夏花至鱼种为30%；从鱼种至春片为60%；从一龄鱼到二龄鱼为80%。

2　结果

2.1　形态学特征

体粗短，雄性更趋短。头适中，吻钝，口端位呈弧形，唇较厚，眼中等大，无须，下颌稍上斜。体表覆盖较大鳞片，体色银白色，在体前半部的头部、背部或两侧有极艳丽的红色斑块，红白相间，分界鲜明；各鳍均为银白色。背鳍外缘平直，起点至吻端的距离与至尾鳍基部的距离相等或稍近吻端；腹鳍起点的位置在背鳍起点略前处或两者相对。胸鳍、腹鳍、臀鳍和尾鳍均很长，其胸鳍长度超过胸鳍基部至腹鳍基部的距离；腹鳍长度超过腹鳍基部至臀鳍基部的距离；臀鳍长度超过臀鳍基部至尾鳍基部的距离；尾鳍长度超过体长。背鳍条3，（4）14～19；臀鳍条3，5；胸鳍条1，12；腹鳍条1，8；尾鳍条19；第一鳃弓外侧鳃耙数46～54。体长/体高平均为2.33（2.32～2.35）倍；体长/头长平均为3.66（3.60～3.72）倍；体长/体厚平均为4.00（3.90～4.06）倍；尾柄长/尾柄高平均为0.72（0.54～0.94）倍；头长/吻长平均为3.05（2.94～3.10）倍；头长/眼径平均为5.24（4.02～6.31）倍；头长/眼间距平均为2.14（2.08～2.19）倍；胸鳍长/胸鳍基部至腹鳍基部距离长平均为2.39（2.03～2.96）倍；腹鳍长/腹鳍基部至臀鳍基部距离长平均为1.71（1.63～1.84）倍；臀鳍长/臀鳍基部至尾鳍基部距离长平均为2.60（2.39～2.76）倍；尾鳍长/体长平均为0.66（0.60～0.71）倍，如表所示。

表　红白长尾鲫形态学特征表

形态特征　　　　　年龄类别	一龄鱼		二龄鱼	
	范围	平均	范围	平均
全长(cm)	13.3~28.5	22	29.4~39.3	34
体长(cm)	9.80~17.2	13.3	18.5~21.5	21.4
体重(g)	76~169	120	270~380	340
体长/体高	2.18~2.48	2.33	2.11~2.53	2.32
体长/头长	3.24~4.08	3.66	3.25~4.19	3.72
体长/体厚	3.70~4.42	4.06	3.78~4.28	4.03
尾柄长/尾柄高	0.68~0.82	0.76	0.54~0.94	0.72
头长/眼径	4.36~6.05	5.25	4.02~6.31	5.24
头长/眼间距	1.78~2.50	2.14	1.71~2.45	2.08
胸鳍长/胸鳍、腹鳍基部距离长	1.85~2.21	2.03	2.85~3.07	2.96
腹鳍长/腹鳍、臀鳍基部距离长	1.43~1.89	1.66	1.60~2.08	1.84
臀鳍长/臀鳍、尾鳍基部距离长	2.53~2.77	2.65	2.03~2.75	2.39
尾鳍长/体长	0.36~1.00	0.68	0.59~0.83	0.71
侧线鳞数	27~30	29	27~30	29
第一鳃弓外侧鳃耙数	46~54	49	46~54	49
背鳍条数	3(4),14~19	17	3(4),14~19	17

2.2　遗传稳定性

即在各世代中具该品种形态特征个体占群体中的比例数。

据测定,F_1后代中具该品种特征的个体占总体的25.2%;F_2后代中具该品种特征的个体占总体的45.1%;F_3后代中具该品种特征的个体占总体的70.4%;F_4后代中具该品种特征的个体占总体的85.2%,F_5后代中具该品种特征的个体占总体的90.2%。

2.3　经济性

该品种经过5代选育,已与原品种在体色、鳍形等性状上有很大不同。从试销情况看,很受市场欢迎,已试销800万尾,显示出有很大开发前景。1999年,在天津市农业产品评比中,红白长尾鲫被评为天津市级名牌产品。

3　讨论

3.1　体色遗传和变异

鲫鱼体色遗传比较复杂,野生鲫为青灰色,红鲫是由野生鲫发生突变产生的,但红鲫在早期发育阶段(胚胎和仔鱼期)不表现出红色,这是由于其基因组中存在失色素基因,而其红色表现受两

显性基因($Dp1$和$Dp2$)控制。彩鲫体色与红鲫不同,它在早期发育阶段就表现出红色或其他颜色,说明在它的基因组中不存在失色素基因。徐伟等用一尾日本红白色彩鲫和一尾红鲫杂交,后代中以红白体色类型较多,但红白色体色的比例极不相同,可以把它们分为两类,一类以白色为底色,镶嵌红色斑块;另一类以红色为底色,透出白色斑块,但两类红白体色界限均不够鲜明;而日本红白色锦鲤的一些名贵品种,不仅两色分界明显,且两色十分纯正。

本研究选育的红白长尾鲫,是以白色为底色,在头部和背部镶嵌红色斑块,两色的分界与鲜艳程度与日本名贵红白色锦鲤极为相似。观赏鱼体色的名贵在于两色的分界鲜明,不存在过渡色,而且,色彩要纯正、艳丽。本选育的红白长尾鲫已达到上述效果。

3.2　鳍的遗传与变异

鱼类鳍的形状、大小和鳍条数的多少是复杂多样的,不同种类鱼类的背鳍、臀鳍和尾鳍的形状和鳍条数是十分固定的,是分类的重要根据;但许多研究发现同一种的亚种和族的背鳍或臀鳍的鳍条数有所变化。金鱼是高度驯化的品种,其背鳍、

胸鳍、腹鳍、臀鳍和尾鳍均发生了很大的变化，与野生鲫明显不同。

　　本选育的红白长尾鲫的背鳍正常，而胸鳍、腹鳍、臀鳍和尾鳍均发生了变化，前三个鳍为长而尖的三角形鳍，尾鳍为单尾长尾型，这是选育的结果，其起源应来自金鱼。

3.3　选育效应

　　红白长尾鲫经 5 代选育，在红白体色和鳍的长短上产生了明显的选育效应，这说明在这两个数量性状上，可以通过累代的选择，使性状积累和加强，从而达到选育效果。

［原载《中国水产》2003（8）］

红白长尾鲫(观赏鱼新品种)的核型研究

金万昆　王春英　朱振秀　余永奇

(国家级天津市换新水产良种场,天津　301500)

红白长尾鲫鱼是由彩鲫选育而来的。彩鲫是红鲫、鲫鱼的变种,红白长尾鲫在体色、体型、鳍、鳞被等性状上已与彩鲫有明显的变化,这种变化是否动摇其遗传基础,从而导致生物体遗传物质—染色体数量及核型的变化,本实验想通过核型研究找到两者之间的相互关系,为彩鲫的遗传育种提供理论和技术基础。鲫鱼(*Carassius auratus*)有:鲫(*C. auratus auratus*)和银鲫(*C. auratus gebelio*)两个亚种[1]。对这两个亚种的染色体数及其核型,我国、日本和前苏联的学者做过大量的研究工作,其研究结果是:鲫为二倍体,$2n = 100$;银鲫为三倍体或四倍体,$3n = 150 \pm$ 和 $4n = 200 \pm$。其核型,鲫和银鲫都分 A(m)、B(sm)和 C(st,t)三组,鲫为:22m + 34sm + 44st,t、28m + 28sm + 44st,t 或 30m + 26sm + 44st,t 等;银鲫为:34m + 62sm + 60st,t、42m + 74sm + 40st,t 或 50m + 64sm + 42st,t 等和 44m + 82sm + 80st,t[2]。彩鲫的染色体数及其核型至今未见报道。本文是新培育的红白长尾鲫品种体细胞的染色体数及其核型的研究结果。

1 材料与方法

1.1 实验材料

实验鱼取自天津市换新水产良种场培育的红白长尾鲫品种 12 尾,年龄 1 ~ 2 龄,体重 80 ~ 100g,体长 15 ~ 20cm。

1.2 实验方法

采用 PHA 体内培养肾细胞制片法(PHA 为中国科学院上海生物化学研究所的产品)。实验前1 周,将实验鱼从室外鱼池(水温 4℃左右)移至室内控温充气水族箱内,水温为(20 ± 2)℃。当实验鱼由越冬状态恢复到正常生理状态时,每 100g 体重注射小牛血清 0.2 ~ 0.5ml 及 PHA0.5ml;12h 后,按每克体重注射秋水仙素 1 ~ 10μg;再过 12h,杀死鱼取其头肾于 0.85% 生理盐水中,洗去血渍,另换新鲜生理盐水,用镊子将头肾撕碎,吸取细胞悬浮液于离心管中,离心(1 000r/min)5min,弃去上清液,加入 0.3% KCl 低渗液,打匀,在 35℃水浴锅中保温低渗 35min,再离心弃去上清液,经卡诺氏液固定 3 次后,将细胞制成合适的悬浮液,冰片滴片,制成染色体中期分裂相的玻片标本。

镜检。染色体玻片用 3% 的 Giemsa 染液染色 20min,干燥后,在显微镜下或通过显微镜观察,计数 100 个以上清晰分散良好的中期分裂相染色体数。然后,选择部分标准的中期分裂相进行照相,经 4# 放大纸放大后,按同源染色体配对、测量,并用统计学方法计算其相对长度和臂比。染色体核型分析,按照 Levan 等(1964)提出的标准,即按臂比将染色体分为四组。

2 结果

2.1 二倍体染色体数

红白长尾鲫二倍体染色体数为 $2n = 100$。从统计的 100 个细胞中期分裂相可见,红白长尾鲫体细胞染色体数为 $2n = 100$ 的细胞有 85 个,占总数的 85%;$2n < 100$ 的有 12 个,占总数的 12%;$2n > 100$ 的有 3 个,占总数的 3%,如表 1 所示。

表 1　红白长尾鲫二倍体染色体数

	2n 染色体数目分布情况							合计
	95	97	98	99	100	103	105	
细胞数	1	2	1	8	85	2	1	100
占百分比(%)	1	2	1	8	85	2	1	100

2.2 染色体核型

红白长尾鲫体细胞染色体中期分裂相,如图所示。核型为:中部着丝点染色体(m)20 对,亚中部着丝点染色体(sm)20 对,亚端部和端部着丝点染色体(st,t)6,4 对;染色体臂数(NF)为 180。核型公式为:$2n = 100, 22m + 20sm + 6st + 4t$, NF = 180,核型指数如表 2 所示。

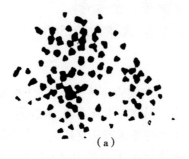

(a) | (b)

(a)红白长尾鲫染色体中期分裂相　(b)红白长尾鲫染色体核型

图　红白长尾鲫体细胞染色体中期分裂相与核型

3 讨论

3.1 红白长尾鲫

它是由彩鲫选育而成的一个新品种,其二倍体染色体数 $2n = 100$,与鲫相同,核型为 20m + 20sm + 6st + 4t,此研究结果是首次报道。

3.2 彩鲫是红鲫、鲫的变种

对鲫的染色体及其核型已有较深入的研究,其二倍体染色体数为 $2n = 100$;核型各研究者报道的有所不同[2],但基本在二倍体范围内。对红鲫的染色体及核型的研究较少,但与鲫同为二倍体。彩鲫的染色体数及核型研究,我们未见报道。根据对本品种红白长尾鲫的染色体数及核型的研究,本品种也为二倍体,$2n = 100$。核型与鲫鱼基本相似,证明本品种与鲫、红鲫的同源性,尽管本品种通过选育,在体色、体型、鳍、鳞被等性状上与红鲫、鲫有很大变化,但作为其遗传基础的染色体数和其核型没有发生变化,说明其遗传基础是很保守的。这与金鱼的情况一致,尽管金鱼通过人工选育,形成了上百个品种,形态性状发生了巨大的变异,而其遗传基础——染色体数及其核型没有发生改变[3]。

3.3 金鱼、彩鲫和红白长尾鲫

在形态性状上具有巨大的可塑性和变异性,而并不动摇其遗传基础的这一遗传特性,有很重要的意义,为人工选育提供了十分广阔的应用前景。

表 2　红白长尾鲫核型指数

序号	相对长度(%)（S + L = T）			相对长度系数	着丝粒指数（%）	臂比（Long/Short）	类型
1	1.231	2.067	3.298	1.649	36.962	1.75	sm
2	1.058	2.289	3.347	1.674	31.592	2.175	sm
3	1.132	2.166	3.298	1.649	34.063	2.028	sm
4	0.960	1.821	2.781	1.391	34.561	1.901	sm
5	1.280	1.378	2.658	1.329	48.214	1.077	m
6	1.034	1.378	2.412	1.206	42.917	1.341	m
7	0.591	1.821	2.412	1.206	24.609	3.07	st
8	0.714	1.674	2.387	1.194	30.35	2.596	sm
9	0.984	1.058	2.043	1.021	48.2	1.075	m
10	0.984	1.058	2.043	1.021	48.2	1.075	m
11	0.615	1.600	2.215	1.108	27.767	2.603	sm
12	0.984	1.231	2.215	1.108	44.643	1.25	m
13	1.009	1.083	2.092	1.046	48.228	1.074	m
14	0.418	1.304	1.723	0.861	24.265	3.125	st

(续表)

序号	相对长度(%) (S + L = T)			相对长度系数	着丝粒指数 (%)	臂比 (Long/Short)	类型
15	0.468	1.206	1.674	0.837	27.922	2.583	sm
16	0.960	1.034	1.994	0.997	48.171	1.079	m
17	0.566	1.181	1.747	0.874	32.381	2.091	sm
18	0.517	1.132	1.649	0.825	31.373	2.2	sm
19	0.640	0.837	1.477	0.738	43.333	1.321	m
20	0.492	1.354	1.846	0.923	26.071	3.345	st
21	0.246	1.526	1.772	0.886	13.125	9.5	t
22	0.345	1.452	1.797	0.898	19.144	4.313	st
23	1.034	1.132	2.166	1.038	47.723	1.095	m
24	0.246	1.378	1.624	0.812	15.152	5.875	st
25	1.034	1.181	2.215	1.108	46.64	1.145	m
26	0.541	1.206	1.747	0.874	30.952	2.25	sm
27	0.541	1.157	1.698	0.849	31.818	2.15	sm
28	1.034	1.181	2.215	1.108	46.64	1.145	m
29	1.132	1.255	2.387	1.194	47.406	1.112	m
30	0.935	1.354	2.289	1.144	40.833	1.45	m
31	0.665	1.231	1.895	0.948	35.068	1.852	sm
32	0.418	1.428	1.846	0.923	22.74	3.403	st
33	0.123	1.551	1.647	0.837	7.118	19.5	t
34	0.123	1.477	1.600	0.8	7.67	12.5	t
35	1.206	1.255	2.461	1.231	49	1.041	m
36	0.492	1.034	1.526	0.763	32.292	2.1	sm
37	1.132	1.231	2.363	1.181	47.894	1.089	m
38	0.640	1.329	1.969	0.984	32.5	2.095	sm
39	0.665	1.255	1.920	0.96	34.641	1.887	sm
40	0.591	1.108	1.698	0.849	34.79	1.875	sm
41	0.960	1.034	1.994	0.997	48.168	1.076	m
42	0.886	1.009	1.895	0.948	46.824	1.139	m
43	0.566	0.861	1.428	0.714	39.655	1.527	m
44	0.591	1.231	1.821	0.911	32.456	2.083	sm
45	0.517	1.034	1.551	0.775	33.333	2	sm
46	0.492	0.837	1.329	0.665	37.088	1.7	sm
47	1.108	1.181	2.289	1.144	48.381	1.067	m
48	0.689	1.034	1.723	0.861	39.803	1.521	m
49	0.074	0.837	0.911	0.455	7.941	12.5	t
50	0.246	0.640	0.886	0.443	27.778	2.75	sm

参考文献

[1]沈俊宝.黑龙江主要水域鲫鱼倍性及其地理分布[J].水产学报,1983,7(2):87-94.

[2]楼允东.鱼类育种学[M].北京:中国农业出版社,1998.

[3]陈桢.金鱼的变异与天演[J].科学,1925,10(3):304-330.

[原载《天津水产》2002(2)]

观赏鱼新品种兰花长尾鲫选育研究

金万昆

（国家级天津市换新水产良种场，天津　301500）

观赏鱼具有悠久的养殖历史，其品种极为丰富，除金鱼、锦鲤、虹鳟、新月鱼、剑尾鱼等外，还有彩鲫。金鱼已有一千多年的养殖历史，在体型、体色、鳍、眼、鳞被等许多性状上人工选育出100多个形态各异的品种[1]。日本锦鲤也有一千多年的养殖历史，在体色、鳞被上选育出100多个品种[2]，观赏的热带鱼类虽然养殖历史不久，但对体色遗传作过大量研究，发现这些热带观赏鱼的体色与性别有关，以及体色变异与等位基因不同组合的关系[1]。彩鲫是红鲫鱼的变种，在日本、新加坡等东南亚国家已经培育出一些品种，但由于对体色、鳍、眼和鳞片等的遗传变异基础研究不够，至今还没有选育出色彩、形态独特的稀有名贵品种。1997年，中国水产科学研究院黑龙江水产研究所徐伟等用一尾日本雄性红白彩鲫与一尾该所培育的雌性红鲫杂交，从杂交种F1后代中分离银白色、肉色、红白色和杂色等多种体色以及长尾鳍、短尾鳍等多种类型，后对肉色、两眼虹膜黑色的种类进行了4代选育，培育出遗传稳定性达到90%以上的彩鲫新品系[2]，这一研究结果说明对彩鲫的体色、眼睛虹膜颜色等的选择是有效的。我场于1991年5月至2002年10月，开展了彩鲫新品种选育试验研究，并取得成功。本文报道的是兰花长尾鲫新品种的选育结果。

1　材料和方法

1.1　选育目标

1.1.1　选育出新的体色组合，其体色特异，有别于现有品种。

1.1.2　单尾，其长度超过体长；除背鳍外，其他各鳍均较长。

1.1.3　头顶部有一红色斑块。

1.1.4　体质健壮，有很高的观赏价值。

1.2　亲本选择

亲本均选用本场培育的金鱼和彩鲫，其中雄性金鱼3尾，雌性彩鲫3尾，年龄2龄以上，体重100~150g。

1.3　选育方法

1.3.1　杂交

通过两亲本的杂交培育出杂交种3万尾。使遗传性状在杂种中发生重组，出现新的性状，从杂种后代中选育出体色、体型、鳍、鳞被、眼等独特的理想类型180尾，作为繁殖后代的种苗。

1.3.2　系统选育

从杂种中选出的理想类型，繁殖后代，再从后代中选出更理想的类型，如此一代一代经4代的系统选育（4代选育详细过程，本文不作详述），使理想类型固定下来，育成兰花长尾鲫新品种。

1.4　选择强度

每一代分4个阶段，4次选择，其选择强度分别为：从鱼苗至夏花分别为：F_1 5%、F_2 10%、F_3 15%、F_4 20%；从夏花至鱼种分别为：F_1 15%、F_2 20%、F_3 35%、F_4 40%；从鱼种至春片分别为：F_1 40%、F_2 45%、F_3 50%、F_4 55%；从一龄鱼至二龄鱼分别为：F_1 60%、F_2 70%、F_3 80%、F_4 90%。

2　结果

2.1　F_4形态学特征

体粗短，雄性更趋短。头适中，吻钝，口端位呈弧状，唇较厚，眼中等大，无须，下颌稍向上斜，体表覆盖较大鳞片。一些鳞片具银色闪光。体色背部淡蓝色，头顶部有一鲜艳的红色斑块，腹部灰白色，体两侧零星分布黑色花点，胸鳍、腹鳍、臀鳍和尾鳍灰白色，各有一条黑色纵向条纹。背鳍外缘平直，其起点至吻端的距离与至尾鳍基部的距离相等或稍近吻端。腹鳍起点的位置在背鳍起点略前处或两者相对。胸鳍、腹鳍、臀鳍和尾鳍均很长,其胸鳍长度超过胸鳍基部至腹鳍基部的距离;腹鳍长度超过腹鳍基部至臀鳍基部的距离;臀鳍长度超过臀鳍基部至尾鳍基部的距离;尾鳍长度大于体长。背鳍条3(4),15~17;臀鳍条3,5;胸鳍条1,12;腹鳍条1,8;尾鳍条19。第一鳃弓外侧鳃耙数为48~52;鳞式$30\frac{6}{7}~31$。体长/体高平均为2.5(2.36~2.76);体长/头长平均为3.52(3.47~3.57);体长/体厚平均为4.32(4.11~4.46);尾柄长/尾柄高平均为0.81(0.67~0.97);头长/吻长平均为3.02(2.77~3.18);头长/眼径平均为4.66(4.18~5.57);头长/眼间距平均为2.36(2.27~2.42);胸鳍长/胸鳍基部至腹鳍基部距离长为1.49(1.32~1.70);腹鳍长/腹鳍基部至臀鳍基部距离长平均为1.43(1.33~1.59);臀鳍长/臀鳍基部至尾鳍基部距离长平均为2.35(1.93~2.89);尾鳍长/体长平均为0.57(0.52~0.66)。具体情况如表1所示。

表1　兰花长尾鲫 F₄ 的形态学特征

形态特征	一龄鱼		二龄鱼	
	范围	平均	范围	平均
全长(cm)	18.3~28.1	23	32.9~41.6	35.3
体长(cm)	11.7~17.3	14.7	21.0~26.5	22.5
体重(g)	90~210	150	170~406	280
体长/体高	2.24~2.48	2.36	2.52~3.00	2.76
体长/头长	3.26~3.68	3.47	2.80~4.22	3.51
体长/体厚	3.65~4.57	4.11	4.02~4.88	4.46
尾柄长/尾柄高	0.66~0.97	0.81	0.71~0.89	0.78
头长/眼径	4.18~5.57	4.66	3.96~5.33	4.63
头长/眼间距	2.06~2.48	2.27	1.53~3.27	2.40
胸鳍长/胸鳍、腹鳍基部距离长	1.35~2.05	1.7	0.81~1.83	1.32
腹鳍长/腹鳍、臀鳍基部距离长	1.11~2.07	1.59	1.18~1.54	1.32
臀鳍长/臀鳍、尾鳍基部距离长	2.72~3.06	2.89	1.71~2.19	1.95
尾鳍长/体长	0.28~0.80	0.54	0.34~0.98	0.66
侧线鳞数	30~31	31	30~31	31
第一鳃弓外侧鳃耙数	48~52	49	48~52	49
背鳍条数	3(4),15~17	16	3(4),15~17	16

2.2　遗传稳定性

即在各世代中具该品种形态特征的个体占群体中的比例数。

据测定,F₁后代中具该品种特征的个体占总体的10%;F₂后代中具该品种特征的个体占总体的20%;F₃后代中具该品种特征的个体占总体的55%;F₄后代中具该品种特征的个体占总体的78%,如表2所示。

表2　不同世代兰花长尾鲫占总体的比例数(%)

世代	兰花长尾鲫	畸型鱼	青鲫鱼	兰花短尾鲫
F₁	10	36	28	26
F₂	20	30	28	22
F₃	55	8	25	12
F₄	78	0.3	17.7	4

2.3　经济性

该品种有很大的开发前景。从目前市场试销反馈回来的情况看,该品种极受国际市场欢迎。像荷兰、德国、日本、新加坡等国家的经销商迫切要求该品种。1999年,在天津市农业产品评比中,被评为市级名牌产品。本场储备该品种鱼种1龄和2龄鱼达3.0万尾。

3　讨论

3.1　体色的遗传和变异

　　鱼类体色遗传和变异是比较复杂的,一些体色受质量性状控制;而另一些则受数量性状控制,其中,有些体色与性别具有连锁关系[1]。鲤鱼的体色遗传研究较多。野生种都为青灰色,受显性基因控制,而一些家养种由野生种发生突变,体色表现为红色,如荷包红鲤,兴国红鲤,受隐性基因控制;两者杂交,F_1体色都为青灰色,F_2则出现分离。表现质量性状的特征。但鲤鱼的体色也表现出数量性状的特点,如红色有深、有浅,多种表现,并通过选育出现了许多体色不同的品种,如:德国、波兰、以色列培育的"蓝色鲤",日本培育的"金色鲤"、"银色鲤"以及欧洲培育的"金黄色鲤"等等,且都受隐性基因控制[1]。在热带观赏鱼中,体色的表现和遗传与性别基因紧密连锁,如虹鳉雄鱼体色鲜艳,丰富多彩;而雌鱼体色灰淡,无色彩[1]。鲫鱼的体色遗传和变异,金鱼研究最多。金鱼体色变异很大,有红、黄、白、黑、蓝、紫、橙色和几种颜色组成的色彩,这些色彩的变化主要受鳞片所含的黑色素、黄色素细胞和淡蓝色反光质三者数量变化的影响[3]。金鱼体色显然受多基因控制,即受几种色素基因及其酶所调控、表达,因而,形成了如此多样的体色品种。金鱼的白化现象是由两个隐性基因 m 和 S 互作所致,MS 和 Ms 为深色种类,mS 为淡色种类,ms 为白化体[1]。金鱼的淡蓝色受隐性遗传决定。金鱼红色是由于基因中存在失色素基因有关,而有颜色的金鱼在胚胎和仔鱼发育过程中大部分黑色素细胞消失,其余部分被食黑色素细胞所噬食。这一色素消失决定两个显性基因(D_{p1} 和 D_{p2})是否存在,如这两个基因被隐性等位基因 dp1 和 dp2 所替代,则鱼体几乎是"黑色",即为"墨龙"品种[1]。红鲫鱼是野生鲫体色变异最简单的变种,由它分化出金鱼和彩鲫两个系统,与金鱼相比,彩鲫的人工选育和体色变异研究显然很弱。本研究利用金鱼和彩鲫杂交,形成了新的体色组合,通过系统选育,将体色重新组合固定下来,形成了本品种,该品种的体色来自两亲本的重新组合且受多基因控制。

3.2　鳍的遗传和变异

　　鱼类鳍的形状、大小和鳍条数的多少,是复杂多样的。不同种类的鱼,其背鳍、臀鳍数和尾鳍的形状、大小和鳍条数是十分固定的,是鱼类分类的重要根据。但许多研究发现,在同种的亚种和族的各鳍条数有所变化。金鱼的鳍的形状、长短发生了很大的变化。一些品种无背鳍,一些品种胸鳍短而圆,有的则呈三角形,长而尖。一些品种腹鳍移至腹面底部。一些品种具有双臀鳍,而尾鳍在金鱼中变化最大,在形状上分:三尾、四尾、扇尾和蝶尾;在长短上分:短尾鳍和长尾鳍[3]。在红鲫鱼中只见到短尾鳍和长尾鳍两种,其他各鳍均正常。

　　本研究,由金鱼和彩鲫杂交选育出的兰花长尾鲫,背鳍正常,而胸鳍、腹鳍、臀鳍均为长而尖的三角形鳍,尾鳍为单尾、长尾型,这是由亲本金鱼遗传下来的。

3.3　鳞片闪光物质的遗传

　　一般鱼类正常鳞片腹面是由白色膜状组织组成的,而背面含有分散的黑色素细胞而呈青灰色。徐伟等由一尾日本红白彩鲫和红鲫杂交产生的后代中,不少个体的鳞片中出现闪光颜色,且与体色和眼虹膜色彩有一定的相关性:红白体彩鲫且具正常眼的含闪光鳞片的多;而肉色彩鲫且左右眼虹膜都为黑色的则无闪光鳞片[2]。鳞片的闪光和白色是鸟粪素的作用[3]。因此,兰花长尾鲫的闪光鳞是由彩鲫遗传下来的。

参考文献

[1]张兴忠等. 鱼类遗传与育种[M].北京:农业出版社,1988.

[2]徐伟等. 肉色彩鲫的选育及遗传性状的研究[J].中国水产科学,2000,7(4):113－115.

[3]赵承萍,张绍华. 金鱼[M].北京:金盾出版社,2000.

[原载《天津水产》2003(4)]

蓝花长尾鲫(观赏鱼新品种)的核型研究

金万昆　　王春英　　朱振秀　　余永奇

(国家级天津市换新水产良种场,天津　301500)

蓝花长尾鲫是金鱼和彩鲫杂交后代,经4代选育而育成的一个新品种。蓝花长尾鲫的外形性状发生了很大变化,与两亲本明显不同,其遗传基础是否发生了变化,为此研究了本品种的核型。染色体是鱼类遗传的物质基础,鱼类的遗传变异,染色体起着重要作用[1]。对鱼类染色体的核型分析已有较久的历史,在现有25万种鱼类中,Ojima(1976)报道了430种;Василвев(1980)报道了1 076种(包括亚种);李树深(1981)报道了1 114种(包括亚种);张兴忠等(1988)报道了1 600种鱼类的染色体及其核型[1]。我国从20世纪70年代开始研究,在此期间吴政安等(1980)、昝瑞光等(1982)、沈俊宝等(1983)、单仕新等(1985)、余先觉等(1989)先后报道了鲫鱼和银鲫的染色体及其核型[2]。但有关观赏鱼和彩鲫的染色体及其核型至今未见报道。本文是新培育的蓝花长尾鲫品种体细胞的染色体数及其核型的研究结果。

1　材料与方法

1.1　实验材料

实验鱼取自天津市换新水产良种场培育的蓝花长尾鲫品种12尾,年龄1~2龄,体重80~120g,体长16~22.7cm。

1.2　实验方法

采用PHA体内培养肾细胞制片法(PHA为中国科学院上海生物化学研究所产品)。实验前1周,将实验鱼从室外鱼池(水温4℃左右)移至室内控温充气水族箱内,水温为20±2℃。当实验鱼由越冬状态恢复到正常生理状态时,每100g体重注射小牛血清0.2~0.5ml及PHA0.5ml;12h后,按每克体重注射秋水仙素1~10μg;再过12h,杀死鱼取其头肾于0.85%生理盐水中,洗去血渍,另换新鲜生理盐水,用镊子将头肾撕碎,吸取细胞悬浮液于离心管中,离心(1 000r/min)5min,弃去上清液,加入0.3%KCl低渗液,打匀,在35℃水浴锅中保温低渗35min,再离心弃去上清液,经卡诺氏液固定3次后,将细胞制成合适的悬浮液,冰片滴片,制成染色体中期分裂相的玻片标本。

镜检。染色体玻片用3%的Giemsa染液染色20min,干燥后在显微镜下或通过显微摄影观察,计数100个以上清晰分散良好的中期相染色体数。然后,选择部分标准的中期分裂相进行照相,经4号放大纸放大后,按同源染色体配对、测量,并用统计学方法计算其相对长度和臂比。染色体核型分析,按照Levan等(1964)提出的标准进行,即按臂比将染色体分为四组。

2　结果

2.1　二倍体染色体数

蓝花长尾鲫二倍体染色体数为$2n=100$。从统计的100个细胞中期分裂相可见,蓝花长尾鲫体细胞染色体数为$2n=100$的细胞有86个,占总数的86%;$2n<100$的有12个,占总数的12%;$2n>100$的有2个,占总数的2%,如表1所示。

表1　蓝花长尾鲫二倍体染色体数

	$2n$染色体数目分布情况						合计
	95	97	98	99	100	103	
细胞数	1	1	2	8	86	2	100
占百分比(%)	1	1	2	8	86	2	100

2.2 染色体核型

蓝花长尾鲫染色体中期分裂相,如图所示。核型为:中部着丝点染色体(m)21对,亚中部着丝点染色体(sm)19对,亚端部和端部着丝点染色体(st,t)9,1对,染色体臂数(NF)为180。核型公式为:$2n = 100$,$21m + 19sm + 9st + 1t$,$NF = 180$,核型指数如表2所示。

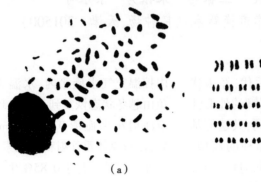

(a)蓝花长尾鲫染色体中期分裂相   (b)蓝花长尾鲫染色体核型

图   蓝花长尾鲫体细胞染色体中期分裂相与核型

3 讨论

3.1 蓝花长尾鲫

它是由金鱼和彩鲫杂交后,并经4代选育而成的新品种。金鱼和彩鲫都是鲫鱼的变种。经研究本品种与金鱼的二倍体染色体数相同,$2n = 100$,核型为:$21m + 19sm + 9st + 1t$,是首次报道。

3.2 我国鲫鱼有二个亚种

即鲫(*Carassius auratus auratus*)和银鲫(*C. auratus gibelio*)[3]。对鲫和银鲫的染色体及核型,我国、日本和前苏联的学者作了大量的研究,归纳前人的研究结果,鲫为二倍体,$2n = 100$;银鲫为三倍体和四倍体,$3n = 150 \pm$和$4n = 200 \pm$[2-3]。核型可分为A(m)、B(sm)和C(st,t)三组,但染色体数和各组的数量,不同学者报道的有所不同,如二倍体鲫的染色体数量,从94条至100条,三倍体银鲫染色体数量,从146条至162条。核型二倍体鲫鱼有:$22m + 34sm + 44st$、t、$28m + 28sm +$ $44st$、t或$30m + 26sm + 44st$、t等;三倍体银鲫核型有:$34m + 62sm + 60st$、t、$42m + 74sm + 40st$、t或$50m + 64sm + 42st$、t等。彩鲫的染色体数和核型研究,我们未见报道。此次研究的蓝花长尾鲫$2n$染色体数量仍保持其祖先鲫鱼的$2n$数量,为$2n = 100$。说明该物种尽管在体色、外形、鳍等性状上可塑性很大,而其遗传基础却是十分保守的。金鱼有一千多年的选育史,产生百余种形态各异的品种,而其染色体$2n$数仍保持100条,这是该物种十分重要的遗传特性[4-5]。在核型上,不同学者报道的二倍体鲫鱼的核型各不相同,蓝花长尾鲫的核型也与鲫鱼不同,我们认为这不是遗传基础的不同,而与染色体制作和配组分析有关。

3.3 金鱼、彩鲫和蓝花长尾鲫

在形态性状上具有巨大的可塑性和变异性,而并不动摇其遗传基础的这一遗传性,有很重要的意义,为人工选育提供了广阔的应用前景。

表2   蓝花长尾鲫核型指数

序号	相对长度(%)（S＋L＝T）			相对长度系数	着丝粒指数（%）	臂比（Long/Short）	类型
1	1.411	2.100	3.512	1.756	40.217	1.502	m
2	0.919	2.100	3.019	1.51	30.425	2.303	sm
3	0.853	1.953	2.806	1.403	30.378	2.304	sm
4	1.181	1.526	2.708	1.354	43.664	1.291	m
5	1.067	1.280	2.347	1.173	45.462	1.201	m

（续表）

序号	相对长度（%） （S + L = T）			相对长度系数	着丝粒指数 （%）	臂比 （Long/Short）	类型
6	1.067	1.346	2.412	1.206	44.156	1.267	m
7	0.903	1.428	2.330	1.165	38.507	1.604	m
8	0.689	1.395	2.084	1.042	33.259	2.039	sm
9	0.771	1.575	2.347	1.173	32.838	2.051	sm
10	0.870	1.296	2.166	1.083	40.119	1.494	m
11	0.624	1.756	2.379	1.19	26.05	2.875	sm
12	0.820	1.214	2.035	1.017	40.183	1.502	m
13	0.935	1.149	2.084	1.042	44.963	1.237	m
14	0.886	1.034	1.920	0.96	46.019	1.183	m
15	0.952	1.067	2.018	1.009	47.143	1.121	m
16	0.755	1.198	1.953	0.976	38.644	1.591	m
17	0.935	1.116	2.051	1.026	45.622	1.2	m
18	0.919	1.034	1.953	0.976	47.089	1.125	m
19	0.230	1.460	1.690	0.845	13.575	6.5	st
20	0.377	1.198	1.575	0.788	23.99	3.186	st
21	0.689	1.214	1.904	0.952	36.19	1.764	sm
22	0.919	1.017	1.936	0.968	47.455	1.107	m
23	0.410	1.460	1.871	0.935	21.93	3.567	st
24	0.476	1.592	2.068	1.034	22.984	3.385	st
25	0.820	0.853	1.674	0.837	49.018	1.04	m
26	0.427	1.526	1.953	0.976	21.836	3.601	st
27	0.066	1.181	1.247	0.624	5.278	18	t
28	0.345	1.083	1.428	0.714	24.154	3.155	st
29	0.804	0.968	1.772	0.886	45.467	1.207	m
30	1.017	1.280	2.297	1.149	44.363	1.263	m
31	1.017	1.149	2.166	1.083	46.967	1.129	m
32	0.558	1.149	1.707	0.853	32.667	2.063	sm
33	0.624	1.313	1.936	0.968	32.184	2.111	sm
34	0.689	0.788	1.477	0.738	46.839	1.139	m
35	0.361	1.510	1.871	0.935	19.26	4.208	st
36	0.952	1.904	2.855	1.428	33.333	2.004	sm
37	0.985	2.265	3.249	1.625	30.306	2.3	sm
38	0.689	1.132	1.821	0.911	37.187	1.645	m
39	0.394	1.083	1.477	0.738	26.68	2.75	sm
40	0.230	1.274	1.477	0.738	15.487	5.521	st
41	0.591	1.083	1.674	0.837	35.294	1.842	sm
42	0.656	1.165	1.821	0.911	36.039	1.775	sm
43	0.722	0.935	1.657	0.829	43.603	1.295	m

（续表）

（续表）

序号	相对长度(%) (S + L = T)			相对长度系数	着丝粒指数 (%)	臂比 (Long/Short)	类型
44	0.706	1.264	1.969	0.985	35.829	1.791	sm
45	0.427	1.165	1.592	0.796	26.786	2.75	sm
46	0.476	0.952	1.428	0.714	33.333	2	sm
47	0.345	1.050	1.395	0.697	24.722	3.045	st
48	0.542	1.818	1.723	0.862	31.44	2.186	sm
49	0.443	1.313	1.756	0.878	25.28	2.973	sm
50	0.427	0.985	1.411	0.706	30.667	2.286	sm

参考文献

[1]张兴忠,等.鱼类遗传与育种[M].北京:农业出版社,1988.

[2]楼允东.鱼类育种学[M].北京:中国农业出版社,1998.

[3]沈俊宝.黑龙江主要水域鲫鱼倍性及其地理分布[J].水产学报,1983,7(2):87-94.

[4]伍惠生,傅毅远.中国金鱼[M].天津:天津科学出版社,1983.

[5]陈桢.金鱼的变异与天演[J],科学,1925,10(3):304-330.

[原载《天津水产》2002(2)]

（五）芦台鲂鲌

优良鱼品种——芦台鲂鲌

金万昆　高永平　王　治

（国家级天津市换新水产良种场，天津　301500）

芦台鲂鲌（原名芦台鲌鱼）是国家级天津市换新水产良种场采用常规育种技术和生物育种技术相结合的方法，经过 8 年育种研究培育的优良品种。2012 年，经全国水产原种和良种审定委员会审定，农业部批准为可以全国推广养殖的水产新品种。经检测：该鱼含肉率高，营养丰富，并且富含 DHA（二十二碳六稀酸，俗称脑黄金）和 EPA（二十碳五稀酸，鱼油的主要成分）。多年养殖实践证实，该品种生长快、好饲养、养殖成本低、经济效益高，深受养殖户欢迎。

1　形态

该鱼体侧扁，头后背部稍隆起，头小，眼大，吻尖，口亚上位，口裂斜，下颌突出，比上颌略长。侧线完全，有些弯曲。胸鳍长不达或稍超过腹鳍基部，尾鳍深叉，上下叶等长。体色背部呈灰蓝色，侧腹部呈银白色。

2　适温性能

该鱼适温范围广。饲养实践证明：其忍受温度为 0 ~ 36℃，生存水温为 2 ~ 34℃，生长水温为 14 ~ 32℃，适宜生长水温为 18 ~ 30℃，最佳生长水温为 19 ~ 29℃。在冰下水位 1.5m，水温 2℃ 以上，溶氧含量每升 3.5mg 以上，只要水质良好都能安全越冬。水温 8℃ 以上开始摄食，水温 6℃ 以下停止摄食。

3　食性

杂食性。可摄食人工饲料，也摄食池塘水中的浮游植物和浮游动物的轮虫、小型枝角类、桡足类以及有机碎屑等。由于芦台鲂鲌可摄食池塘中的浮游植物，特别在与水生植物联合养殖的条件下，池塘浮游植物可以得到有效控制，起到明显的控藻作用，这是芦台鲂鲌极重要的生物学特性。

4　生长特性

该鱼对水质要求不严，凡通常用于养殖常规鱼类的水，只要是水质达标，都能饲养。饲料中的营养指标、水温、溶氧、pH 值、氨氮、亚硝酸盐、硫化氢等各项数值均在适宜范围内，完全能够在池塘饲养条件下旺盛地生长。该鱼的生长特性是，体长增长以 1 ~ 3 龄生长最快，3 龄后开始变慢。体重增长以 2 ~ 5 龄为快，5 龄后开始变慢。

5　抗逆性能

经连续 3 年近 667hm^2 水面的饲养实践证实，该鱼抗病能力极强，在饲养过程中从未发现病害发生，亦没有无故夭亡现象。特别是在苗、种的饲养期间，在 667m^2（亩）有效水面存活秋片达 6.8 万尾的特高密度下，从未发生浮头或越冬死亡现象。

［原载《农村百事通》2013(24)］

芦台鲂鱼健康养殖技术

金万昆

（国家级天津市换新水产良种场，天津　301500）

芦台鲂鱼(原名芦台大白鱼)是国家级天津市换新水产良种场采用常规育种和生物育种相结合的技术路线,使用不同种缘进行异体交配,迫使其遗传性状重组,经多年试验培育成的一个新品种。经检测证实,该鱼具有含肉率高(含肉率84.38%),蛋白质、氨基酸含量分别为19.99%、18.59%,并且 DHA(二十二碳六稀酸)、EPA(二十碳五稀酸)含量占脂肪酸总量的33.08%,具有很好的营养、保健价值。该鱼体态新颖,全身鳞片整齐晶莹,体色鲜艳,生长快,好饲养。因鱼体型近似东北兴凯湖大白鱼,又于宁河芦台镇问世,故名芦台鲂鱼。

1　简要生物学特性

1.1　形态

该鱼体型侧扁,头后背部稍有隆起,体高适中,体厚丰满。体长为体高的3.10倍,体长为体厚的8.18倍。头小,眼较大,吻钝而稍尖,口亚上位,口裂稍斜,下颌突出,比上颌略长,无须。侧线完全清晰,有些弯曲,59～68 枚。从腹鳍至肛门有腹棱,胸鳍或不到或超过腹鳍基部,腹鳍末端不达肛门。背鳍一行,2,7～8;胸鳍一对,1,15～18;腹鳍一对,1,8;臀鳍一行,3,23～29;尾鳍深叉形,上下叶等长,28～32。各鳍末端稍尖。体色背部呈灰蓝色,两侧和腹部银白。

1.2　适温性能

该鱼适温范围广。饲养实践证明:其忍受温度为0～36℃,生存水温为2～34℃,适宜生长水温为18～30℃,最佳生长水温为19～29℃。在冰下水位1.5m,水温2℃以上,溶氧含量3.5mg/L以上,只要水质良好都能安然无恙安全越冬。开始摄食水温8℃以上,停止摄食水温6℃以下。

1.3　栖息习性

该鱼在池塘饲养条件下栖息于池水的中上层

水域,在适温的情况下,喜集群游动于池水的上层水域。其嗅觉灵敏,游动非常迅速,全池均有分布,但近岸多于池中。当低温时转到池塘深水处活动集群越冬。适宜在各类型的水体饲养。

1.4　耐氧习性

饲养实践得知,该鱼是一种耐低氧的鱼类。当饲养池水体中溶氧值在3mg/L以下时,池鱼摄食量减少,生长受阻;当饲养池水体中溶氧量在2.2mg/L以下时,池鱼摄食量比溶氧量在4.0mg/L以上时减少80%左右或不摄食;当饲养池水体中溶氧量降至1.5mg/L以下时,池鱼开始浮头;当饲养池水体中溶氧量降至1.0mg/L以下时,池鱼开始窒息死亡。饲养池塘,水体中的溶氧量下限保持在3.5mg/L以上就能使其旺盛生长。

1.5　食性

该鱼是一种杂食性鱼类。自其问世后开始摄食外源食物起至夏花阶段,与常规鱼类一样,最喜食轮虫、小型枝角类及腐质碎屑等。在人工饲养条件下,喜食蛋黄浆、豆浆及人工配制的粉状料、软面食饵、碎小的颗饵。从当龄鱼种至成鱼喜食人工配合的颗粒饵料(特别喜食浮性的颗粒饵料),但亦喜摄食水生漂浮植物,如小浮萍、芜萍、柳叶苔等。摄食性能极强,在摄食时不怕人,可驯化。

1.6　营养指标

该鱼对饲料营养要求不高。从鱼苗至顶寸鱼种阶段饲料中的蛋白质为38%～46%,从顶寸鱼种至秋片(鱼种)阶段,饲料中的蛋白质为34%～38%,从鱼种至成鱼阶段饲料中的蛋白质约为32%～34%,但饲料配方要科学,其中动物蛋白要占饲料蛋白总量的1/3以上为宜。

1.7　生长条件

该鱼对水质要求不严,凡通常用于养殖常规鱼类的水,只要是水质达标,都能饲养。饲料中的营养指标、水温、溶氧、pH 值、氨氮、亚硝酸盐、硫化氢等各项数值均在适宜范围内,完全能够在池塘饲养条件下旺盛地生长。

1.8 生长特点

该鱼体长增长以 1 ～ 3 龄生长最快,3 龄后开始变慢;体重增长以 2 ～ 5 龄为快,5 龄后开始变慢。其测量结果如下。

1.8.1 体长增长

一龄鱼:全长 16.30cm,范围为 15.57 ～ 18.00cm。
二龄鱼:全长 34.16cm,范围为 31.74 ～ 40.00cm。
三龄鱼:全长 42.00cm,范围为 34.28 ～ 46.70cm。
四龄鱼:全长 46.70cm,范围为 40.00 ～ 52.60cm。
五龄鱼:全长 54.70cm,范围为 46.70 ～ 56.20cm。

1.8.2 体重增长

一龄鱼:体重 42.5g,范围为 36 ～ 55g。
二龄鱼:体重 342.0g,范围为 294 ～ 636g。
三龄鱼:体重 724g,范围为 408 ～ 989g。
四龄鱼:体重 986g,范围为 634 ～ 1 235g。
五龄鱼:体重 1 420g,范围为 1 031 ～ 1 650g。

1.9 生长性能

经饲养对比证实,比其他鲌鱼类生长速率快。在池塘饲养条件下,亩(667m²)有效水面放养全长 12 ～ 15cm 的鱼种 3 000 ～ 3 500尾,只要饲养管理得当,饲养至当年秋冬出池,尾重可达 300 ～ 400g 以上,亩(667m²)产可达 1 100 ～ 1 300kg。

1.10 抗逆性能

经本场和外地连续 3 年近万亩水面的饲养实践证实,该鱼抗病能力极强,在饲养过程中从未发现病害发生,特别是在苗、种的饲养期间,在亩有效水面达 6.8 万尾特高密度下的秋片,从未发生浮头或越冬死亡现象。

2 养殖技术

2.1 基础条件

饲养池塘与养殖其他常规鱼类的池塘条件大致相同。鉴于在运输及饲养管理上的便利,以 3 亩至几十亩的池塘水面均可。池底要平坦,淤泥不超过 20cm,池水水位要保持在 2.5m 以上,并配备投饵机、增氧机及排注水泵。

2.2 池塘清整

饲养池塘,在放养鱼种前 10d 左右,将池水排干,每亩(667m²)按生石灰 75 ～ 100kg 或漂白粉 25 ～ 30kg 的用量,加适量的水溶化成高浓度灰浆或药液向全池均匀泼洒,进行彻底清整消毒,杀灭其有害生物及病原菌。消毒后经 2 ～ 3d 通风曝晒后注水 60 ～ 80cm,然后每亩水面(667m²)施腐熟的农家肥粪汁 300 ～ 350kg(10 ～ 12 担),施肥后 7 ～ 8d 时间,见饲养池水体中生有大量浮游动物(蚤类)时就可以选择良好的天气往池内放鱼。

2.3 放养密度

放养的鱼种要选择规格整齐、体质健壮、无病无伤、鱼体全长达 12cm 以上的鱼种。至于亩有效水面放养密度大小,要依据水源、水质及设备、环境条件、饲料质量和饲养管理技能而定。通常情况亩有效水面可放养 12 ～ 15cm 的鱼种 3 000 ～ 3 500尾。

2.4 早期投喂

为确保放鱼后提早开食促其生长,特别是鱼种放养后饲养池水体中生物量(浮游蚤类)较少的池塘,当水温升至 8℃ 以上时,每天都要酌情投喂适量的漂浮性人工饵料(如粉状或微粒料)诱导池鱼提早上浮摄食,保证池鱼生长需求。

2.5 日投饵量

由于该鱼是异性遗传物质通过重组育成的物种,其新陈代谢特别旺盛,生长速率极快,在饲养池水质良好、温度适宜、溶氧充足的情况下,日食量比常规鲤、鲫类的日食量有所偏大。但养殖鱼类是摄食量受水体中多种因素制约的水生生物种群。日投饵量究竟多少适宜,这要依当时的水质、温度、溶氧、天气等实际情况而定。通常情况当饲养池水温在 16 ～ 30℃ 范围内,水体中溶氧值在 4.0mg/L 以上并长期处于稳定状态时,从水花(鱼苗)至夏花阶段的日投饵量为池鱼总体重的 32% ～ 18%;从夏花至顶寸鱼种阶段的日投饵量为池鱼总体重的 18% ～ 15%;从顶寸鱼种至秋片(鱼种)阶段的日投饵量为池鱼总体重的 15% ～ 4.5%;从鱼种至成鱼阶段的日投饵量为池鱼总体重的 4.5% ～ 3%。在每次投喂时,应按照日投饵量的 40% ～ 45% 上午投喂,55% ～ 60% 下午投喂。

2.6 投喂次数

该鱼在摄食习性上,极喜欢集群争抢,在投喂次数的日程安排上,应以少量多次为好。经饲养实践,日投饵掌握在 3 ～ 4 次较为适宜(即上午 7:30 ～ 8:30,10:30 ～ 11:30,下午 1:30 ～ 2:30,

4:30～5:30;或上午 8:00～9:00,中午 12:00 至下午 1:00,下午 4:00～5:00)。投饵时要将手把或机器的投饵频率放慢,每次投喂时间要延长在 60～90min。无论经过怎样驯化,在投饵和鱼类摄食时都应注意保持周围环境安静,避免干扰。

2.7 投饵方法

在每次投饵前先制造 3～5min 的声响,待池鱼来台集中上浮觅食时再行投喂,就是说先唤鱼再喂食;在投喂技巧上,应坚持从少到多,从多到少,从慢到快,从快到慢的投喂。这样投饵,一是驯化池鱼规律性摄食。二是减少或避免饲料的浪费。三是防止饲养池水质恶化,省投饵时间。

3 日常管理

3.1 坚持巡池

坚持巡塘是饲养管理工作的重要内容之一。坚持每天早、晚 2 次巡池。观察池水水色的变化,池水是否缺氧,池鱼摄食是否正常、有无异常现象等。一旦发现问题必须立即采取有效的应急措施加以解决。

3.2 调节水质

养殖池经过一段时间的饲养,随着水温的升高,日投饵量亦在逐渐增加。鱼类排泄及其他生物的繁生,使养殖池水质开始转肥,当发现池水已经起肥时就应及时适量的加注新水或换掉原池的部分老水。将池水调到活、嫩、肥、爽的状态上来。调节养殖池水质的方法:一是可以限量的往池内投放对养殖池调节水质起良好作用的同龄配养鱼。如亩有效水面配养白鲢 160～180 尾,或鲫鱼 80～100 尾,或黄颡鱼 300～500 尾,或丁鲅 80～100 尾。二是依据养殖池水质情况,及时加注新水或换掉部分老水。以养殖全程讲:在水源充足的条件下,饲养前期(5—6 月)每隔 15～20d 加注 1 次新水,每次加水量 10～15cm 即可;在饲养中期(7—8 月)每间隔 10d 左右就应往养殖池加注 1 次新水,每次加水量 15～20cm 为宜;将池水水位

加注至最高点,至少要达 2.2m 以上为宜。在这段时节如遇有池水老化或恶化,要采取加注新水换掉部分(1/3 或 1/2)原池老水的方法加以解决;到了饲养后期(9—10 月)每间隔 10～15d 加注 1 次新水。三是在通常情况下按时开动增氧机,每昼夜开机 2 次,不少于 9h,即午夜的 0:00～6:00 或早晨 2:00～8:00,白天正午 12:00 至下午 3:00 或中午 11:30 至下午 2:30。要使养殖池水质始终保持清新,肥、嫩、活、爽的状态。

3.3 优化环境

池塘是养殖鱼类栖息、生存和生长的地方,环境的优劣会直接或间接地影响到养殖鱼类的生长。因此,保持和优化池塘环境可以使养殖池和水体的生产潜力得到最有效的发挥,要搞好池塘的环境卫生和养殖水体卫生。及时打掉池梗、岸边及池水中的杂草,除掉池中污物,及时加注、更换新水,注意池塘环境安静,特别是在投饵喂鱼时要尽量避免不应有的外来干扰等。

3.4 鱼病防治

该鱼是一个不易发生疾病的种群。但是不等于在任何环境内、任何水体中、任何生长阶段的任何情况下,都绝对不发生任何疾病。因此笔者认为,要坚持做好鱼病预防工作,加强养殖池水位、水质的管理,保持池水清新、鲜活、嫩爽;按时开动增氧机,使养殖池水体的溶氧值始终保持在 4mg/L 以上;不投喂变质发霉的饲料等。要做好观察,发现异常早诊断、早防治,对症下药,保持池鱼健康生长。

3.5 做好记录

在饲养管理的全程中必须坚持做好池塘记录。因为池塘记录是养殖鱼类的历史记载,养殖实践经验的积累。只有做好池塘记录,才能实现有根据的回顾,实现在养殖过程中出现问题时,采取有效措施及时给予解决。

[原载《天津水产》2008(3－4)]

二、杂交组合

（白鲫♀×墨龙鲤♂）F₁三组合的体色表现及黑色素细胞表达规律的观察

金万昆，杨建新，朱振秀，俞　丽，高永平，傅连君，金万标，金　华

（国家级天津市换新水产良种场，天津　301500）

鱼类的体色多彩多样，有青灰色、红色、黄色以及这些体色在一个个体上的多样组合表现。组成鱼类体色的基本色素细胞有：黑色素、黄色素、红色素和鸟粪类色素细胞等4种。野生鱼类的体色大都是青灰色，而鱼类家养后青灰色体色基因发生突变，于是出现了红色、黄色、蓝色、黑色、红白、红黑等不同体色类型。如红鲫、红鲤、锦鲤的红白、红黑、白黑等品种。对鱼类体色色素细胞的组成、体色发生和表现的规律、体色遗传以及体色受环境、光照、水温、性激素、饲料等的影响，国内外学者做过不少研究[1,4~9]。锦鲤中黑体色的品种至今没有报道，天津市换新水产良种场从锦鲤的后代中发现3尾黑色个体，其背部、体侧、各鳍均为纯黑色，仅腹部灰白色。用这3尾鱼通过定向选育成了墨龙鲤新品种，并经全国水产原种和良种审定委员会审定通过，农业部批准在全国推广。本文采用从红鲫分离出来的白鲫雌鱼与墨龙鲤雄鱼进行3个组合的杂交，杂种F₁出现黑体色和青灰色两种体色，以及黑色素细胞的出现到布满全身结束的时间等方面的观察结果，旨在总结和讨论该杂种F₁黑体色个体黑色素细胞表现规律，为鱼类的体色研究提供一些新的资料。

1　材料与方法

1.1　实验鱼

实验鱼（白鲫♀×墨龙鲤♂）3个组合的杂种F₁，3个组合每个用1尾白鲫雌鱼，体重158、205和235g。第1、2组合共用1尾雄鱼，体重3.0kg，第3组合用1尾雄鱼，体重3.5kg。2010年5月13日，3个组合的雌雄亲鱼经注射催产药物后于22：13～23：03进行人工干法授精，3～5min后将3个组合的受精卵泼洒在3个水深0.3m，池底铺瓷砖的水泥池（4.0m×3.0m×0.6m）底铺设的人工鱼巢上，30min后将人工鱼巢分别移入架设在14号池中的3只网箱（4.0m×3.0m×1.0m，80目）中悬挂孵化。室内用3只培养皿（直径12cm）分别取3个组合的受精卵，观察统计受精率、孵化率和畸形率。3个组合分别孵出鱼苗2.5万尾、1.16万尾和0.35万尾，如表1所示。

表1　（白鲫♀×墨龙鲤♂）F₁三组合的出苗数及受精率、孵化率、畸形率

组别	亲鱼数（尾）		获得人工授精卵数（粒）	室内培养皿观察结果			出苗数（尾）
	♀	♂		受精率（%）	孵化率（%）	畸形率（%）	
1	1		27 342	95.96	100	2.27	25 000
2	1	1	14 322	91.32	93.25	1.64	11 600
3	1	1	5 208	88.69	83.89	4.00	3 500

1.2　实验鱼网箱培育

2010年5月18日，3只网箱中的实验鱼（杂种F₁）平游后开始投喂。每天每只网箱泼洒3次黄豆浆，每次600ml。5月30日培育至13日龄时，分别从上述3只网箱中随机取2 000尾放到另3只网箱中培育。6月18日培育至31日龄时，3个组合的实验鱼分别换为40目的网箱继续培育。6月29日培育至42日龄（体重约0.4g/尾）时，分

别从上述 3 只网箱中随机取 600 尾放入另 3 只网箱培育，这时网箱内设饵料台，每天投喂由粉状配合饲料制成的团状软饵，日投饵量为鱼总体重的 30%。实验鱼全长达到 5cm 时，投喂颗粒碎料，日投饵量为鱼总体重的 20%；全长达 7cm 时，投喂粒径 1.0mm 的鲫鱼膨化饲料，日投饵量为鱼总体重的 15%。为保证实验的顺利进行，14 号池定期换水，每 15d 进行 1 次鱼病防治。

1.3 实验鱼体色变化的观察统计

体色变化的观察统计是结合换箱时进行的，换箱时随机取一定数量的实验鱼，从中挑出黑体色和青灰色个体，分别计数。观察黑体色最早出现的时间和黑体色布满全身到结束的时间，比较 3 个组合差异情况。

2 结果

2.1 杂种 F_1 出现两种体色

3 个组合的杂种 F_1 都出现黑体色和青灰色两种颜色。3 个组合两种体色个体的比例，第 2 组合各占 50%（黑体色个体 50.25%、青灰色个体 49.75%），第 3 组合两种体色个体的比例也接近 50% 左右（黑体色个体 47.93%、青灰色个体 52.07%），但第 1 组合两种体色比例与以上其他组合，差异较大，大约相差 8% 左右，黑体色个体占 39.97% 和 43.84%，青灰色个体占 60.03% 和 55.16%，如表 2 所示。

2.2 黑色素细胞在体表最早出现的时间不同

从观察了解到体表黑色素细胞最早出现的时间，3 个组合不同。第 3 组合是黑色素细胞出现最早的，约在鱼苗孵出后不久，在 10d 左右体表就出现黑色素细胞。到 31 日龄时，这个组合黑体色个体已占总体的 38.85%，而其他两组，31 日龄时还未出现黑体色个体，到 42 日龄时体表才出现黑色素细胞，黑体色个体仅占总体的 14.76% 和 13.96%，而这时第 3 组合黑体色个体占总体的比例几乎已达到最高值 47.37%，如表 2 所示。

表 2 （白鲫♀×墨龙鲤♂）F_1 3 个组合体色表现及黑色素细胞表达规律的观察结果

测定日期（日/月）	发育日龄（d）	取样数（尾）			黑体色个体						青灰色个体					
					第1组合		第2组合		第3组合		第1组合		第2组合		第3组合	
		第1组	第2组	第3组	数量（尾）	占总体比例（%）	数量（尾）	占总体比例（%）	数量（尾）	占总体比例（%）	数量（尾）	占总体比例（%）	数量（尾）	占总体比例（%）	数量（尾）	占总体比例（%）
18/6	31	2 000	2 000	646	0	0	0	0	251	38.85	2 000	100	2 000	100	395	61.15
29/6	42	515	646	266	76	14.76	93	13.96	126	47.37	439	85.24	573	86.04	140	52.63
22/7	65	596	597	580	236	39.60	300	50.25	278	47.93	360	60.40	297	49.75	302	52.07
16/8	90	588	588	566	235	39.97	287	48.81	268	47.35	353	60.03	301	51.19	298	52.65
19/9	124	586	562	566	234	39.93	281	46.80	268	47.35	352	60.07	299	53.20	298	52.65
11/10	146	479	564	556	210	43.84	281	49.82	263	47.30	269	55.16	283	50.18	293	52.70

2.3 黑色素细胞布满全身黑体色个体达到最高值的天数基本相同

从表 2 可见，体表黑色素细胞从出现到布满全身结束的天数，3 个组合基本相同。即从鱼苗孵出后 65d 左右，黑色素细胞就可以完全布满全身，第 3 组合虽然黑色素细胞出现较早，但黑色素布满鱼体全身的时间，仍需 65d 左右，但该组合黑体色个体占总体的比例在 42d 时已达到 47.37%，65d 时达到 47.93%，仅增加 0.56%。说明该组合黑色素细胞布满全身所需的天数要少一点，而第 1 组合黑色素细胞布满全身的所需天数有两个值，65d 时达到 39.60%，146d 时达到 43.84%，可能这个组合的黑色素细胞的发育要慢一些。

3 讨论

3.1 杂种 F_1 体色分离现象

鱼类的体色从根本上是受遗传因素控制的。张建森等在鲤鱼体色的研究中认为，荷包红鲤的橘红色为隐性，元江鲤的青灰色为显性，鲤鱼的体色性状是由 2 对基因控制的，与性别无关，为非伴性遗传[2]。采用兴国红鲤与青灰色黑龙江野鲤鱼进行的正反杂交，杂种F₁都表现出青灰色体色。红鲫×青灰色鲤鱼进行的正反杂交，杂种F₁也为青灰色体色。由于体色基因的显隐性关系，杂种的体色一般只有一种体色。研究（白鲫♀×墨龙鲤♂）F₁出现黑体色和青灰色2种体色，是十分少见的现象，而且这两种体色都受显性基因控制。根据 Ueshima 等研究发现，孔雀鱼中的黑色素的形成由 B、b 等位基因控制，携带 B 基因（指显性基因）的个体黑色素细胞发育好，内含丰富的黑色素；隐性基因 b 的纯合体黑色素细胞小，黑色素少。那么，杂种F₁如何出现由显性基因控制的两种体色呢？

我们分析，白鲫是由红鲫体色发生变异的个体培育而成的，其体色还受隐性基因控制，杂种F₁出现两种体色是受墨龙鲤的遗传影响。墨龙鲤从锦鲤分离出来的，而锦鲤是由红鲤等选育而成的，于是出现了红白、红黑、白黑等花色，墨龙鲤没有这种花色。

我们还分析，墨龙鲤是由锦鲤中的青灰色个体发生黑体色基因突变（3尾个体）而培育出来的，也由于墨龙鲤选育还不纯，与白鲫杂交的杂种F₁出现两种体色，是否可以推测在精子细胞中含有这两种体色基因。我们在鲤鲫杂交的杂种F₁的成熟的卵子里发现有大卵和小卵两种卵子，可能受父母本的影响。

为了揭开这个谜底，我们正在加强对墨龙鲤的选育，每选育一代与白鲫雌鱼杂交1次，以观察杂种F₁黑体色个体是否增加，以此来检验选育效果，并得到一个能生产100%黑体色个体的组合，为该杂种F₁的产业化提供科学依据。

3.2 黑色素细胞的发育规律

黑色素细胞普遍存在于动物的体肤中，细胞内含有黑色素颗粒，黑色素能溶于细胞质中，色调介于褐色至黑色区间内。黑色胞体通常为平面状，有许多树突，并延伸呈放射状，比其他色素细胞要大。颗粒扩散时，动物体肤为暗黑色，颗粒凝结时，动物体肤为灰色、白色[2]。黑色素是酪氨酸在黑色素细胞中经酪氨酸酶作用，通过一系列反应形成的。它能使鱼类呈现黑色和褐色，有时也出现黄色。黑色素通常以极细小的颗粒形式存在，多附于蛋白质上。鱼类的黑色素颗粒存在于

具有树枝状突起的黑色素细胞里，颗粒能在细胞内移动，当黑色素颗粒扩散开到各分枝时，体色加深；颗粒集中到细胞中间时，体色变浅[3]。在显微镜下观察杂种F₁黑体色个体鳞片可见到较大的圆形黑色素和粗壮的分枝状黑色素两种。笔者观察杂种F₁体表黑色素细胞最早出现的时间，第3组黑色素细胞出现最早，在孵出平游后8~10d，而其他2组，都在30d以后。黑色素细胞从杂种F₁体表出现到布满全身结束，形成黑体色个体的时间，3个组合基本相同，大约在鱼苗孵出后65d左右。第3组合虽然黑色素细胞出现较早，但布满鱼体全身也是65d左右。但该组合黑色个体占总体的比例在42d时已达到47.37%，65d时为47.93%，仅差0.56%，说明该组合所需的天数要少一些。而第1组黑色素细胞布满全身需要的天数有2个，65d时黑体色个体占总体的39.60%，146d时为43.84%，可能这个组合黑色素细胞发育要慢一些。

出现上述情况可能与鱼苗发育水温、父本墨龙鲤选育有关，根据徐伟等[1]的观察，锦鲤在孵出后第8天体表就开始出现黑色素细胞，不同体色开始分化，到28d时体色分化更明显，不同体色的颜色进一步加深，初步可确定成体后的体色，到41d锦鲤基本形成成体体色；红鲫刚出苗的仔鱼在头部和侧线中部有较大的分枝状黑色素细胞，15d后变为青灰色，28d后变为银灰色，40d后变为红色。

由此可见，鱼类体色的出现应该在鱼苗孵出后不久出现，到体色布满全身完成成体色需50~60d。为了杂种F₁产业化发展的需要，对黑色素细胞的发育规律还需进一步深入研究。

参考文献

[1]徐伟,曹顶臣,李池陶,等.几种鲤鲫鳞片色素细胞和体色发生的观察[J].水产学报,2007,37(1):67-72.

[2]贺国龙,刘立鹤.鱼类体色成因及其调控技术研究进展（上）[J].水产科技情报,2010,37(2):88-91.

[3]黄永政.鱼类体色研究进展[J].水产学杂志,2008,21(1):89-94.

[4]陈桢.金鱼家化与变异[M].北京:科学出版

社,1959.

[5]伍惠生,傅毅远.中国金鱼[M].天津:天津科学技术出版社,1983.

[6]王占海,王金山,姜仁.金鱼的饲养与观赏[M].上海:上海科学技术出版社,1995.

[7][日]松井佳一.錦鯉の遺傳、金魚と錦鯉—觀賞と飼い方[M].金园社,1956.

[8]张绍华,郁倩辉,赵承萍.金鱼、锦鲤、热带鱼[M].北京:金盾出版社,1990.

[9]徐伟,白庆利,刘明华,等.彩鲫与红鲫杂交种体色遗传的初步研究[J].中国水产科学,1999,6(1):33-36.

[原载《水产养殖》2011(11)]

红鲫×乌龙鲫 $F_2(4n)$ 回交 F_1 的倍性及黑体色表现的观察*

金万昆,高永平,俞　丽,杨建新,朱振秀,赵宜双

(国家级天津市换新水产良种场,农业部天津鲤鲫鱼遗传育种中心,天津　301500)

摘　要:观察和分析了红鲫[*Carassius auratus auratus* (Red crucian carp)]♀×乌龙鲫[*Carassius auratus auratus* (Wu – Long crucian carp)] $F_2(4n)$ ♂回交 F_1 的倍性和黑体色个体的比例。结果显示:回交 F_1 红细胞的长径为红鲫的 1.28 倍,红细胞核的长径为红鲫的 1.41 倍。回交 F_1 为三倍体,回交 F_1 的染色体数目为 $3n=150$,核型公式为 $3n=51m+45sm+36st+18t$,NF 为 246。回交 F_1 体色全部为黑色。

关键词:回交 F_1 ;倍性;黑体色;比例

　　乌龙鲫是(白鲫♀×墨龙鲤♂)杂种 F_1 中的黑体色个体(另一种是青灰色个体),须很短,为须突,全身黑色,仅腹部灰白色,生长很快,可作为观赏、食用兼用的杂交种,其体色是由父本墨龙鲤遗传的。墨龙鲤是锦鲤体色基因发生突变形成的黑体色鲤鱼,后经 6 代培育形成的一个已经国家审定的鲤鱼新品种。黑体色乌龙鲫是新培育的一个杂交种,目前,还未见有相关报道[1~2]。乌龙鲫 F_2 是乌龙鲫 F_1 的自交子代,经检测全部为雄性,且都为黑体色个体,染色体发生多倍化,用流式细胞仪测定群体中有二倍体、三倍体、四倍体以及五倍体等。乌龙鲫 $F_2(4n)$ 是用染色体制备技术,从乌龙鲫 F_2 中筛选出的十余尾可育的四倍体雄鱼个体,繁殖季节可挤出精液。2009—2010 年开展了乌龙鲫 F_2 四倍体雄鱼与红鲫雌鱼的回交试验,观察和分析了亲本雄鱼的可育性、回交子代的倍性和黑体色遗传表现,以期为乌龙鲫苗种的产业化生产技术体系建立提供理论依据,也为鱼类的杂交育种理论提供新的研究资料。

1　材料与方法

1.1　实验鱼的来源

　　实验鱼来自国家级天津市换新水产良种场,2009 年、2010 年两年试验获得的鱼苗培育至实验需要的大小。2009 年用红鲫雌鱼 2 尾、乌龙鲫 F_2 (4n)雄鱼 4 尾,2010 年用红鲫雌鱼 2 尾、乌龙鲫 F_2 (4n)雄鱼 1 尾,两年都于 5 月 5 日进行人工催产和人工授精,分别获受精卵 19 530 粒和 32 500 粒,受精率、孵化率等见表 1。两年都于 5 月 9 日孵出鱼苗,鱼苗平游后在网箱培育,2009 年 5 月 20 日换箱时统计成活鱼苗约 8 000 尾,用两个网箱培育,6 月 4 日两个网箱各保留 360 尾,试验至 9 月 28 日结束。2010 年 5 月 12 日换箱时成活鱼苗约 12 000 尾,试验于 11 月 12 日结束。

表1　2009—2010 年回交 F_1 受精率、孵化率、出苗数

年度	试验亲鱼数(尾)		人工受精卵数(粒)	室内培养皿观察结果			出苗数(尾)
	♀	♂		受精率(%)	孵化率(%)	出苗率(%)	
2009	2	4	19 530	98.34	65.54	98.97	8 000
2010	2	1	32 500	65.57	68.50	82.20	12 000

*　资助项目:天津市科技支撑计划项目(09YFGZNC001300)

1.2 倍性的观察方法

1.2.1 染色体标本的制备和核型分析

2010年10月16日,随机取室外网箱培育的一龄鱼4尾(体重31.3~54.5g,体长9.92~11.81cm),移入室内水族箱(0.9m×0.4m×0.6m)中,水温控制在(20±1)℃,24h充气暂养2d。参照林义浩[3]方法制备染色体标本,并略有改进:在鱼的胸鳍基部注射小牛血清0.25ml/尾及植物血球凝集素(PHA)1μg/g鱼体重,12h后注射秋水仙素1μg/g鱼体重,3h后将鱼断尾放血,解剖鱼体,取出头肾,用生理盐水清洗数次,除去血块后置于装有生理盐水的培养皿中,用镊子反复撕碎,分散肾组织,然后过滤,取细胞悬浮液于离心管中,用1 000r/min离心5min,弃去上清液,沉淀物加入0.5% kcl低渗液并吹打均匀,温室低渗40min,随后1 000r/min离心6min,收集沉淀,加入新配制的Carnoy液(冰醋酸、甲醇体积比1:3)固定15min后再以1 000r/min离心6min,重复固定并离心2次,完成后弃去上清液,加入少量Carnoy固定液,制成悬液,把经过预冷的载玻片排列好,将悬液保持一定高度滴下,保证其充分均散,制成染色体标本。干燥后用Giemsa液染色20min,冲洗晾干,镜检。

染色体的分类和测量方法。在Nikon YS100双筒显微镜下,选取分散良好、形态清晰的分裂相观察,并用Nikon COOLPIX4500数码相机拍摄100个以上中期分裂相,计数每个中期分裂相的染色体数。选取10个具代表性的分裂相进行染色体组型分析(图1)。计算各对染色体相对长度和臂比指数。染色体分类、分组参照Levan等[4]提出的标准。染色体臂数(NF)的统计标准按Matthey[5]的方法。

1.2.2 红细胞涂片制备与测量观察

2009年9月、2010年10月,各取回交F₁ 30尾(体重296.8~697.6g,体长19.72~27.06cm),用抗凝注射器从尾部静脉抽血后立即涂片。甲醇固定,Wright-Giemsa染色15min,空气干燥,中性树胶封片,每尾鱼制作3张血涂片。

用Nikon YS100双筒显微镜观察红细胞形态特征,在油镜下测量红细胞与核的长径和短径(图1),每片测量10个红细胞及核大小。按照公式 $ab/4$ 和口 $ab^2/1.91$ (式中 a 为长径,b 为短径)分别计算每尾回交F₁红细胞及核的面积和体积[6]。

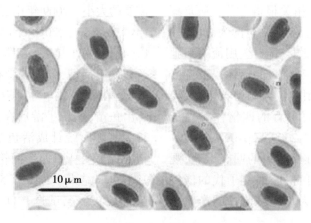

10μm

图1 回交F₁红细胞

1.3 回交子一代黑体色个体的观察统计

试验鱼培育期间,结合更换网箱时观察统计回交子一代中黑体色个体出现的比例。

2 结果

2.1 乌龙鲫F₂(4n)雄鱼是可育的

从2年乌龙鲫F₂(4n)雄鱼与红鲫雌鱼杂交试验的结果看,虽然2010年受精率稍低,但孵化率和出苗率还是高的,前者为68.5%,后者为82.2%,而2009年其受精率和出苗率都在98%以上,如表1所示。因此,可以认为,乌龙鲫F₂(4n)雄鱼是可育的。

2.2 倍性

2.2.1 染色体数目及核型

2年共统计106个中期分裂相细胞,其中,染色体数目150的有67个,占总数的63.21%;<

150 的有 37 个,占总数的 34.91%; >150 的有 2 个,仅占总数的 1.89%(表 2)。说明回交子一代

为三倍体,体细胞染色体数目为 $3n=150$。

表 2　回交子一代染色体数 2 年统计结果

染色体数目	127	139	140	143	144	146	147	148	149	150	151	合计
细胞数(个)	1	9	4	2	3	7	5	2	4	67	2	106
出现频率(%)	0.94	8.49	3.77	1.89	2.83	6.60	4.72	1.89	3.77	63.21	1.89	100

根据染色体相对长度的臂比测定结果,回交子一代的染色体组型可分为 4 组:中部着丝粒染色体(m)为 51 条;亚中部着丝粒染色体(sm)为 45 条;亚端部着丝粒染色体(st)为 36 条;端部着丝粒染色体(t)为 18 条。在每一组中按照相对长度和臂比进行同源染色体配对,均能找到 3 条可完全配对的染色体,属 3 条同源染色体。回交子一代中部着丝粒染色体(m)可配成 17 组;亚中部

着丝粒染色体(sm)可配成 15 组;亚端部着丝粒染色体(st)可配成 12 组;端部着丝粒染色体(t)可配成 6 组。根据染色体的相对长度,着丝粒位置和特征,确定回交子一代的染色体的核型公式为:$3n=51m+45sm+36st+18t$,染色体臂数(NF)为 246。试验没有观察到与性有关的异形染色体,也没有发现次级缢痕及随体等特征。回交子一代的染色体中期分裂相及核型如图 2 所示。

图 2　回交 F_1 的染色体中期分裂相及核型

2.2.2　红细胞及其核的大小

与红鲫比较,红细胞的长径增大 0.28 倍,短径减少了 5.5%,面积增大 0.21 倍,体积增大 0.14 倍;细胞核长径增大 0.41 倍,短径增大 0.27

倍,核面积增大 0.75 倍,核体积增大 1.20 倍,如表 3 所示。结果表明,回交子一代在红细胞及核的长度、面积、体积等方面也表现出了三倍体的特征。

表 3　回交 F_1 与红鲫红细胞及其核大小的比较结果

项目	回交子一代		红鲫		回交子一代(红鲫)	
	红细胞	红细胞核	红细胞	红细胞核	红细胞	红细胞核
长径(μm)	17.61±0.76	7.87±0.46	13.72±0.11	5.58±0.15	1.28	1.41
短径(μm)	9.43±0.64	3.45±0.31	9.98±0.56	2.78±0.02	0.94	1.27
面积(μm²)	130.22±8.86	21.33±2.24	107.57±6.65	12.17±0.42	1.21	1.75
体积(μm³)	821.70±104.4	49.52±9.18	717.89±85.77	22.54±0.84	1.14	2.20

2.3　黑体色个体的比例

2 年的试验结果表明,回交子一代体表黑色细胞布满全身的时间基本相同,都在鱼苗孵出后

30d 左右,而且回交子一代全部为黑体色个体,如表 4 所示。

表4 2009—2010年回交 F_1 体色观察结果

体色	项目	2009年					2010年					
		06-04	06-12	07-12	08-12	09-28	06-07	06-25	07-16	08-16	09-19	11-12
黑色	数量(尾)	0	360	344	333	327	8 000	600	589	583	582	549
	比例(%)	0	100	100	100	100	100	100	100	100	100	100
青灰色	数量(尾)	360	0	0	0	0	0	0	0	0	0	0
	比例(%)	100	0	0	0	0	0	0	0	0	0	0

3 讨论

3.1 乌龙鲫 $F_2(4n)$ 雄鱼的可育性及其倍性遗传

鱼类杂种的可育性是鱼类育种工作者十分关心的问题,鱼类杂种可育可为该杂种的推广应用提供基础。1558—1980年,国内外学者已对56科共1 080种鱼类做过杂交试验[1],但能否应用到生产上,关键是杂种的可育性。从国内外报道的结果来看,属内种间杂交,杂种 F_1 雌、雄鱼是完全可育的;而属间杂交杂种的可育性表现比较复杂,有的完全可育,如鲢鳙杂种[7],有的完全不育,如鲑鳟鱼类杂种[8],有的单性可育,如鲤鲫杂种,其雌性可育,雄性不育[9~11],但鲤鲫杂种雄性不育的结论,近来不断受到挑战,许多试验发现鲤鲫杂种部分雄性个体是可育的,能够繁殖后代[12~14]。乌龙鲫即是这种情况,乌龙鲫 F_1 的雌鱼基本可育,约5%~10%雄鱼可育。试验用的乌龙鲫 $F_2(4n)$ 个体是用流式细胞仪、染色体制备和红细胞大小等检测技术从 F_2 群体中筛选出来的,通过与二倍体鲤、鲫回交,观察其受精率、孵化率等,以测定其可育性程度,试验结果证明乌龙鲫 $F_2(4n)$ 雄鱼是可育的,如表1所示。

鱼类远缘杂交,特别是鲤科鱼类不同亚科之间的杂交,常常出现多倍体现象,如草鱼与团头鲂[15]、框鳞镜鲤与团头鲂[16]的杂交都可以得到三倍体。刘筠等[14]用红鲫为母本,湘江野鲤为父本进行的杂交,杂种称湘鲫,在该杂种群体中发现一个具有雌雄两性四倍体杂种,并培育成一个新的物种,用它的雄鱼与鲤、鲫回交得了三倍体的"湘云鲫"和"湘云鲤"。乌龙鲫 $F_2(4n)$ 雄鱼与湘鲫的四倍体杂种不同,它是乌龙鲫(白鲫♀×墨龙鲤♂)杂种 F_1 自交获得的杂种 F_2 中出现的,该杂种 F_2 全部为雄性,没有雌性个体。为什么杂种 F_2 全部为雄鱼和这个雄鱼群体中会出现多倍体现象,其原因现在还不清楚。本试验用四倍体雄鱼与红鲫回交获得

了三倍体的乌龙鲫回交子一代。回交子一代的红细胞和细胞核的长径、短径、面积和体积等也表现出三倍体。这与三倍体的山女鳟红细胞的细胞核体积是二倍体的1.48倍[17]相似,符合不同倍性鱼类的红细胞体积、红细胞核体积存在显著差异[18]的结论。可能是由于三倍体鱼类细胞中的DNA物质较二倍体中的多50%,其细胞的体积及容量也随之增大,以适应变大的细胞核[19]。

3.2 乌龙鲫 $F_2(4n)$ 雄鱼的体色遗传

野生鱼类的体色都是青灰色,而鱼类家养后青灰色体色基因发生突变,于是出现了红色、黄色、蓝色、黑色、红白、红黑等不同体色类型,如红鲫、红鲤、锦鲤的红白、红黑、白黑等品种。乌龙鲫全身墨黑,仅腹部表现灰白色。乌龙鲫是白鲫雌鱼与墨龙鲤雄鱼的杂交种,有黑体色和青灰色两种体色的个体,且各占总体的50%,乌龙鲫是指黑体色的个体。为什么杂种 F_1 会出现两种体色,其原因目前还不清楚,一般认为是墨龙鲤的选育在体色上尚未达到纯系。现在问题是乌龙鲫的黑体色还能不能出现分离,以及其体色的基因控制和遗传。于是我们曾做了用乌龙鲫 F_2 的二倍体、四倍体雄鱼分别与红鲫和鲤鱼回交试验,本试验就是其中的一个组合,试验结果是回交子一代全部为黑体色,且在鱼苗孵出后30 d内完成黑色素细胞在鱼体表的分布,说明乌龙鲫的黑体色是受显性基因控制的。根据Ueshima等[19]研究发现,孔雀鱼中黑色素的形成由 B,b 等位基因控制,携带 B 基因(指显性基因)的个体黑色素细胞发育好,内含丰富的黑色素;隐性基因b的纯合体黑色素细胞小,黑色素少。由此可见,红鲫♀×乌龙鲫 $F_2(4n)$ ♂回交子一代的黑体色是由父本遗传而来,因为红鲫的红色是受隐性基因控制的。

参考文献

[1]楼允东,李小勤.中国鱼类远缘杂交研究及其

在水产养殖上的应用[J].中国水产科学,2006,13(1):151-158.

[2]朱华平,卢迈新,黄樟翰,等.鱼类遗传改良研究综述[J].中国水产科学,2010,17(1):168-181.

[3]林义浩.快速获得大量鱼类肾细胞中期分裂相的PHA体内注射法[J].水产学报.1982,6(3):201-208.

[4]Levan A,Fredya K,Sandberg A A. Nomenclature for centromeric position on chromosomes[J]. Hereditas,1964,52(2):201-220.

[5]Matthey R. The chromosome formulae of eutherian mammals[M]. New York：Aeademie hress,1973.

[6]楼允东.鱼类育种学[M].北京:中国农业出版社,1999.

[7]长江水产研究所.鳙♀×(鲢♀×鳙♂)♂回交育种试验报告[J].遗传学报,1975,2(2):144-152.

[8]Suzuki R,Fukuda Y. Sexual maturity of F_1 hybrids among salmonid fishes[J]. Bull Fresh Fish Res Lab,1974(23):57-74.

[9]杨葆生.鲫鲤杂交一代(F_1)自交的受精细胞学观察[J].湛江水产学院学报,1996,16(2):24-28.

[10]肖鱼.鲤鱼杂交的初步试验[J].水产科技情报,1977(5-6):39-41.

[11]松井佳一.コイとフナの雜種不姙に関する細胞學の研究[J].鱼類學雜誌(日).1956,5(2-3):52-57.

[12]曹伏君.鲫(♀)鲤(♂)杂交 F_1 代精巢细胞学研究[J].动物学杂志,1979(4):8.

[13]陈佳礼,蒋益祥,何江.湖南东湖渔场鲫鲤杂交自然繁殖育出新一代[J].淡水渔业,1979(9):33.

[14]刘筠,周工健.红鲫(♀)×湘江野鲤(♂)杂交一代生殖腺的细胞学研究[J].水生生物学报,1986,10(2):101-111.

[15]吴清江,叶玉珍,傅洪拓.酶的基因剂量效应及其对鱼类远缘杂交的影响[J].水生生物学报,1997,21(2):143-151.

[16]金万昆,朱振秀,王春英,等.散鳞镜鲤(♀)与团头鲂(♂)亚科间杂交获高成活率杂交后代[J].中国水产科学,2003,10(2):159.

[17]Beyea M M,Benfey T J,Kiefe J D. Hematology and stress physiology of juvenile diploid and triploid shortnose sturgeon(Acipenserbrevirostrum)[J]. Fish Physiol Biochem,2005(31):303-313.

[18]贾钟贺,徐革锋,谷伟,等.二倍体与三倍体山女鳟的血液学比较分析[J].中国水产科学,2010,17(4):807-814.

[19]Ueshima G,Nakajima M,Fujio Y. A study on the inheritance of body color and chromatophores in the guppy poecilia reticulata[J]. Tohoku J argricult res,1998,48(314):111-122.

Observation about the ploidy and the black colour phenotype of backcross F_1 of red crucian carp ♀ × Wolong F_2 ($4n$) ♂

Jin Wankun, Gao Yongping, Yu Li, Yang Jianxin, Zhu Zhenxiu, Zhao Yishuang

(National Level Tianjin Huanxin Excellent Fisheries Seed Farm, the Genetics and Breeding Center of Carp and Crucian in Tianjin for the Ministry of Agriculture, Tianjin 301500, China)

Abstract: The ploidy and the proportion of black colour individuals in backcross F_1 [Red crucian carp ♀ × Wulong crucian carp F_2($4n$) ♂] were observed and analysed. The Results indicated that the erythrocytic size and nucleus diameter of backcross F_1 were as 1.28 times and 1.41 times as red crucian carp. Backcross F_1 was triploid. Its chromosome number was $3n = 150$, and the karyotype formula was $3n = 51m + 45sm + 36st + 18t$, NF 246. Two years' observation showed that the proportion of black colour individuals in backcross F_1 was 100%.

Key words: Backcross F_1; ploidy; Black clolur individuals; Proportion

[原载《淡水渔业》2012,42(2)]

鲤、鲫杂交子代的同工酶分析[*]

鲍　迪[1]，梁爱军[1]，董　莹[1]，王　淞[1]，金万昆[2]，董　仕[1]

（1. 天津师范大学生命科学学院，天津市细胞遗传与分子调控重点实验室，天津　300387；
2. 国家级天津市换新水产良种场，天津　301500）

摘　要：利用水平式淀粉凝胶电泳法对乌克兰鳞鲤（♀）×乌龙鲫四倍体（♂）、红鲫（♀）×乌龙鲫四倍体（♂）、红鲫（♀）×乌龙鲫二倍体（♂）、白鲫（♀）×墨龙鲤（♂）4组鲤鱼、鲫鱼杂交子代背侧肌肉组织的天冬氨酸转氨酶、α－甘油醛磷酸脱氢酶、葡萄糖磷酸异构酶、异柠檬酸脱氢酶、乳酸脱氢酶、苹果酸脱氢酶、磷酸葡萄糖变位酶及肌浆蛋白进行电泳分析，并测量了红细胞长径。红细胞测量结果表明，乌克兰鳞鲤（♀）×乌龙鲫四倍体（♂）、红鲫（♀）×乌龙鲫四倍体（♂）、红鲫（♀）×乌龙鲫二倍体（♂）杂交子代为三倍体，白鲫（♀）×墨龙鲤（♂）杂交子代为二倍体。4组杂交子代葡萄糖磷酸异构酶同工酶的基因组成结果显示，父本乌龙鲫四倍体和父本乌龙鲫二倍体均产生二倍体配子，且二倍体配子中1套为鲤鱼染色体组，1套为鲫鱼染色体组。

关键词：鲤鱼；鲫鱼；杂交子代；乌龙鲫；同工酶；红细胞长径

鲤鱼属和鲫鱼属鱼类在我国分布广泛，为重要的养殖种类。在长期的自然选择及人工养殖过程中，形成了许多亚种、品种或品系[1-2]。近30年来我国很多学者进行了鲤鱼（*Cyprinus carpio*）、鲫鱼（*Carassius auratus*）杂交育种的研究工作，获得了很多有应用价值的杂交种，取得了巨大的经济效益，如异育银鲫（*Carassius auratus gibelio*）[3]、湘鲫[4]、湘云鲫[5]、湘云鲤[5]、兴淮鲫[6]、赣昌鲫[7]、盘锦一号杂交鲫[2]、乌龙鲫[8]、黄金鲫[8]等。在这些杂交组合中，异育银鲫为三倍体的方正银鲫（♀）×兴国红鲤（♂）杂交的子一代，属于具有异精效应的雌核发育类型；直接用于养殖的鲤鱼、鲫鱼杂交子一代（二倍体）有湘鲫、兴淮鲫、赣昌鲫、盘锦一号杂交鲫、乌龙鲫、黄金鲫等。研究发现，鲤鱼、鲫鱼杂交子代中可育的有湘鲫、乌龙鲫。刘少军等[5-9]已将湘鲫[红鲫（♀）×湘江野鲤（♂）]自交繁殖至F_{10}代，经染色计数、组型及DNA含量分析证明，湘鲫$F_1 \sim F_2$为二倍体，$F_3 \sim F_9$为异源四倍体。四倍体湘鲫（♂）×兴国红鲤（♀）杂交后得到三倍体湘云鲤，四倍体湘鲫

（♂）×日本白鲫（♀）杂交得到三倍体湘云鲫。金万昆[8]进行了白鲫（♀）与墨龙鲤（♂）的杂交，得到乌龙鲫（F_1）。乌龙鲫为二倍体，其自交子代（F_2）中，有二倍体和四倍体，流式细胞仪检测显示大多为二倍体和四倍体，也有三倍体至十倍体的个体。在乌克兰鳞鲤（♀）×乌龙鲫四倍体（♂）及津新鲤（♀）×乌龙鲫四倍体（♂）的杂交子代中，各3尾的染色体计数显示均为三倍体，流式细胞仪检测显示乌克兰鳞鲤（♀）×乌龙鲫四倍体（♂）的32尾子代中有二倍体、三倍体、四倍体，津新鲤（♀）×乌龙鲫四倍体（♂）的8尾子代中有二倍体和三倍体。

为了探讨雌性鲤鱼、鲫鱼与二倍体、四倍体雄性乌龙鲫杂交子代中的倍性、染色体组成情况，并推测二倍体、四倍体雄性乌龙鲫配子的特点，笔者以雌性乌克兰鳞鲤、红鲫分别与雄性二倍体或四倍体乌龙鲫的杂交子代为试验材料，进行了红细胞长径的测量和同工酶检测，并与白鲫（♀）×墨龙鲤（♂）杂交子代进行比较。

---

　*　基金项目：天津市科技支撑计划项目（09ZCKFNC02100）；天津师范大学校内基金资助项目

1 材料与方法

1.1 材料

4 种杂交组合试验鱼于 2010 年 10 月采自国家级天津市换新水产良种场,鲜活状态下由尾柄取血,制作血涂片后 -20℃ 冷冻保存备用。其中乌龙鲫二倍体和四倍体($♂$)均为乌龙鲫(F_1)的自交子代。同工酶检测时取白鲫和乌克兰鳞鲤各 1 尾作为对照(表1)。

表 1　试验鱼繁殖日期、数量、体长及体质量

组别	亲本组合*	繁殖日期	样本(尾)	体长(cm)	体质量(g)
1 组	乌克兰鳞鲤♀×乌龙鲫四倍体♂	2009 - 05	5	27.9 ±1.28	721.1 ±86.35
2 组	红鲫♀×乌龙鲫四倍体♂	2009 - 05	4	20.0 ±0.59	332.3 ±40.73
		2010 - 05	20	9.4 ±2.05	37.4 ±11.25
3 组	红鲫♀×乌龙鲫二倍体♂	2010 - 05	25	8.5 ±0.55	23.2 ±4.84
4 组	白鲫♀×墨龙鲤♂	2009 - 05	10	19.5 ±2.39	285.7 ±88.44
		2010 - 05	20	8.5 ±0.71	23.3 ±4.85

注:* 为第 1～3 组及 4 组中 2009 年繁殖的鱼为多个父母本杂交子代的混合;第 4 组中 2010 年繁殖的鱼为单尾父母本的杂交子代

1.2 红细胞及核长径的测量

制成的血涂片经吉姆萨染液染色,于 10×100 倍的显微镜下,随机测量每尾鱼 10 个红细胞的长径。通常细胞核大小与染色体数目成正比例增加[10],可依据红细胞长径的大小判定试验鱼的倍性[11,12]。

1.3 同工酶

使用水平式淀粉凝胶电泳法检测试验鱼背部肌肉的天冬氨酸转氨酶、a-甘油醛磷酸脱氢酶、葡萄糖磷酸异构酶、异柠檬酸脱氢酶、乳酸脱氢酶、苹果酸脱氢酶、磷酸葡萄糖变位酶及肌浆蛋白,电泳及染色方法参照 Taniguchi 等[13~14]的方法进行,所用缓冲液为 C - APM(pH 值 6.0)或 C - T(pH 值 8.0)。在葡萄糖磷酸异构酶同工酶图谱中,由于鲫鱼的电泳带在凝胶缓冲液为 C - APM(pH 6.0)时出现在阳极,为方便分析,将鲫鱼基因用大写英文字母表示,依据迁移率分别命名为 A、B、C;鲤鱼的出现在阴极,将鲤鱼基因用小写字母表示,依据迁移率分别命名为 a、b、c、d。

2 结果

2.1 红细胞大小

乌克兰鳞鲤(♀)×乌龙鲫四倍体(♂)杂交子代红细胞长径为 17.1～18.5μm,红鲫(♀)×乌龙鲫四倍体(♂)杂交子代红细胞长径为 17.2～18.1μm,红鲫(♀)×乌龙鲫二倍体(♂)杂交子代红细胞长径为 16.4～17.5μm,白鲫(♀)×墨龙鲤(♂)杂交子代红细胞长径为 13.2～14.6μm。依据小野里坦等[11~12]的标准,除白鲫(♀)×墨龙鲤(♂)杂交子代为二倍体外,其他 3 组均为三倍体。

2.2 同工酶电泳结果

4 组杂交子代鱼的 8 种同功酶均得到清晰的电泳图谱。在葡萄糖磷酸异构酶(二聚体酶)、乳酸脱氢酶两种同工酶中,4 组杂交子代与鲫鱼或鲤鱼同工酶电泳结果有明显区别,部分个体的电泳图谱见图 1 和图 2 所示。

由葡萄糖磷酸异构酶电泳图谱中(缓冲液为 C - APM,pH 值为 6.0)(图 1)可见,鲫鱼基因支配的电泳带只在阳极出现,鲤鱼基因支配的电泳带只在阴极出现,鲤鱼、鲫鱼杂交子代在阳极、阴极均有电泳条带,同时含有鲤鱼基因和鲫鱼基因。由图 1 可见,鲫鱼含有 A、B、C 基因,鲤鱼含有 a、b、c、d 基因。由白鲫(♀)×墨龙鲤(♂)杂交二倍体子代电泳图可见(图 1b),在一个葡萄糖磷酸异构酶基因座位上存在 1 个鲤鱼基因和 1 个鲫鱼基因的情况下,鲤鱼基因表达的电泳带较鲫鱼基因表达的电泳带粗大;在乌克兰鳞鲤(♀)×乌龙鲫四倍体(♂)5 尾杂交子代的电泳图谱中(图 1a),在阴极均出现 2 个不同的鲤鱼基因所支配的电泳带,在阳极出现 1 个鲫鱼基因支配的电泳带;在红鲫(♀)×乌龙鲫四倍体(♂)杂交子代电泳图谱的阳极中出现一个含有 2 个不同鲫鱼基因的个体(图 1a),红鲫(♀)×乌龙鲫四倍体(♂)杂交子代的电泳图谱(图1b)与白鲫(♀)×墨龙鲤(♂)杂交二倍体子代的电泳图谱(图1d)相似,均具有3条电泳带,但鲫鱼基因表达的电泳带较鲤鱼基因表达的电泳带粗大。可以认为,红鲫(♀)×乌龙鲫四倍体(♂)杂交子代含有2个鲫鱼基因,1个鲤鱼基因;在红鲫(♀)×乌龙鲫二倍体(♂)杂交子代的电泳图谱中(图1a和图1c),一些个体在

阳极出现3条带,表明为由2个不同的鲫鱼基因所支配,一些个体在阳极出现一条带,但鲫鱼基因支配的电泳带较鲤鱼基因表达的电泳带粗大。据此可以认为,红鲫(♀)×乌龙鲫二倍体(♂)杂交子代含有2个鲫鱼基因,1个鲤鱼基因。4组试验鱼所有个体的葡萄糖磷酸异构酶同工酶基因组成情况如表2所示。

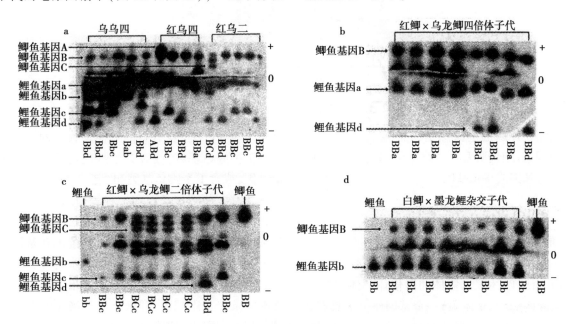

图1　4组杂交子代鱼的葡萄糖磷酸异构酶电泳图谱

注:乌乌四为乌克兰鳞鲤(♀)×乌龙鲫四倍体(♂)杂交子代,红乌四为红鲫(♀)×乌龙鲫四倍体(♂)杂交子代,红乌二为红鲫(♀)×乌龙鲫二倍体(♂)杂交子代。

表2　4组杂交子代的葡萄糖磷酸异构酶基因组成(尾)

基因型	1组	2组	3组	4组
Bab	1			
Bbc	1			
Bbd	3			
ABa		1		
ABd		3		
BBa		10		
BBc		5	9	
BBd		5	6	
BCc			7	
BCd			3	
Ab				2
Ac				5
Bb				23

鲫鱼、鲤鱼与其他4组鲤鱼、鲫鱼杂交子代的乳酸脱氢酶电泳图谱有明显区别(图2)。鲫鱼的

乳酸脱氢酶同工酶图谱在阳极,且阳极一侧起始点与鲤鱼及4组鲤鱼、鲫鱼杂交子代起始点不同;

鲤鱼的乳酸脱氢酶同工酶图谱在阴极一侧的起始点虽然与4组鲤鱼、鲫鱼杂交子代起始点相同,但电泳带间距、电泳带迁移距离、电泳带数量与4组鲤鱼、鲫鱼杂交子代明显不同;鲤鱼、鲫鱼杂交的

子代图谱的特点为:由阳极到阴极电泳带长、宽逐渐加大的间距均等,不同倍性的鲤鱼、鲫鱼杂交子代的图谱相同[15]。

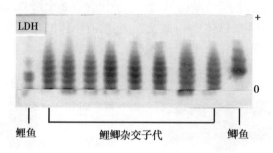

图2 4种杂交子代的乳酸脱氢酶电泳图谱

其他6种酶的电泳图谱结果显示,4组杂交子代同鲫鱼、鲤鱼均无明显的差异,无法区分出特异的鲤鱼基因或鲫鱼基因。

3 讨论

3.1 葡萄糖磷酸异构酶同工酶谱分析

熊全沫[16~17]论述了鱼类同工酶谱带的特点及分析方法,阐述了二倍体和四倍体个体的葡萄糖磷酸异构酶(二聚体酶)一个基因座位上具有2个等位基因的电泳条带的组成特点。本试验中,葡萄糖磷酸异构酶电泳结果表明,4组杂交子代以及鲤鱼、鲫鱼均检测出一个位点[14]。在三倍体

个体中有3种类型:第一种是各含有1种鲫鱼基因和1种鲤鱼基因,或含2个鲫鱼基因和1个鲤鱼基因,或含1个鲫鱼基因和2个鲤鱼基因;第二种是含有2种鲫鱼基因和1种鲤鱼基因;第三种是含有1种鲫鱼基因和2种鲤鱼基因。由于每个葡萄糖磷酸异构酶同工酶的基因支配的亚基两两之间能互相聚合,所以当三倍体个体具有2种基因时出现3条电泳带,且含有2个相同鲫鱼基因支配的条带要比鲤鱼、鲫鱼杂交二倍体中由1个鲫鱼基因支配的条带粗大;具有3种基因时出现6条电泳带。其部分个体的基因型、电泳条带以及亚基组成情况如图3所示。

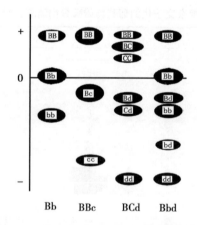

图3 二、三倍体鲤鱼、鲫鱼杂交子代部分个体葡萄糖磷酸异构酶电泳

3.2 4组鲤鱼、鲫鱼杂交子代染色体组成

葡萄糖磷酸异构酶同工酶的图谱分析表明,乌克兰鳞鲤(♀)×乌龙鲫四倍体(♂)杂交子代的染色体组由来自母本乌克兰鳞鲤的1套鲤鱼染

色体组和来自父本乌龙鲫四倍体的2套染色体组组成,红鲫(♀)×乌龙鲫四倍体(♂)杂交子代与红鲫(♀)×乌龙鲫二倍体(♂)杂交子代的染色体组是由来自母本红鲫的1套鲫鱼染色体组和来

自父本乌龙鲫四倍体、父本乌龙鲫二倍体的 2 套染色体组组成的,白鲫(♀)×墨龙鲤(♂)杂交子代染色体组是由来自于母本白鲫的 1 套鲫鱼染色体组和来自父本墨龙鲤的 1 套鲤鱼染色体组组成。

3.3 雄性二倍体、四倍体乌龙鲫配子倍性

李建中等[18]观察了鲤鱼、鲫鱼杂交种 F_2 代(二倍体)精子的超微结构发现,F_2 代精子具有明显的多态性,既有正常的单倍体精子,也有异常的精子,即二倍体、四倍体甚至更高倍体精子,还有很多非整倍体的精子。Liu 等[19]对 F_2 代鲤鱼、鲫鱼杂交种(二倍体)卵子大小进行测量后发现,有 3 种不同大小类型的卵子,将 F_2 代鲤鱼、鲫鱼杂交种(♀)与红鲫(♂)杂交,获得了二倍体、三倍体及四倍体子代,将 F_2 代鲤鱼、鲫鱼杂交种(♀)与四倍体鲤鱼、鲫鱼(♂)杂交,获得了三倍体和四倍体子代,证明 F_2 代鲤鱼、鲫鱼杂交种的雌鱼可产生单倍体、二倍体和三倍体的卵子。金万昆[8]发现,在乌龙鲫(F_1)自交的 F_2 中有二倍体、三倍体、四倍体甚至多倍体。刘少军等[5,18]研究发现,湘鲫自 F_3 代之后均为四倍体鱼,应为 F_2 的二倍体精子和二倍体卵子结合,进行正常的单精受精形成。刘思阳等[20~21]对草鱼(*Ctenopharyngoddon idells*)(♀)×三角鲂(*Magalobrame tarminalis*)(♂)杂交子代进行研究分析后发现草鲂杂种为三倍体,其中母本草鱼提供了 2 份染色体,父本三角鲂提供了 1 份染色体。

本试验中,乌克兰鳞鲤(♀)×乌龙鲫四倍体(♂)及红鲫(♀)×乌龙鲫四倍体(♂)杂交子代的基因组成表明,父本乌龙鲫四倍体能产生具有鲤鱼、鲫鱼各 1 套染色体组的二倍体配子,鲤鱼或鲫鱼杂交均产生三倍体,可以认为与湘云鲤、湘云鲫的产生机制相同。红鲫(♀)×乌龙鲫二倍体(♂)的杂交,假设子代含有 2 套来自母本红鲫的染色体组、1 套来自父本乌龙鲫二倍体的染色体组,即父本乌龙鲫二倍体产生单倍体配子,其单倍体配子应该具有只含有鲫鱼基因的单倍体配子或只含有鲤鱼基因的单倍体配子,与母本鲫鱼的卵细胞结合,应产生只含有 3 套鲫鱼染色体和 2 套鲫鱼染色体组、1 套鲤鱼染色体组的 2 种类型的子代。本试验中,红鲫(♀)×乌龙鲫二倍体(♂)

杂交子代只具有 2 套鲫鱼染色体组、1 套鲤鱼染色体组的一种类型,由此可以认为,父本乌龙鲫二倍体产生具有鲤鱼、鲫鱼各 1 套染色体组的二倍体配子,与鲫鱼杂交同样产生三倍体。

参考文献

[1] 陈湘舜,黄宏金. 中国鲤科鱼类志[M]. 上海:上海人民出版社,1977.

[2] 谢忠明. 优质鲫鱼养殖技术[M]. 北京:中国农业出版社,1999.

[3] 蒋一畦,梁少昌,陈本德,等. 异源精子在银鲫雌核发育子代中的生物学效应[J]. 水生生物学集刊,1983,8(1):1-13.

[4] 冯浩,刘少军,张轩杰,等. 红鲫(♀)×湘江野鲤(♂)F_2 和 F_3 的染色体研究[J]. 中国水产科学,2001,8(2):1-4.

[5] 刘少军,冯浩,刘筠,等. 四倍体湘鲫 F_3-F_4、三倍体湘云鲫、湘云鲤及有关二倍体的 DNA 含量[J]. 湖南师范大学学报:自然科学版,1999,22(4):61-68.

[6] 张克俭,高健,张景龙,等. 兴淮鲫(白鲫♀×散鳞镜鲤♂)及其双亲同工酶的研究[J]. 上海水产大学学报,1993,2(4):181-187.

[7] 陈道印,欧阳敏,李达. 赣昌鲫(日本白鲫♀×兴国红鲤♂)及其双亲同工酶的研究[J]. 淡水渔业,2010,40(5):9-13.

[8] 金万昆. 淡水鱼类远缘杂交试验报告[M]. 北京:中国农业科学技术出版社,2009.

[9] 黎双飞,刘少军,张轩杰,等. 三倍体湘云鲫及其亲本线粒体 DNA 的比较研究[J]. 中国水产科学,2001,8(1):1-5.

[10] 楼允东. 鱼类育种学[M]. 北京:中国农业出版社,1999.

[11] 小野里坦,鸟泽雅,草间政幸. 北海道に於ける倍数体フナの分布[J]. 鱼类学杂志,1983(30):184-190.

[12] 董仕. 细胞生物学综合实验[M]. 天津:天津科学技术出版社,2008.

[13] Taniguchi N, Okada Y. Genetic study on the biochemical polymorphism in red sea bream[J]. Bulletin of the Japanese Society of Scientific Fisheries,1980,46(4):437-443.

[14] Dong S, Taniguchi N, Tsuiji S. Identification of clones of ginbuna Carassius langsdorfii by DNA fingerprinting and isozyme pattern [J]. Nippon Suisan Gakkaishi, 1996, 62(5):747 – 753.

[15] 董仕, 王茜, 孟宪军. 湘云鲫红细胞大小及同工酶分析 [G]//中国水产学会. 中国水产学会学术年会论文集. 北京: 海洋出版社, 2002:61 – 65.

[16] 熊全沫. 鱼类同工酶酶谱分析(上)[J]. 遗传, 1992, 14(2):41 – 44, 48.

[17] 熊全沫. 鱼类同工酶酶谱分析(下)[J]. 遗传, 1992, 14(3):47 – 48, 25.

[18] 李建中, 刘少军, 张轩杰, 等. 鲤鲫杂种 F_2 精子多态性的研究 [J]. 实验生物学报, 2004, 37(4):276 – 282.

[19] Liu S J, Sun Y D, Luo K K, et al. Evidence of different ploidy eggs produced by diploid F_2 hybrids of Carassius auratus (♀) × Cyprinus carpio(♂)[J]. Acta Genetica Sinica, 2006, 33(4):304 – 311.

[20] 刘思阳. 三倍体草鲂杂种及其双亲的细胞遗传学研究 [J]. 水生生物学报, 1987, 11(1): 52 – 58.

[21] 刘思阳, 李素文. 三倍体草鲂杂种及其双亲的红细胞(核)大小和 DNA 含量 [J]. 遗传学报, 1987, 14(2):142 – 148.

The Isozyme Electrophoresis in Hybrid of Crucian Carp with Common Carp

Bao Di[1], Liang Aijun[1], Dong Ying[1], Wang Song[1], Jin Wankun[2], Dong Shi[1]

(1. College of Life Sciences, Tianjin Normal University, Tianjin Key Laboratory of Cyto – Genetical and Molecular Regulation, Tianjin 300387, China;

2. National Level Tianjin Huanxin Excellent Fisheries Seed Farm, Tianjin 301500, China)

Abstract: Electrophoresis of isozymes aspartate aminotransferase(AAT), a – glyerophosphate dehydrogenase(α – GPD), glucose – phosphate isomerase(GPI), isocitrate dehydrogenase(IDH), lactate dehydrogenase(LDH), malate dehydrogenase(MDH), phosphoglucomutase(PGM) and myogen(PROT) were carried out, and the isozymes of erythrocyte were measured in four types hybrids progeny, including *Cyprinus carpio* (♀) × *Carassius auratus auratus*[wulong crucian carp(F_2)$4n$](♂), *C. auratus* red var. (♀) × *C. auratus auratus* [wulong crucian carp(F_2)$4n$](♂), *C. auratus* red var(♀) × *C. auratus auratus*[wulong crucian carp(F_2)$2n$](♂) and *C. auratus auratus*(crucian carp white)(♀) × *C. carpio* var. molong(♂). The long diameter of erythrocyte of *C. carpio* (♀) × *C. auratus auratus*[wulong crucian carp(F_2)$4n$](♂), *C. auratus red* var. (♀) × *C. auratus auratus*[wulong crucian carp(F_2)$4n$](♂), *C. auratus red* var. (♀) × *C. auratus auratus* [wulong crucian carp(F_2)$2n$](♂) belonging to triploid type, and *C. auratus auratus*(crucian carp white) (♀) × *C. carpio* var. molong(♂) belonging to diploid type. Isozyme analyse revealed that both the wulong crucian carp(F_2)$4n$ and wulong crucian carp(F_2)$2n$ produced diploid spermatozoa, one of genome belonged to crucian carp and the other one belonged to common carp.

Key words: Hybrid progeny of crucian carp and common carp; Crucian carp; isozyme; Long diameter

[原载《水产科学》2012, 31(5)]

(团头鲂♀×翘嘴红鲌♂)杂种F₁的含肉率、肌肉营养成分及氨基酸含量

金万昆[1,2]，杨建新[2]，高永平[2]，张慈军[2]，俞 丽[2]

(1. 国家级天津市换新水产良种场，天津　301500；

2. 天津市宁河县水产科学研究所，天津　301500)

摘　要：采用国标生化分析方法对(团头鲂♀×翘嘴红鲌♂)杂种F₁的含肉率、肌肉营养成分(蛋白质、粗脂肪、水分、灰分)以及蛋白质的18种氨基酸进行了测定分析，结果表明该杂种的含肉率平均为84.38%，蛋白质含量为19.99%，脂肪含量为1.35%，灰分含量为1.40%，水分为77.19%，总氨基酸含量为18.59%，氨基酸含量中许多指标明显高于作为对照的几种经济鱼类。因此，杂种F₁可考虑作为一个新的养殖对象进行开发。

关键词：团头鲂；翘嘴红鲌；杂种F₁；含肉率；肌肉营养成分；氨基酸

(团头鲂♀×翘嘴红鲌♂)杂种F₁(以下简称鲂鲌杂种F₁)是国家级天津市换新水产良种场培育的属间杂交种，经过试验推广，表现出该杂种具有生长快、适应性强、肉质好、易饲养等优良特性，适于池塘养殖。有关鱼类含肉率、肌肉营养成分等的研究报道较多，但是相应的关于鲂鲌杂种F₁的含肉率、肌肉营养成分等的分析研究以前未系统地开展。本研究试图通过该杂种含肉率、肌肉营养成分等的测定分析，并与一些养殖对象进行比较，对其鱼肉品质及营养价值做出初步评价，以为确定该鱼的营养需求和人工配合饲料的研制提供理论依据。

1　材料与方法

1.1　试验材料

试验鱼为2004年11月采自国家级天津市换新水产良种场池塘培育的、体质健壮的2龄鱼，含肉率测定取样15尾，体长26.2～32.3cm，体重408～563g；肌肉营养成分取样6尾，体长27.3～32.8cm，体重423～539g。

1.2　测定方法

1.2.1　含肉率测定

先将鱼体用纱布擦干，测其体重，然后去鳃、鳞、内脏、骨骼及其他非肌肉部分，再测其净重，计算鱼体含肉率。

含肉率(%) = 去鳞、鳃、内脏、骨骼等后的净重/体重×100%

1.2.2　营养成分测定

分别依据 GB/T 14771—1993、GB/T 9695.7—1988、GB/T 9695.18—1988 和 GB/T 14769—1993 测定蛋白质、脂肪、灰分和水分。

1.2.3　18种氨基酸测定

色氨酸用 4.2mol/L 的 NaOH 水解，胱氨酸用过甲酸氧化法处理，其他氨基酸均用 6mol/L 的 HCl 水解处理，然后依据 GB/T 14965—1994 测定。

2　结果与分析

2.1　鲂鲌杂种F₁的含肉率

由表1可见，鲂鲌杂种F₁的含肉率明显高于丁鲹、美国大口胭脂、团头鲂，具有较高的食用价值。

表1　鲂鲌杂种 F_1 与几种鱼的含肉率比较(%)

项目	鲂鲌杂种 F_1	美国大口胭脂鱼	丁鲹	团头鲂
变 幅	79.58~87.54	69.3~72.9	70.7~75.7	68.7~71.7
平均值	84.38	71.91	72.4	70.69

2.2　鲂鲌杂种 F_1 的肌肉营养成分

由表2可见,蛋白质含量:鲂鲌杂种 F_1 >兴凯湖翘嘴红鲌>丁鲹>团头鲂>斑点叉尾鮰>美国大口胭脂鱼>黄颡鱼;粗脂肪含量:兴凯湖翘嘴红鲌>美国大口胭脂鱼>丁鲹>团头鲂>鲂鲌杂种 F_1 >黄颡鱼>斑点叉尾鮰;灰分含量:鲂鲌杂种 F_1 >兴凯湖翘嘴红鲌>丁鲹>斑点叉尾鮰>团头鲂>黄颡鱼>美国大口胭脂鱼;水分含量:黄颡鱼>团头鲂>丁鲹>鲂鲌杂种 F_1 >美国大口胭脂鱼>斑点叉尾鮰>兴凯湖翘嘴红鲌;其中鲂鲌杂种 F_1 蛋白质含量比兴凯湖翘嘴红鲌、丁鲹、团头鲂、斑点叉尾鮰、美国大口胭脂鱼、黄颡鱼分别高出 0.57、1.14、1.67、1.79、1.98 和 3.42 个百分点。

表2　鲂鲌杂种 F_1 与几种鱼肌肉营养成分比较(%)

鱼类	蛋白质	粗脂肪	灰分	水分
鲂鲌杂种 F_1	19.99	1.35	1.40	77.17
丁鲹	18.85	1.73	1.20	77.55
团头鲂	18.73	1.53	1.17	78.21
美国大口胭脂鱼	18.01	3.20	1.14	75.75
斑点叉尾鮰	18.20	0.43	1.18	75.66
黄颡鱼	15.37	1.61	0.16	82.40
兴凯湖翘嘴红鲌	19.42	4.06	1.26	75.50

2.3　鲂鲌杂种 F_1 肌肉中氨基酸组成及含量

由表3可见,鲂鲌杂种 F_1 肌肉中必需氨基酸总和稍低于兴凯湖翘嘴红鲌,而明显高于丁鲹、鳜鱼、美国大口胭脂鱼;鲜味氨基酸总量低于兴凯湖翘嘴红鲌,而明显高于丁鲹、美国大口胭脂鱼、鳜鱼;鲂鲌杂种 F_1 肌肉中氨基酸总量为 18.59%,低于兴凯湖翘嘴红鲌 0.02 个百分点,高于丁鲹 0.56 个百分点,高于美国大口胭脂鱼 1.75 个百分点,高于鳜鱼 1.93 个百分点。

表3　鲂鲌杂种 F_1 与几种鱼肌肉氨基酸含量比较(%)

氨基酸名称	鲂鲌杂种 F_1	兴凯湖翘嘴红鲌	鳜鱼	丁鲹	美国大口胭脂鱼
THR 苏氨酸	0.89	0.81	0.80	0.74	0.80
VAL 缬氨酸	1.14	0.96	0.85	0.75	0.82
MET 蛋氨酸	0.55	0.64	0.55	0.54	0.44
I LE 异亮氨酸	0.91	0.96	0.75	0.88	0.72
LEU 亮氨酸	1.63	1.64	1.46	1.58	1.50
PHE 苯丙氨酸	0.90	0.81	0.79	0.68	0.78
LYS 赖氨酸	1.65	1.76	1.58	2.03	1.60
TRP 色氨酸	0.14	0.22	—	—	—
ARG 精氨酸	0.99	1.07	1.21	1.20	1.26
HI S 组氨酸	0.42	0.59	0.37	0.54	0.40
必需氨基酸总和*	9.22	9.46	8.36	8.94	8.32
ASP 天门冬氨酸	2.10	1.84	1.79	1.77	1.86
GLU 谷氨酸	2.98	3.16	2.72	3.16	2.74

（续表）

氨基酸名称	鲂鲌杂种 F₁	兴凯湖翘嘴红鲌	鳜鱼	丁鱥	美国大口胭脂鱼
GLY 甘氨酸	0.91	1.09	0.83	0.87	1.02
ALA 丙氨酸	1.12	1.48	1.07	1.17	1.08
鲜味氨基酸总和	7.11	7.57	6.41	6.97	6.70
SER 丝氨酸	0.81	0.85	0.70	0.72	0.70
PRO 脯氨酸	0.59	0.26	0.52	0.56	0.48
CYS 胱氨酸	0.11	0.15	0.09	0.20	0.08
TYR 酪氨酸	0.75	0.32	0.58	0.64	0.56
氨基酸总和	18.59	18.61	16.66	18.03	16.84

3 小结

通过上述鲂鲌杂种 F₁ 的含肉率、肌肉营养成分和氨基酸含量等的测定分析，表明该属间杂种具有含肉率高、蛋白质含量高等优点，在生产中有一定的推广应用价值。

［原载《淡水渔业》2006，36（1）］

赤眼鳟(♀)与鳙(♂)杂交子代生物学特性*

金万昆,俞 丽,杨建新,高永平,朱振秀,赵宜双

(国家级天津市换新水产良种场,农业部天津鲤鲫鱼遗传育种中心,天津 301500)

摘 要:对赤眼鳟(*Squaliobarbus curriculus*)(♀)和鳙(*Aristichthys nobilis*)(♂)的杂交子一代(杂交F_1)与其父母本一、二龄鱼的生长性能进行比较,分析了杂交F_1的形态、染色体组型、倍性和红细胞大小。养殖环境分别为网箱和池塘。结果表明:该杂交组合双亲的配合力很高,连续两年试验受精率平均为59.65%,孵化率为84.93%,畸形率为4.09%,两年间分别获得鱼苗1.3万尾和7万尾。通过生长对照试验,杂交F_1一龄鱼网箱试验生长速率比母本慢25.32%,池塘试验比母本快41.80%,二龄鱼池塘试验生长速率比父母本都慢。测定了26项形态学性状,有23项偏向母本,3项偏向父本。染色体计数和红细胞长径测定,杂交F_1有二倍体和三倍体两种类型,分别是$2n = 48,16m + 28sm + 4t,NF = 92$ 和 $3n = 72,36m + 30sm + 6t,NF = 138$。测定了88尾杂交$F_1$红细胞长径,其中二倍体71尾,占80.68%;三倍体17尾,占19.32%。本研究旨在探讨鱼类远缘杂交的可能性和培育成养殖新品种的应用前景,并为鱼类远缘杂交理论提供基础资料。

关键词:赤眼鳟;鳙;杂交;子一代;配合力;生长性能;形态学;倍性

自20世纪50年代以来,国内外出现了较多有关鱼类杂交研究的报道,其中亚科间杂交国内报道的约有25项杂交组合,如鳙(*Aristichthys nobilis*)和团头鲂(*Megalobrama amblycephala*)间的正反交,鳙和草鱼(*Ctenopharyngodon idella*)间的正反交等[1~3],但亚科间杂交中未见有关赤眼鳟(*Squaliobarbus curriculus*)和鳙杂交的报道。赤眼鳟和鳙分属雅罗鱼亚科(Leuciscinae)和鲢亚科(Hypophthalmichthyinae)都是中国的重要养殖鱼类,赤眼鳟杂食性,有很强的抗病力和对环境的适应能力,但应激性强、善跳跃、易掉鳞受伤;鳙以浮游动物为食,生长快、易饲养、养殖成本低。两者在形态、生理、生态上差异较大,但两者的精卵亲和力较强,具有很好的可交配性,与散鳞镜鲤(*Cyprinu carpio* L. *mirror*)和团头鲂杂交组合[4]相似。本研究通过对赤眼鳟(♀)和鳙(♂)杂交组合双亲的配合力、杂交F_1的生长性能、形态学特征以及倍性等进行分析与观察,旨在探讨鱼类远缘杂交的可能性和培育成养殖新品种的应用前景,为鱼类远缘杂交理论提供基础材料。

1 材料与方法

1.1 实验鱼来源

分别于2006年6月24日和2007年6月11日选采天津市换新水产良种场培育的三龄赤眼鳟雌鱼7尾(平均体长32.5cm,平均体质量0.53kg),四龄鳙雄鱼2尾(平均体长65cm,平均体质量6.0kg),进行人工催产和人工授精。胸鳍基部注射催产药物,赤眼鳟一次注射,每kg体质量用LHRH - A_2 6.0μg + DOM4.0mg的混合液;鳙二次注射,第1针每kg体质量用LHRH - A_2 12.5μg;11h后注射第2针,每kg体质量用LHRH - A_2 7.0μg + HCG1500IU的混合液。注射后,将雌雄亲鱼分别放在室内水泥池(6.2m × 4m × 1.2m)内的两只网箱(4m × 1.5m × 1m)中,给予微流水刺激,当到达效应时间时,进行人工干法授精。两次试验分别获授精卵3.6万粒和12万粒,将其放入室内体积0.26m³的孵化桶中流水孵化,平均水温为26.5℃(最低25℃,最高

* 基金项目:天津市科技支撑计划项目(09ZCKFNC02100)

27℃)。用直径 16cm 的培养皿随机取卵,统计受精率、孵化率和畸形率。两次试验先后孵出杂交 F_1 鱼苗 1.3 万尾和 7 万尾。

1.2 杂交 F_1 生长性能和测验方法

杂交 F_1 的生长试验采用网箱和池塘两种方法。从水花至乌仔阶段用网箱培育。2006 年 6 月 30 日和 2007 年 6 月 16 日分别将孵化桶孵出的 1.3 万尾和 7 万尾鱼苗放入架设在 14# 池的网箱(4m×3m×1m,80 目)培育,每天投喂 2 次熟鸡蛋黄和黄豆浆的混合液(每 kg 干黄豆制成 18kg 豆浆,加 1 个熟鸡蛋黄),每次投喂 1 500ml。7d 更换 1 次网箱,培育 13d 后,共育成乌仔 4 090 尾和 22 000 尾,其中 90 尾和 100 尾用于网箱和池塘一龄鱼生长试验,另 4 000 尾和 21 900 尾,放入池塘培育,以保存该杂交 F_1。

1.2.1 一龄鱼生长试验(从乌仔至秋片鱼种)

采用网箱和池塘两种方法进行。其中网箱试验于 2006 年进行,从 8 月 2 日开始放入当年生杂交 F_1 和同龄赤眼鳟各 85 尾,每月测定 1 次生长数据,至 10 月 29 日结束,共计 88d。池塘试验于 2007 年进行,7 月 23 日随机取当年生杂交 F_1、同龄赤眼鳟和鳙各 100 尾,套养在面积约 2 500m²(合 3.75 亩)的当年鲤鱼种池中,10 月 25 日出池,称量体质量,统计成活率。网箱和池塘试验都采用常规的饲养方法。此外,将 2006 年对照剩余 4 000 尾杂交 F_1 乌仔于 7 月 13 日放入面积约 1 800m²(合 2.7 亩)、水深 0.8m 的池塘培育,观察杂交 F_1 在池塘的生长性能。前 20d 投喂黄豆浆,每亩每次用 1.75kg 干黄豆制成 32kg 的豆浆泼洒,每天 2～3 次。20d 后,投喂蛋白含量 38%～42% 的颗粒碎料(天津市换新水产良种场自制),日投饵量为鱼体总重的 7%～12%,至 10 月 24 日结束,共计 103d,育成秋片鱼种 1 143 尾,测定生长数据后,进行越冬,为下一年的生长试验留种。

1.2.2 二龄鱼生长试验

2007 年越冬出池后,于 4 月 15 日将尾均重 24.8g 的杂交 F_1、尾均重 16.13g 的赤眼鳟和尾均重 27.36g 的鳙各 60 尾,共 180 尾,放入同一只网箱(4m×3m×1m,40 目)作对照。于 6 月 3 日将网箱对照的品种转入面积约 933m²(合 1.4 亩)的池塘进行同塘生长试验。按照常规的饲养方法,

每天投喂和管理水质。每月测定 1 次生长数据,9 月 7 日出池,共 145d(2007 年出生的杂交 F_1 未做二龄鱼生长试验)。

每次测量随机取样 30 尾以上,试验结束时,计算净增重,然后根据公式计算增重率(WG),用 Excel 2007,SPSS 进行统计学分析。

$$WG(\%) = 100 \times (W_t - W_0)/W_0$$

式中:W_0—试验开始时鱼体质量(g);

W_t—试验结束时鱼体质量(g)。

1.3 形态学性状测定、数据统计与分析

2006 年 10 月和 2007 年 11 月,随机取当年生杂交 F_1、鳙和赤眼鳟各 20 尾,平均体长、体质量分别为(9.00±0.83)cm、(14.1±4.11)g;(10.89±1.05)cm、(39.48±11.65)g 和(11.85±0.72)cm、(22.9±3.61)g,进行各项形态学性状的测定和统计。测定的可量性状有全长、体高、体厚、尾柄长、尾柄高、吻端至背鳍前端的距离、尾鳍背部起点至背鳍后端距离、背鳍基部长、背鳍长、吻端至胸鳍基部前端距离、胸鳍长、胸鳍基部起点至腹鳍基部起点的距离、腹鳍长、腹鳍基部起点至臀鳍基部起点的距离、臀鳍基部长、臀鳍长、肠长、头长等 18 项并计算框架参数,然后分别计算这些形态参数与体长的比值,同时测量吻长、眼径、眼间距 3 项计算其框架参数,再分别计算这 3 个形态参数与头长的比值。测量参数精确到 0.01mm。测定的可数性状有背鳍、胸鳍、腹鳍、臀鳍分支鳍条数和侧线鳞数。

为了比较杂种与双亲相似程度,采用了Виригин 等(1979)提出的杂种指数[2],其公式为:

$$N = 2[(V_b - V_m)/(V_f - V_m) \times 100 - 50]$$

式中:N 表示杂种指数;V_b 表示杂种性状的平均值;V_m 表示母本性状的平均值;V_f 表示父本性状的平均值。N 为负值,表示杂种性状偏向于母本;N 为正值,表示杂种性状偏向于父本;N 为 100%,表示杂种性状完全偏向于母本或父本;N 为 0,表示杂种性状介于中间类型。

1.4 倍性的观察方法

1.4.1 染色体标本的制备和核型分析

实验鱼是当年网箱或池塘培育的一龄鱼,取 2006 年和 2007 年出生的杂交 F_1 各 9 尾(体长 9.44～13.2cm,平均 10.42cm;体质量 14～35g,平均 22.7g),实验前 1 周放入室内充氧的水族箱

(0.9m×0.4m×0.6m)中饲养,水温控制在(20±1)℃。暂养4d后参照林义浩方法[5]略有改进,在鱼的胸鳍基部注射小牛血清,剂量为每100g鱼体质量注射0.5ml;注射植物血球凝集素(PHA),剂量为每g鱼体质量注射1μg,12h后注射秋水仙素,剂量为每g鱼体质量1μg。3h后将鱼断尾放血,解剖鱼体,取出头肾,用生理盐水清洗数次,除去血块后置于装有生理盐水的培养皿中,用镊子反复撕碎,分散肾组织,然后过滤,取细胞悬浮液于离心管中,用1 000r/min离心5min,弃去上清液,沉淀物加入0.5% KCl低渗液并吹打均匀,室温下低渗40min,随后1 000r/min离心5min收集沉淀,加入新配置的卡诺氏液(冰醋酸:甲醇=1:3)固定15min后,再以1 000r/min离心5min,重复固定并离心2次,完成后弃去上清液,加入少量卡诺氏固定液制成悬液,将悬液保持一定高度滴在经过预冷的载玻片上,保证其充分均散,制成染色体标本,干燥后用Giemsa液染色20min,冲洗晾干,镜检。

染色体的分类和测量方法:将染色体玻片放于Nikon YS100双筒显微镜下观察,用Nikon COOLPIX4500数码相机通过显微摄影技术拍摄100个以上清晰分散良好的中期分裂相,计数每个中期分裂相的染色体数。选取10个具有代表性、分散好、没有重叠、长度适中、着丝粒清楚、两条染色体单体和形态清晰的分裂相,打印放大后进行染色体组型分析。计算每对染色体相对长度和臂比指数。染色体分类、分组的标准参照Levan等[6]提出的标准,臂比=长臂/短臂。染色体臂数(NF)的统计标准按Matthey[7]的方法,中部和亚中部着丝粒染色体的臂数计为2,亚端部和端部着丝粒染色体臂数计为1。

1.4.2　红细胞涂片制备与测量观察

2011年3月取培育的5龄杂交$F_1$88尾(尾均重为1750g)。从尾部静脉抽血后立即涂片,甲醇固定,Giemsa染色15min,空气干燥,中性树胶封片,每尾鱼制作3张血涂片。用显微镜观察红细胞的形态特征,在油镜下每尾鱼测量12个红细胞的大小。并求出每尾鱼红细胞长径的平均值和标准差,依据小野里坦[8]和董仕[9]的标准,判断杂交F_1的倍性。

2　结果与分析

2.1　杂交亲本的相容性和杂交F_1的生长性能

该杂交组合两次试验共用7尾雌鱼,3尾雄鱼,获得授精卵15.6万粒,受精率平均59.65%,孵化率平均84.93%,畸形率平均4.09%,两年共获杂交F_1鱼苗8.3万尾。说明该杂交组合两亲本有很高的可交配性和相容性。这是亚科间杂交组合中少见的,如表1所示。

表1　赤眼鳟(♀)×鳙(♂)出苗数、受精率、孵化率和畸形率

Tabel 1　Fry number and fertilization rate, hatching rate and abnormal rate of *S. curriculus*(♀)×*A. nobilis*(♂)in two years

时间 time	催产亲鱼/尾 broodstock		人工授精卵/ (×10⁴尾) artificial fertilized eggs	受精率/% fertilization rate	孵化率/% hatchability	畸形率/% malformation rate	出苗数/ (×10⁴尾) fry nos
	♀	♂					
2006	1	2	3.6	37.05	97.56	4.17	1.3
2007	6	1	12	82.25	72.29	4.00	7.0
平均 average				59.65	84.93	4.09	

2006年1龄鱼网箱生长对照实验88d,杂交F_1净增重3.55g,增重率为4.13%,赤眼鳟净增重2.32g,增重率5.53%,以增重率比较,杂交F_1比赤眼鳟生长慢25.32%,如表2所示。

2007年1龄鱼池塘生长对照试验94d,杂交F_1净增重63.78g,增重率280.97%,赤眼鳟净增重54.09g,增重率198.13%,鳙净增重302.91g,增重率770.76%,以增重率比较,杂交F_1比赤眼鳟生长

快41.8%,比鳙生长慢63.55%,如表3所示。

表2　2006年杂种 F_1 与母本赤眼鳟子代1龄鱼网箱生长对照结果

Tabel 2　Growth performance of F_1 hybrid and maternal line tested in cage at juvenile stage in 2006

群体 varieties	8月2日放养 Stocking on Aug. 2		9月4日 Sep. 4		10月10日 Oct. 10		10月29日 Oct. 29		净增重(g) net gain	增重率(%) WG	成活率(%) survival rate
	n	体质量(g) BW	n	体质量(g) BW	n	体质量(g) BW	n	体质量(g) BW			
杂种 F_1 hybrid F_1	85	0.86	76	3.904	71	4.423	74	4.41±1.06	3.55	4.13±1.23[a]	87.06
赤眼鳟 S. curriculus	85	0.42	74	2.324	67	2.780	67	2.74±0.93	2.32	5.53±2.21[b]	78.82

注:同一列数据不同上标表示差异显著($P<0.05$)

Note:Values with different superscript letters in the same column mean significant difference(P 了<0.05)

表3　2007年杂种 F_1 与父母本子代一龄鱼池塘生长对照结果

Tabel 3　Growth performance of F_1 hybrid and their parents tested in pond at juvenile stage in 2007

群体 variety	7月23日放养 stocking on July 23		10月25日出池 end on Oct. 25				净增重 net gain (g)	增重率(%) WG	成活率(%) survival rate
	n	体质量(g) BW	n	体质量(g) BW	体质量范围(g) BW range	体长范围(cm) BL range			
杂种 F_1 Hybrid F_1	100	0.227	78	64.01±18.04	24.3~99.0	11.2~17.9	63.78	280.97±79.48[a]	78
赤眼鳟 S. curriculus	100	0.273	67	54.36±11.79	32.7~82.9	13.0~16.4	54.09	198.13±43.20[b]	67
鳙 A. nobilis	100	0.393	82	303.30±51.7	153~370	16.9~25.6	302.91	770.76±131.56[c]	82

注:同一列数据不同上标表示差异显著($P<0.05$)

Note:Values in the same column with different superscript letters means significant difference($P<0.05$)

此外,在2006年7月13日将4 000尾杂交 F_1 乌仔与其他同日龄鱼苗共25 200尾放入一口面积约1 800m²(合2.7亩)的池塘同塘培育,10月24日出池,培育103d,获尾重18.19g的杂交 F_1 秋片1 143尾,饲养成活率为28.58%,从中保留954尾放入池塘越冬,越冬存活率为99.79%。

杂交 F_1 2龄鱼生长。2007年杂交 F_1 与父母本子代2龄鱼的生长试验从4月15日开始至9月7日结束,共145d,杂交 F_1 的增重率为7.01%,赤眼鳟为7.08%,鳙为24.52%。以增重率比较,杂交 F_1 比赤眼鳟生长慢0.99%,比鳙生长慢71.41%(2007出生的杂交 F_1 未做2龄鱼的生长对照试验),如表4所示。

表4　2007年杂种 F_1 与父母本子代2龄鱼的池塘生长对照试验结果

Tabel 4　Growth performace of F_1 hybrid and their parents tested in pond at two year stage in 2007

群体 varieties	4月15日放养 stocking on Apr. 15		平均体质量(g) mean BW			净增重 (g) net gain	增重率(%) WG	成活率(%) survival rate
	n	尾均重(g) mean BW	6月3日 Jun. 3	8月7日 Aug. 7	9月7日 Sep. 7			
杂种 F_1 hybrid F_1	60	24.80	27.29	120.87	198.77±53.78	173.97	7.01±2.17[a]	76.7
赤眼鳟 S. curriculus	60	16.13	18.84	94.20	130.89±52.71	114.17	7.08±3.27[a]	80.0

（续表）

群体 varieties	4月15日放养 stocking on Apr. 15		平均体质量/g mean BW			净增重（g） net gain	增重率（%） WG	成活率（%） survival rate
	n	尾均重(g) mean BW	6月3日 Jun. 3	8月7日 Aug. 7	9月7日 Sep. 7			
鳙 A. nobilis	60	27.36	30.07	413.46	698.33 ± 142.17	670.97	24.52 ± 5.20[b]	88.3

注：同一列数据不同上标表示差异显著(P < 0.05)

Note：Values in the same column with different superscript letters means significant difference(P < 0.05)

2.2 杂交 F_1 的形态学性状

杂交 F_1 为全鳞型个体，但鳞片大小呈现有两种类型，一种鳞片较大，侧线鳞 42～49 枚，侧线上鳞 7～11 枚，侧线下鳞 4～8 枚，另一种鳞片较小，侧线鳞 50～66 枚，侧线上鳞 9～13 枚，侧线下鳞 5～11 枚。

在 2006 年和 2007 年测定 26 项形态性状指数中，杂交 F_1 有 23 项指数为负值，偏向母本；3 项指数为正值，偏向父本，没有出现中间类型的性状。说明该杂交 F_1 是父、母本的杂交种，具有父母本的遗传基因，而且与其他鱼类一样受母本遗传的影响较大，如表 5 所示。

2.3 杂交 F_1 的倍性

2.3.1 染色体数及组型

根据 2006 和 2007 年对 18 尾鱼的测定结果，杂交 F_1 染色体数有 2 种类型，$2n = 48$ 和 $3n = 72$，即杂交 F_1 群体中有二倍体个体和三倍体个体。同时根据组型分析，体细胞染色体二倍数的个体有8 尾，配成中部着丝粒染色体（m）8 对；亚中部着丝粒染色体（sm）14 对，端部着丝粒染色体（t）2 对，核型公式为 $2n = 48, 16m + 28sm + 4t$，染色体臂数（NF）为 92，如图 1 所示。

体细胞染色体三倍数的个体有 10 尾，配成中部着丝粒染色体（m）12 对；亚中部着丝粒染色体（sm）10 对，端部着丝粒染色体（t）2 对，核型公式为 $3n = 72, 36m + 30sm + 6t$，染色体臂数（NF）为 138，如图 2 所示。

2.3.2 红细胞长径测量结果与倍性

两年测量 88 尾杂交 F_1 红细胞。长径在 11.15～14.95 μm，平均为 (12.55 ± 1.31) μm 的有 71 尾，为二倍体，占总尾数的 80.68%；而红细胞长径在 15.10～16.20 μm，平均为 (15.57 ± 0.32) μm 有 17 尾，为三倍体，占总尾数的 19.32%（图 3 和图 4）。测量红细胞长径判别的倍性与染色体分析的倍性是一致的。

表 5 赤眼鳟(♀)×鳙(♂)杂种 F_1 与父母本子代形态学性状的比较

Tabel 5 Morphological characteristics of F_1 *S. curriculus* (♀) × *A. nobilis* (♂) and their parents

项目 item	赤眼鳟 *S. curriculus*	杂种 F_1 hybrid F_1	鳙 *A. nobilis*	杂种指数 hybrid index
	可量性状占体长（%） body length occupied			
全长 total length	117.27 ± 3.15	122.72 ± 2.36	130.51 ± 3.40	−17.67
体高 body depth	20.59 ± 0.86	25.05 ± 1.20	33.66 ± 1.27	−31.75
体厚 body width	12.97 ± 0.61	14.03 ± 1.97	14.75 ± 1.15	−394.44
尾柄长 caudal peduncle length	18.42 ± 0.88	18.02 ± 1.24	13.25 ± 1.29	−116.77
尾柄高 caudal peduncle depth	10.56 ± 0.39	11.02 ± 0.76	11.65 ± 0.47	−246.03
吻端至背鳍前端的距离 length between snout tip and origin of dorsal fin	47.24 ± 2.31	48.73 ± 1.72	55.18 ± 1.54	−146.20

（续表）

项目 item	赤眼鳟 S. curriculus	杂种 F₁ hybrid F₁	鳙 A. nobilis	杂种指数 hybrid index
	可量性状占体长(%) body length occupied			
尾鳍背部起点至背鳍后端距离 length between dorsal origin of caudal fin and posteriorend of dorsal – fin base	38.47 ± 1.11	34.99 ± 1.96	34.44 ± 2.41	1165.45
背鳍基部长 length of dorsal – fin base	10.22 ± 0.42	11.01 ± 0.52	10.83 ± 0.55	777.77
背鳍长 dorsalfin length	20.75 ± 0.54	23.43 ± 1.02	25.02 ± 1.61	–437.11
吻端至胸鳍基部前端距离 length between snout tipand origin of pectoral – fin base	19.99 ± 0.88	24.47 ± 1.19	32.80 ± 0.88	–207.56
胸鳍长 pectoral – fin length	19.10 ± 0.46	22.25 ± 1.16	25.02 ± 1.33	–377.53
胸鳍基部起点至腹鳍基部起点的距离 length between origin of pectoral fin and origin of pelvic fin	27.81 ± 0.96	21.12 ± 1.21	19.72 ± 1.85	–1 055.71
腹鳍长 pelvic – fin length	15.05 ± 0.53	17.53 ± 0.79	19.80 ± 0.82	–318.50
腹鳍基部起点至臀鳍基部起点的距离 length between origin of pelvic fin and origin of anal fin	24.87 ± 1.07	25.31 ± 1.25	25.62 ± 1.00	–383.87
臀鳍基部长 length of anal – fin base	9.17 ± 0.54	10.59 ± 0.72	16.75 ± 1.38	–128.90
臀鳍长 anal – fin length	15.20 ± 0.51	15.36 ± 1.39	16.74 ± 0.80	–123.19
肠长 intestine length	143.55 ± 20.56	153.45 ± 58.04	55.18 ± 1.54	–79.95
头长 head length	19.71 ± 0.77	25.59 ± 1.27	33.91 ± 2.89	–241.35
项目 item	可量性状占头长(%) head length occupied			
吻长 snout length	25.77 ± 1.61	26.91 ± 3.48	33.06 ± 3.46	–137.07
眼径 eye diameter	24.41 ± 1.16	23.75 ± 2.08	18.73 ± 1.67	126.29
眼间距 interorbital width	43.43 ± 2.25	43.47 ± 3.42	50.75 ± 2.92	–98.90
项目 item	可数性状 countable index			
背鳍分支鳍条数 dorsal – fins ray number	7.05 ± 0.22	7.00 ± 0.00	7.17 ± 0.39	–41.18
胸鳍分支鳍条数 pectoral – fins ray number	15.10 ± 1.02	16.30 ± 0.86	17.58 ± 0.90	–287.50
腹鳍分支鳍条数 pelvic – fins ray number	7.75 ± 0.44	8.00 ± 0.00	8.00 ± 0.00	–100
臀鳍分支鳍条数 anal – fin ray number	7.85 ± 0.37	8.50 ± 0.51	11.83 ± 0.72	–139.04
侧线鳞 scales number on lateral line	46.35 ± 1.04	54.80 ± 5.00	103.00 ± 1.41	–135.06

图1　杂种 F_1 二倍体染色体分裂相及核型

Figure 1　Karyotype characteristics in diploid F_1 hybrid

图2　杂种 F_1 三倍体染色体分裂相及核型

Figure 2　Karyotype characteristics in triploid F_1 hybrid

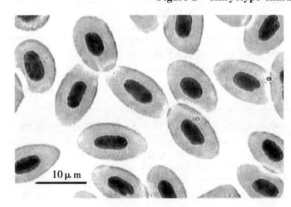
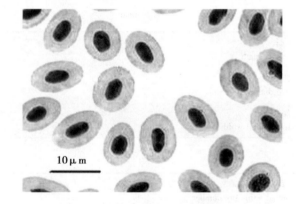

图3　杂种 F_1 三倍体鱼红细胞大小	图4　杂种 F_1 二倍体鱼红细胞大小
Figure 3　Red blood cell size in triploid F_1 hybrid	**Figure 4　Red blood cell size in diploid F_1 hybrid**

3　讨论

3.1　杂交组合亲本的相容性(可交配性)及杂交 F_1 形态学性状

近年来,鲤科范围内的亚科间杂交有不少报

道,如鳙(♀)×团头鲂(♂)及其反交、鳙(♀)×草鱼(♂)及其反交等约25个组合[1],但一般认为绝大多数属间以上杂交相容性都很低,虽然杂种胚胎可以发育,但是发育不正常,大部分胚胎在孵化期前后陆续死亡,孵化率极低。有的虽能孵出苗,但后期发育仍不正常[1]。但新近从受精细胞学的研究证实,亚科间杂交可以有正常的受精程序,如草鱼(♀)×三角鲂(♂)、鳙(♀)×草鱼(♂)等。亚科间杂种形态学研究也表明,多数杂种具有双亲的特征[1]。本研究中赤眼鳟(♀)×鳙(♂)和已报道的散鳞镜鲤(♀)×团头鲂(♂)[4]、框鳞镜鲤(♀)×青鱼(♂)[10]杂交实验,其双亲在精卵结合上是相容的,它们的受精率和孵化率都很高。散鳞镜鲤(♀)×团头鲂(♂)杂交,用29尾3龄散鳞镜鲤雌鱼,33尾3龄团头鲂雄鱼,获得受精卵2 020万粒,受精率平均为94.3%,孵化率84.9%,孵出鱼苗1 700余万尾,杂交 F_1 的形态学指标有20项偏向母本,6项偏向父本[4,11,13]。框鳞镜鲤(♀)×青鱼(♂)杂交用20尾4龄框鳞镜鲤雌鱼,4尾7龄青鱼雄鱼,获受精卵860万粒,受精率92.3%,孵化率56.1%,孵出鱼苗348万尾,杂交 F_1 的形态学指标有19项偏向母本,4项偏向父本[13]。本试验的赤眼鳟(♀)×鳙(♂)杂交情况的受精率、孵化率以及杂种的形态学性状与父母本的相似程度与上两组合基本相同。由此可以认为亚科间杂交,一些组合双亲在精卵结合上可相容,而且其杂种具有来自双亲的遗传物质,在形态学上表现出双亲的特征,这是实际试验的结果。

从2002年以来,天津市换新水产良种场曾做了163项淡水鱼类亚科间杂交,在框鳞镜鲤(♀)×团头鲂(♂)、框鳞镜鲤(♀)×青鱼(♂)、墨龙鲤(♀)×麦穗鱼(♂)、圆腹雅罗鱼×团头鲂正反交、团头鲂(♀)×黄尾密鲴(♂)、赤眼鳟(♀)×鲢(♂)、红鳍鲌(♀)×鲢(♂)、鲢(♀)×麦穗鱼(♂)、鳙(♀)×团头鲂(♂)等19项杂交组合[13],都获得了成活的杂种后代。我们统计上述亚科间杂交组合,发现如果母本的染色体数量多于父本,或父母本染色体数量相等,则杂交双亲是相容的,杂交是可以成功的,并能获得有生命力的杂种。因为,在脊椎动物中,鱼类的受精生物学特征是最为特别的。鱼类的染色体组具有极大的"可塑性",卵核往往可被亲缘关系很远的精核启动并与之融合形成合子。杂种胚胎在这种杂种合子的调控下进行分裂和发育[12]。

3.2 杂交 F_1 的多倍体现象

在鲤科鱼类的远缘杂交中,已发现有些组合,特别是亚科间的杂交,形成杂种多倍体。这些杂交组合的二倍体杂种胚胎大多数发育不正常,且绝大部分在孵化期前后死亡。我们在研究草鱼与团头鲂的杂交时,发现杂交二倍体绝大部分在孵化期前后或夏花出塘时死亡。但是,Beck 和 Biggers(1980)发现,雌性草鱼与鳙杂交组合中有三倍体杂种。刘思扬[12]在进行草鱼卵子和三角鲂(M. terminalis)精子的受精细胞学研究时,也发现具有两套草鱼染色体和一套三角鲂染色体的杂种三倍体。本研究的情况与他们的研究相似。赤眼鳟(♀)×鳙(♂)杂交 F_1 中出现二倍体和三倍体两种染色体类型,二倍体杂种占群体的80.68%,三倍体占19.32%,没有发现二倍体杂种在孵化期前后或夏花出塘时死亡。我们在2003年和2006年进行的属间杂交,如团头鲂(♀)×翘嘴红鲌(♂)、赤眼鳟(♀)×草鱼(♂)、赤眼鳟(♀)×青鱼(♂)等组合,杂交 F_1 中也出现二倍体杂种和三倍体杂种,也没有发现二倍体杂种在孵化期前后或夏花出塘时死亡。而框鳞镜鲤(♀)×团头鲂(♂)和框鳞镜鲤(♀)×青鱼(♂)两个杂交组合,杂交 F_1 都是三倍体[13]。上述情况出现的原因,即一些杂交组合中,杂交 F_1 中出现二倍体杂种和三倍体杂种,而没有出现二倍体杂种的死亡,而另一些杂交组合杂交 F_1 则完全是三倍体,其机理目前尚不清楚,但同工酶的分析结果说明,三倍体的产生是由于杂交二倍体的父母本的等位基因之间原来存在着不协调,或相互抑制,但母本染色体加倍以后,一方面母本的基因剂量加倍,使其产物的产量接近正常二倍体的量,二倍体是减数分裂雌核发育(卵细胞成熟时,染色体减数消失)[2]。另一方面也排除了父本基因的干扰,使得杂种胚胎得以正常发育。

3.3 杂交 F_1 的生长性能

远缘杂交理论上杂种后代一般在生长、遗传、成活率、抗病力和性别比例等经济性状方面具有杂种优势,但实际情况并不都是这样。远缘杂交中的种间杂交在生长、抗性等方面可能具有杂种优势,但属间以上杂交,我们还没有见到生长速度上具有杂种优势的杂交组合。从2002年以来,我们做了100余个属间以上杂交组合,在生长速度上都介于双亲之间,有些组合由于抗病性强,池塘饲养成活率高,虽然生长稍慢于亲本,但饲养成活率高,养殖产量提高了,通过产量补偿,生长超过了双亲,如散鳞镜鲤(♀)×团头鲂(♂)杂交组合。本研究中赤眼鳟(♀)×鳙(♂)杂交 F_1 的一龄鱼生长网箱试验比母本赤眼鳟慢25.32%、但池塘试验比母本快41.8%,二龄鱼池塘试验比父母本都慢,因此,该组合的育种前景需要认真考虑,并需要进行更深一步的研究以对其优势与劣势进行分析。

参考文献

[1]楼允东,李小勤.中国鱼类远缘杂交研究及其在水产养殖上的应用[J].中国水产科学,2006,13(1):151~158.

[2]张兴忠,仇潜如,陈曾龙.鱼类遗传与育种[M].北京:农业出版社,1988.

[3]李骏珉.鱼类遗传与育种[M].北京:农业出版社,1988.

[4]金万昆,朱振秀,王春英,等.散鳞镜鲤(♀)与团头鲂(♂)亚科间杂交获得高成活率后代[J].中国水产科学.2003,10(2):159.

[5]林义浩.快速获得大量鱼肾细胞中期分裂相的 PHA 体内注射法[J].水产学报,1982,6(3):201~204.

[6]Levan A. Fredya K. Sandberg A A. Nomenclature for centromeric position on chromosome.[J]. Hereditas,1964,52(2):201~220.

[7]Matthey R. The chromosome formulae of eutherian mammals[M]. NewYork:Academie press, 1973.

[8]小野里坦,鸟泽雅,草间政幸.北海道に於ける倍数体フナの分布[J].鱼类学杂志,1983,30:184~190.

[9]董仕.细胞生物学综合实验(王振英主编)[M].天津:天津科学技术出版社,2008.

[10]金万昆,俞丽,杨建新,等.框鳞镜鲤♀×青鱼♂杂种 F_1 胚胎发育和仔鱼早期发育初步研究[J].水产学报,2006,30(1):21~26.

[11]金万昆,朱振秀,王春英,等.框鳞镜鲤(♀)×团头鲂(♂)杂交及其杂种 F_1 的形态学特征[J].淡水渔业,2003,33(5):16~18.

[12]吴清江,桂建芳.鱼类遗传育种工程[M].上海:上海科学技术出版社.1999.

[13]金万昆.淡水鱼类远缘杂交实验报告[M].北京:中国农业科学技术出版社.2009.

Biological characteristics of F_1 Hybrid generations from *Squaliobarbus curriculus*(♀) × *Aristichthys nobilis*(♂)

Jin Wankun,Yu Li,Yang Jianxin,Gao Yongping,Zhu Zhenxiu,Zhao Yishuang

(National Level Tianjin Huanxin Excellent Fisheries Seed Farm,The Genetics and Breeding Center for Crucian Carp in Tianjin,The Ministryof Agriculture,Tianjin 301500,China)

Abstract:*Squaliobarbus curriculus*(♀) × *Aristichthys nobilis*(♂) F_1 is a hybrid between subfamilies. This paper compares the growth performance of the F_1 with that of the offspring of both parent species,at the juvenile stage and 2 – year stage,in cages and in ponds. The morphological features,karyotype,ploidy and size of erythrocytes of the F_1 were also analyzed. The combining ability of the hybrid parents was very high and,over 2 years,the average fertilization rate was 59. 65% ,the average hatching rate of their offspring was 84. 93% ,and the malformation rate was 4. 09% . A total of 13 000 fry was obtained in the first year and 70 000 fry were obtained in the second year. The growth rate of the 1 – year hybrid F_1 in cages was 25. 32% lower than that of its female parent,but was 41. 8% higher in ponds. However,the growth rate of the 2 – year hybrid

F_1 in ponds was lower than that of its parents. Twenty six morphological features were measured, 23 of which resembled the female parent and three of which tended towards the male parent. Chromosome counts and measurements of the major diameter of erythrocytes, indicated that the F_1 individuals were of two types, diploid and triploid (diploid: $2n = 48$, $16m + 28sm + 4t$, NF = 92; triploid: $3n = 72$, $36m + 30sm + 6t$, NF = 138). From erythrocyte measurements on 88 fish, 80.68% (71) of the F_1 were diploid and 19.32% (17) were triploid. The presence of both diploids and triploids in hybrid groups has rarely been reported, previously. This research aimed to provide a theoretical basis for the theory and practice of distant hybridization of fish.

Key words: *Squaliobarbus curriculus*; *Aristichthys nobilis*; Hybird; F_1; Combining ability; Growth; Morphology; Ploidy

[原载《中国水产科学》2012,19(4)]

赤眼鳟(♀)×鳙(♂)杂交子一代的人工繁殖[*]

金万昆[1,2]，俞 丽[1,2]，杨建新[1,2]，朱振秀[1,2]，高永平[1,2]，赵宜双[2]，张慈军[2]，岳金亮[2]

(1. 农业部天津鲤鲫鱼遗传育种中心，天津 301500；

2. 国家级天津市换新水产良种场，天津 301500)

摘 要：为了探讨鱼类远缘杂交如何获得可育的后代和加快选育出养殖新种类，从71尾6龄的赤眼鳟(*Squaliobarbus curriculus*)(♀)和鳙(*Aristichthys nobilis*)(♂)亚科间杂种 F₁ 的二倍体群体中挑选雌雄亲鱼各9尾进行人工催产，发现它们能在产卵池中自行产卵，获得吸水膨胀后的卵子约30万粒。采用人工授精的方法进行了杂种 F₁ 自交，杂种 F₁(♀)与赤眼鳟(♂)和鳙(♂)的回交，杂种 F₁(♀)与黄尾鲴(*Xenocypris davidi*)(♂)和青鱼(*Mylopharyngodon piceus*)(♂)的杂交试验。试验结果：9尾杂种 F₁ 共获得成熟卵粒258.6万粒，各组合的受精率为23.60%~66.41%，孵化率为5.0%~35.30%，畸形率为38.55%~87.00%，并且获得了自交、回交和杂交子代。结果表明，该亚科间杂种可育。

关键词：赤眼鳟；鳙；杂交子一代；亚科间杂交；自交；回交；人工繁殖

杂交作为最经典的鱼类育种方法之一，在水产养殖中的应用较为广泛。近缘杂交(品种内或品种间杂交)已使现有鱼类品种的有利基因得到充分利用，潜力已经不大，且其变异幅度有限，无法解决现代育种学提出的更高要求。远缘杂交是指种间、属间乃至亲缘关系更远的生物类型之间的杂交。远缘杂交有可能将不同种、属、科生物的优良性状通过杂交综合于杂种中，在鱼类育种中较易实现，可以显著地扩大和丰富鱼类育种的基因库，促进种间基因的交流，引入异种的有利基因，因而能够创造出前所未有的新变异种类，甚至合成新的物种。鱼类远缘杂交的等级分为目间杂交[1]、科间杂交[2~3]、亚科间杂交[4~5]、属间杂交[6~10]和种间杂交[11~18]。鲤科鱼类不同亚科之间以及同一亚科不同属之间的很多杂交组合具有杂种优势[19]。国内外学者进行了大量的鱼类远缘杂交试验，涉及诸多杂交组合。研究结果表明，亚科间杂种大多数完全不育[20~21]，但也有亚科间杂种可育的报道[22~23]。吴维新等[24]用兴国红鲤(♀)×草鱼(♂)杂交，结果获得可育的异源四倍体杂种，这为解决亚科间杂种为不育三倍体的情况提供了新的途径，从而使亚科间远缘杂交纳入

育种范围成为可能。赤眼鳟(*Squaliobarbus curriculus*)和鳙(*Aristichthys nobilis*)均为我国重要的淡水养殖鱼类，分属于雅罗鱼亚科(*Leuciscinae*)和鲢亚科(*Hypophthalmichthyinae*)，两者杂交已有报道，杂交后精卵的亲和力较强，具有很好的可交配性[25]，但尚无对该杂种子代可育性的探讨。本研究中，F₁ 是天津市换新水产良种场于2006年6月杂交获得并饲养培育的，于2012年6月挑选性腺发育较好的二倍体杂种 F₁ 雌雄鱼各9尾进行人工催产，采用人工授精的方法，以杂种 F₁ 为亲本进行自交；以 F₁ 为母本，与赤眼鳟(♂)和鳙(♂)回交，与黄尾鲴(*Xenocypris davidi*)(♂)、青鱼(*Mylopharyngodon piceus*)(♂)分别杂交，观察了自交、回交、杂交组合受精卵的发育情况，旨在进一步探讨鱼类远缘杂交如何获得可育的后代和加快选育出养殖新种类，为鱼类远缘杂交理论的创新应用提供基础资料。

1 材料和方法

1.1 试验鱼

试验鱼均来自天津市换新水产良种场。二倍

* 基金项目：国家科技基础条件平台-水产种质资源平台；天津市科技支撑计划项目(09ZCKFNC02100)

体杂种 F_1 是 2006 年 6 月以赤眼鳟为母本,鳙为父本杂交获得的子代,经 6 年的饲养培育保留下来,共 71 尾。2012 年 6 月 12 日,从中选出腹部膨大、柔软、生殖孔开口微红的雌鱼 9 尾(体长 42.5 ~ 54.5cm,体质量 2.5 ~ 3.5kg,总体质量 24kg)和胸鳍雄性性状明显的雄鱼 9 尾(体长 42.5 ~ 54.5cm,体质量 1.5 ~ 2.5kg,总体质量 17.5kg),放在室内产卵池中(面积 80.7m²,水深约 0.8m)暂养,给予微流水刺激。挑选 6 龄鳙雄鱼 4 尾(体长 84cm,体质量 13.38kg)、5 龄赤眼鳟雄鱼 6 尾(体长 34.5cm,体质量 0.85kg)、5 龄黄尾鲴雄鱼 5 尾(体长 29.5cm,体质量 0.7kg)、8 龄青鱼雄鱼 3 尾(体长 100cm,体质量 15.67kg)分别放入室内水泥池(6.2m × 4.0m × 1.2m)内暂养,给予微流水刺激。

1.2 人工催产

2012 年 6 月 12 日,对选出的杂种 F_1 雌、雄鱼,鳙、赤眼鳟、黄尾鲴和青鱼雄鱼进行人工催产。催产药物用 LHRH 和 DOM 的混合液,雌、雄鱼均采用胸鳍基部注射,剂量相同,注射 2 次,第 1 次注射每千克体质量用 LHRH 3.0μg,第 2 次每千克体质量用 LHRH 9.0μg + DOM 5.0mg。注射后,亲鱼仍放回原池或网箱,并给予微流水刺激。这时,水温在 25 ~ 27℃,催产的效应时间(从催产到排卵的时间)8 ~ 9h。为了便于人工授精,第一次注射时间选在晚上 8:00,第二次注射时间在次日凌晨 2:00。这样,第二天上午 8:00 ~ 9:00 即可进行人工授精。

1.3 自产

杂种 F_1 雌、雄鱼人工催产后放入室内产卵池中。产卵池面积 80.7m²,椭圆形,砖砌,外抹水泥,底铺瓷砖。池底中央有一直径 30cm 的圆形出水口与一暗管连接,暗管通至池外一个长方形池,管口与设在池中的接卵箱袖口相接。产卵池上方设有两个进水管,便于冲水和换水。亲鱼产卵后,受精卵随着水流经过暗管进入接卵箱。产卵结束后,对接卵箱中的受精卵收集后称重,然后放入孵化桶中孵化。

1.4 人工授精和孵化

亲鱼经人工催产后到达效应时间时,可将雌、雄鱼从池中或网箱中捕出,放在可露出生殖孔的鱼夹中,轻压雌鱼腹部,能顺利流出卵粒时即可进行人工授精。3 ~ 5min 后,将自交、回交、杂交所得的受精卵分别放入直径 100cm,体积 0.26m³ 的孵化桶中流水孵化。平均水温为 26.2℃(最低 25℃,最高 27℃)。用直径 16cm 的培养皿随机取卵,统计受精率、孵化率、畸形率。计算公式如下:

$$受精率(\%) = \frac{受精卵粒数}{检查卵的总数} \times 100 \qquad (1)$$

$$孵化率(\%) = \frac{出膜仔鱼数}{受精卵总数} \times 100 \qquad (2)$$

$$畸形率(\%) = \frac{孵出鱼苗中畸形鱼苗的数量}{孵出鱼苗总数} \times 100 \qquad (3)$$

2 结果

2.1 杂种 F_1 自产及受精卵孵化情况

杂种 F_1 注射催产剂后放入产卵池中,次日早晨 7:00 左右发现有伴游、产卵迹象,7:20 从集卵箱获吸水卵约 30 万粒,放入孵化桶孵化。22:30 检查孵化桶中的受精卵,用 OLYMPUS 解剖镜观察,仅发现 3 粒受精卵,2d 后共孵出 2 尾,但鱼苗均为畸形,2d 后全部死亡。

2.2 杂种 F_1 人工受精情况及受精卵质量与数量

人工授精用了雌鱼 8 尾。8 尾雌鱼人工挤卵十分顺利,其中,自交试验用了 1 尾雌鱼,5 尾雄鱼;与鳙鱼的回交试验用了 4 尾雌鱼,1 尾雄鱼;与赤眼鳟的回交试验用了 1 尾雌鱼,3 尾雄鱼;与黄尾鲴的杂交试验用了 1 尾雌鱼,3 尾雄鱼;与青鱼的杂交试验用了 1 尾雌鱼,2 尾雄鱼。每尾雌鱼体内的成熟卵基本挤空,共挤出成熟卵子 227.64 万粒,加上自产卵约 30 万粒,共 258.64 万粒,平均每千克杂种 F_1 获卵 10.78 万粒(表 1)。

杂种 F_1 刚排出的成熟卵呈圆球状,青蓝色,表面具光泽,卵径(0.978 ± 0.028)mm。受精后 1 ~ 2min,卵逐渐吸水膨胀形成卵周隙,卵径为(3.61 ± 0.039)mm,为浮性卵。雄鱼的精液无色透明,用 NikonYS100 双筒显微镜观察,有精子活动,但数量不多。

表 杂种 F_1 自交,与鳙、赤眼鳟回交以及和黄尾鲴、青鱼杂交的试验结果

组合	催产亲鱼(尾)		成熟卵子 ($\times 10^4$ 粒)	受精率(%)	孵化率(%)	畸形率(%)	出苗数 ($\times 10^4$ 尾)
	♀	♂					
F_1♀ × F_1♂	1	5	20.28	23.60	29.85	65.10	约0.2
F_1♀ × 鳙♂	4	1	82.92	46.26	10.60	38.55	约2
F_1♀ × 赤眼鳟♂	1	3	35.40	51.20	35.30	48.65	约3
F_1♀ × 黄尾鲴♂	1	3	52.08	66.41	10.00	87.00	0.03
F_1♀ × 青鱼♂	1	2	36.96	57.14	5.00	85.29	0.05

2.3 杂种 F_1 的自交、回交和杂交试验结果

如表所示,杂种 F_1 自交试验获得自交成熟卵子 20.28 万粒,其受精率为 23.60%,孵化率为 29.85%,畸形率很高,为 65.10%,获得仔鱼约 0.2 万尾。

杂种 F_1(♀)× 鳙(♂)和 F_1(♀)× 赤眼鳟(♂)的回交试验,分别获得回交卵 82.92 万粒和 35.40 万粒,受精率分别为 46.26% 和 51.20%,孵化率分别为 10.60% 和 35.30%,畸形率分别为 38.55% 和 48.65%,出苗数分别约为 2 万尾和 3 万尾。

杂种 F_1(♀)× 黄尾鲴(♂)和 F_1(♀)× 青鱼(♂)的杂交试验,两个杂交组合的受精率分别为 66.41% 和 57.14%,孵化率分别为 10.00% 和 5.00%,畸形率分别为 87.00% 和 85.29%,出苗数分别为 300 尾和 500 尾。

3 讨论

鱼类远缘杂交是近几十年来在近缘杂交的基础上发展起来的,因为能够创造出前所未有的新变异种类,甚至合成新的物种,所以,近年来该杂交技术越来越受到世界各国鱼类育种学家和生产企业的重视。我国的鱼类育种学家实现了多种鱼类的远缘杂交,但由于远缘杂交表现杂种优势的组合不多,杂种的可育性十分复杂,以及杂种子代培育成新品种的途径长远等缘故,致使获得新变异种类或合成新物种的成功范例至今仍较为罕见。国家级天津市换新水产良种场一直致力于研究鱼类近缘杂交和远缘杂交,经两年的连续试验,对杂种 F_1(赤眼鳟♀×鳙♂)的生长性能、形态学特征以及倍性等进行了分析[25]。本研究通过对 F_1 进行自交、回交以及与黄尾鲴和青鱼进行杂交的试验,探讨了杂种 F_1(赤眼鳟♀×鳙♂)的可育性,以期为鱼类远缘杂交理论创新应用提供基础资料。

鱼类远缘杂种实际应用的关键一环是其可育

性。尼科留金提出,杂交鱼类在生育方面有着各种各样的差异,有的是完全可育的,有的是障碍性能育的,有的则是完全不育的[19]。杂种能育力的大小与其亲本的能育力及交配鱼类在分类学上的亲缘关系并不总是相关的。从国内外已报道的 20 个属内的种间杂交来看,F_1 均为完全可育,即杂种的雌雄性腺都能发育成熟,并繁殖后代;属间杂种的情况比较复杂,有完全可育的,有完全不育的,也有单个性别可育的;亚科间杂种大多数完全不育,如草鱼(♀)× 三角鲂(♂)[20] 和草鱼(♀)× 团头鲂(♂)[21],也有可育的,如吴维新、李传武用鲤(♀)× 草鱼(♂)杂交获得可育的四倍体子代,雌、雄两性均可育[23]。

鱼类远缘杂交不育,是因为杂种性细胞发生中,细胞内要经过一次减数分裂,即由体细胞的二倍染色体($2n$)经减数分裂形成性细胞(配子)的单倍染色体(n),不能形成正常的二价染色体,从而产生了染色体不平衡的配子,这是杂种不育的主要原因之一。这类不育型叫染色体不育性。在这种不育型中,有一种是由于染色体数量不平衡而引起的不育性。数量不平衡的杂种,在减数分裂时会出现一价染色体和多价染色体,结果使配子所含有的染色体数与正常的配子有所不同,亦即形成异数性配子,从而引起不育。

本研究的(赤眼鳟♀×鳙♂)杂种 F_1 及两亲本均为二倍体,通过人工繁殖试验证明,该亚科间杂种是可育的,杂种 F_1 卵子的发育质量很好,怀卵量也很多,在人工催产后,放入产卵池,杂种可以自行产卵,但由于雄鱼精液质量不好,未获得仔鱼;而通过人工授精方法获得了自交、回交和与黄尾鲴、青鱼的子代,尤以自交和回交获得的子代较多。这些结果说明,亚科间杂交的一些杂种是可育的。这为鱼类遗传学理论增添了新的资料。按照远缘杂交设计的目标,下一步是如何把远缘杂种的自交、回交及杂交子代培育成新的变异种类

或新的物种,为鱼类远缘杂交生产应用探索一条可行的路子。

参考文献

[1]长江水产研究所.家鱼人工繁殖技术[M].北京:农业出版社,1973.

[2]俞菊华,夏德全,杨弘,等.奥利亚罗非鱼(♀)与鳜(♂)杂交后代的形态[J].水产学报,2003,27(5):431-435.

[3]杨弘,夏德全,刘蕾,等.奥利亚罗非鱼(♀)、鳜(♂)及其子代间遗传关系的研究[J].水产学报,2004,28(5):594-598.

[4]金万昆,朱振秀,王春英,等.散鳞镜鲤(♀)与团头鲂(♂)亚科间杂交获得高成活率杂交后代[J].中国水产科学,2003,10(2):159.

[5]金万昆,朱振秀,王春英,等.框鳞镜鲤(♀)与团头鲂(♂)杂交及其杂种F₁的形态学特征[J].淡水渔业,2003,33(5):16-18.

[6]任丽珍,程利民,徐建荣,等.鳡鱼(♂)和赤眼鳟(♀)杂交F₁胚胎发育研究[J].淡水渔业,2011,41(4):89-95.

[7]吴维新,曾国清,李传武,等.鲫鲤杂交子代败育的细胞遗传学研究[J].中国水产科学,1999,6(3):94-95.

[8]陈道印.远缘鲫(日本白鲫♀×兴国红鲤♂)人工繁育获得成功[J].动物学杂志,2000,35(4):60-61.

[9]冯浩,刘少军,张轩杰,等.红鲫(♀)与湘江野鲤(♂)F₂和F₃的染色体研究[J].中国水产科学,2001,8(2):1-4.

[10]徐革锋,杜佳,张永泉,等.哲罗鱼(♀)与细鳞鱼(♂)杂交种胚胎及仔稚鱼发育[J].中国水产科学,2010,17(4):630-636.

[11]李炎璐,王清印,陈超,等.云纹石斑鱼(♀)×七带石斑鱼(♂)杂交子一代胚胎发育及仔稚幼鱼形态学观察[J].中国水产科学,2012,19(5):821-832.

[12]王超明,邹桂伟,罗相忠,等.大口鲇(♀)与鲇鱼(♂)的杂交试验[J].淡水渔业,2004,34(6):41-43.

[13]叶星,谢刚,许淑英,等.广州鲂(♀)×团头鲂(♂)杂交子一代及其双亲同工酶的比较[J].上海水产大学学报,2001,10(2):118-122.

[14]叶星,谢刚,祈宝伦,等.广州鲂(♀)×团头鲂(♂)杂交子一代及其双亲染色体组型的分析[J].大连水产大学学报,2002,17(2):102-107.

[15]杨怀宇,李思发,邹曙明.三角鲂与团头鲂正反交F₁的遗传性状[J].上海水产大学学报,2002,11(4):305-309.

[16]王卫民,严安生,张志国.黄颡鱼♀×瓦氏黄桑鱼♂的杂交研究[J].淡水渔业,2002,32(3):3-5.

[17]Liua J,Liu Y,Zhou G J,et al. The formation of tetraploid stocks of red crucian carp × common carp hybrids as an effect of interspecific hybridization[J]. Aquaculture,2001,192:171-186.

[18]王峰.江黄颡鱼、黄颡鱼、粗唇鮠及其杂交F₁代形态差异分析[J].中国农学通报,2013,29(2):36-43.

[19]楼允东.鱼类育种学[M].北京:中国农业出版社,1999.

[20]刘思阳,李素文.三倍体草鲂杂种及其双亲的红细胞(核)大小和DNA含量[J].遗传学报,1987,14(2):142-148.

[21]刘思阳.三倍体草纺杂种与双亲性腺发育的比较观察[J].淡水渔业,1988(4):27-28.

[22]湖南师范学院生物系.草鱼(♂)鳙(♀)杂交试验的初步结果和受精细胞学的研究(摘要)[J].淡水渔业科技动态,1973(6):2-4.

[23]吴维新,李传武,刘国安,等.鲤与草鱼杂交四倍体及其回交三倍体草鱼杂种的研究[J].水生生物学报,1988,12(4):355-363.

[24]吴维新,林临安,徐大义.一个四倍体杂种——兴国红鲤×草鱼[J].水生生物学集刊,1981,7(3):433-436.

[25]金万昆,俞丽,杨建新,等.赤眼鳟(♀)与鳙(♂)杂交子代的生物学特性[J].中国水产科学,2012,19(4):611-619.

框鳞镜鲤(♀)×团头鲂(♂)杂交及其杂种 F_1 的形态学特征

金万昆,朱振秀,王春英,余勇奇,王绍全,赵宜双

(国家级天津市换新水产良种场,天津　301500)

2002 年 6 月 17 日和 24 日,在进行鱼类远缘杂交时,发现框鳞镜鲤雌鱼与团头鲂雄鱼两亚科间杂交,其杂种表现出很高的成活率。框鳞镜鲤和团头鲂属于鲤科中的两个不同亚科,这两个亚科间的杂交曾报道过鲤♀×团头鲂♂的杂交。

本文报道的框鳞镜鲤♀与团头鲂♂的亚科间杂交,两次实验共获受精卵 2 020 万粒,受精率平均在 84.2% 。两次孵出鱼苗 1 700 余万尾。本文是这两亚科间杂交杂种 F_1 与其亲本形态学特征的比较结果。

1　材料与方法

1.1　材料

框鳞镜鲤雌鱼和团头鲂雄鱼都取自天津市换新水产良种场培育的品种。框鳞镜鲤雌鱼 29 尾,年龄 3 龄,体长 34.0 ~ 36.5cm,体重 3.0 ~ 3.8kg;团头鲂雄鱼 33 尾,年龄 3 龄,体长 28.0 ~ 33.6cm,体重 1.4 ~ 1.6kg。两亚科杂交实验共重复二次,第一次于 2002 年 6 月 17 日催产雌鱼 1 组,雄鱼 3 尾;第二次 6 月 24 日催产雌鱼 28 尾,雄鱼 30 尾。

1.2　方法

1.2.1　人工催情和授精

框鳞镜鲤♀、团头鲂♂从池塘捕出,囤放于室内水泥池的网箱中,充气、微流水,进行催情注射。框鳞镜鲤雌鱼采用两次注射,按每 kg 体重用 HCG(绒毛膜促性腺激素)800IU + LRH – A_2(促黄体生成激素释放激素类似物)8μg + DOM(地欧酮)1.5mg 的混合液,第一次注射全剂量的 1/3;第二次注射其余量。团头鲂雄鱼在框鳞鲤雌鱼第二次注射时进行 1 次注射,剂量为雌鱼的半量,效应时间 10 ~ 12h。

根据效应时间,检查雌鱼排卵情况,及时人工采卵,将卵挤入盆中,同时挤入精液进行干法授精,经轻轻的搅拌使精卵充分混合后加水,受精 1 ~ 2min,将受精卵及时黏附在着卵器上,然后将布满受精卵的着卵器挂在池塘内的网箱中进行孵化。

1.2.2　孵化

两次试验获得的受精卵,分别放入 16 只规格 3m×4m×1m 的小网箱孵化。在孵化中,分别计算受精率和孵化率:孵化水温平均为 23.45℃(最高 24.8℃,最低 22.1℃),经 56h 50min 仔鱼开始破膜至 60h 全部破膜。孵出 52h 后,鳔充气平游,卵黄囊基本消失,开口饵料为熟鸡蛋黄和黄豆浆。仔鱼在箱内喂食 2d 后,小部分水花留在箱内进行夏花和鱼种培育,大部分水花放入池塘培育。

1.2.3　苗种培育

1.2.3.1　网箱培育

网箱规格为 3m × 4m × 1m,放养密度为 1 000 ~ 1 500尾/m²,从水花至乌仔,以投喂熟鸡蛋黄和黄豆浆,每天上、下午各 1 次,每次每只箱投喂 1.5 ~ 2 个蛋黄或 1.0 ~ 1.5kg 经加工制成的黄豆浆;夏花至鱼种,以投喂枝角类、桡足类为主,后期改投面粉等及微颗粒饵料,成活率在 90% 以上。

1.2.3.2　池塘培育

面积 5 亩,水深 1.0 ~ 1.8m,亩放鱼苗 25 万 ~ 30 万尾,从水花到乌仔每天每亩水面投喂黄豆浆(合干黄豆 1.5 ~ 3kg),饲养 15 ~ 20d 后,投喂人工配合饲料,成活率在 90% 以上。

1.2.4　形态学指标的测定和分析

杂种与亲本测定的样本数均为 15 尾,测定的项目有:可量性状 20 项,可数性状 6 项。可数性状直接计数;可量性状均用实测值与体长或头长的比值(%),按数理统计方法计算各性状的平均值、标准差和按公式计算出杂种 F_1 的杂种指数。测定样本的体长、体重范围分别为:杂种 F_1 9.25 ~ 10.68cm、25.7 ~ 38.7g;框鳞镜鲤 9.44 ~ 11.46cm、30.1 ~ 49.7g;团头

鲂 7.57~9.90cm,9.7~19.7g。

为确定杂种与双亲相似程度,采用了 Виригин 等(1979)提出的杂种指数,其公式为:

$$N = \frac{1}{2} \cdot \frac{\overline{V}_b - \overline{V}_m}{\overline{V}_f - \overline{V}_m} \times 100 - 50)$$

注:N 表示杂种指数;$\overline{V}_b$ 表示杂种性状的平均值;$\overline{V}_m$ 表示母本性状的平均值;$\overline{V}_f$ 表示父本性状的平均值。

N 为负值,表示杂种性状偏向于母本;N 为正值,表示杂种性状偏向于父本;N 为 100%,表示杂种性状完全偏向于母本或父本;N 为 0,表示杂种性状介于中间类型。

2 结果

2.1 杂种形态学特征

体纺锤型,侧扁,头后背部稍隆起,头中等大,口亚前位,口裂稍上斜,体披全鳞,但侧线上下鳞片排列较松散;侧线鳞 35~38,须 2 对,颌须较短,有腹棱,左侧第一鳃弓外鳃耙数为 23~28,多数为 27。

鳔两室,前室椭圆形,后室圆锥形。脊椎骨总数 36。腹膜银灰色。背鳍 3(4),15~19,多数为 17~18;胸鳍 1,12~15,多数为 13~14;腹鳍 1,6~8,多数为 8,臀鳍 2(3),5。

体背部青灰色,腹部白色,臀鳍和尾鳍下叶呈橘红色。

2.2 杂种与父母本形态学性状比较

测定的杂种 F₁ 和父、母本形态学性状值及杂种指数值如表所示。

表　框鳞镜鲤(♀)×团头鲂(♂)杂种 F₁ 的形态学性状及杂种指数值

项　目	框鳞镜鲤	杂交种	团头鲂	杂种指数
可量性状占体长(%)				
体高	40.37 ± 1.72	40.29 ± 1.27	39.59 ± 1.28	-79.49
体厚	20.73 ± 1.48	19.96 ± 0.72	11.73 ± 0.64	-82.89
头长	29.74 ± 0.80	29.20 ± 1.07	23.81 ± 0.89	-81.79
尾柄长	12.51 ± 0.99	13.04 ± 0.64	9.45 ± 1.01	-134.64
尾柄高	12.78 ± 0.83	13.17 ± 0.67	10.67 ± 0.81	-136.97
吻端至背鳍前端的距离	50.10 ± 2.08	50.53 ± 1.62	50.77 ± 1.97	+28.36
尾鳍基部至背鳍后端的距离	52.93 ± 1.57	50.53 ± 1.56	50.08 ± 3.17	+68.12
背鳍基部长	38.19 ± .25	34.12 ± 1.23	11.22 ± 0.68	-69.82
胸鳍长	5.51 ± 0.46	5.47 ± 0.49	4.62 ± 0.62	-91.01
腹鳍长	4.62 ± 0.68	4.53 ± 0.24	3.91 ± 0.54	-74.65
臀鳍基部长	9.25 ± 0.55	9.92 ± 0.49	28.97 ± 1.87	-93.20
胸鳍基部至腹鳍基部的距离	23.44 ± 1.55	22.34 ± 0.98	21.13 ± 1.55	-0.45
腹鳍基部至臀鳍基部的距离	28.55 ± 1.06	27.65 ± 0.99	20.06 ± 0.98	-78.80
可量性状占头长(%)				
吻长	36.03 ± 1.85	34.91 ± 2.16	28.87 ± 2.29	-67.78
眼径	22.44 ± 2.38	24.60 ± 1.41	31.45 ± 2.02	-52.05
眼间距	39.22 ± 1.98	37.47 ± 1.77	38.82 ± 2.53	+775.00
口须长	16.73 ± 1.34	16.06 ± 1.71	0	-131.11
颌须长	6.75 ± 0.69	7.80 ± 0.90	0	-91.99
眼径/眼间距	0.58 ± 0.07	0.66 ± 0.06	0.83 ± 0.08	-36.00
尾柄长/尾柄高	0.98 ± 0.09	0.99 ± 0.07	0.89 ± 0.08	-122.00
可数性状				
背鳍分支鳍条数	17.80 ± 0.68	17.20 ± 1.08	7.00 ± 0.00	-88.89
臀鳍分支鳍条数	4.80 ± 0.41	4.93 ± 0.26	26.47 ± 1.68	-98.80
胸鳍分支鳍条数	12.93 ± 0.90	13.20 ± 0.94	13.08 ± 1.26	+260.00
腹鳍分支鳍条数	7.67 ± 0.49	7.53 ± 0.74	7.80 ± 0.56	-315.38
尾鳍条数	28.93 ± 1.20	27.73 ± 1.71	26.80 ± 1.61	+12.68
侧线鳞数	0	37.20 ± 1.15	53.27 ± 1.39	+39.67

3 讨论

3.1 杂种形态学性状的遗传表现

从杂种 F_1（框鳞镜鲤♀×团头鲂♂）测定的 26 项形态学杂种指数中,有 20 项指数为负值,6 项为正值。在负值中有 15 项指数偏向母本,有 5 项指数完全偏向母本;在正值中,有 4 项指数偏向父本,2 项指数完全偏向父本,表现出杂种偏母遗传的特性。同时,杂种也受父本的影响。框鳞镜鲤与团头鲂在外形性状上,一些性状两者差异很大,如鳞被、背鳍基部长和背鳍鳍条数、臀鳍基部长和臀鳍条数、腹棱、须以及口的位置等。大家知道,鲤鱼鳞被遗传是受显隐性基因控制的,全鳞为显性,散鳞为隐性。框鳞镜鲤全身无鳞,仅在背鳍基部、胸鳍、腹鳍和臀鳍基部、头部后和尾柄部有鳞;而杂种 F_1 全身披鳞,显然受父本团头鲂鳞被基因的影响;又如鲤鱼无腹棱,团头鲂有腹棱,杂种 F_1 有腹棱,显然也受父本基因的影响。鲤鱼背鳍基部很长,背鳍分枝鳍条数平均在 19.8 个;而团头鲂背鳍基部很短,背鳍分枝鳍条数平均仅 7 个;而杂种 F_1 的背鳍基部长和背鳍鳍条数与母本基本相似,受母本影响,而父本影响很小。又如,鲤鱼臀鳍基部很短,臀鳍分枝鳍条数平均为 4.8 个,团头鲂臀鳍基部很长,臀鳍分枝鳍条数平均为 26.5 个,而杂种 F_1 的臀鳍基部长和臀鳍鳍条数与母本相似,显然也受母本影响,而父本影响很小。鲤鱼吻端有 2 对须,团头鲂没有,杂种 F_1 颌须明显缩短,受父本一定影响。鲤口为亚下位,团头鲂口为前位,杂种 F_1 口为亚前位,也受父本一定影响。

3.2 杂种的性质

根据 Cherassus(1983)提出的鱼类远缘杂交"异种受精"后杂种发育的机理,认为鱼类"异种受精"可能产生两种结果:一是单性生殖,根据雌、雄遗传物质的表现,可能产生雌核发育或雄核发育,胚胎可以发育,但到后期因单倍体综合症而死亡,仅染色体自然加倍的二倍体鱼可以存活;二是

产生二倍体杂种或三倍体、四倍体杂种。根据本研究的框鳞镜鲤♀×团头鲂♂杂种 F_1 形态学性状的遗传表现,既有来自母本的遗传性状,又有来自父本的遗传性状,因此,初步认为该杂种 F_1 应是一个杂交种,但该杂种是二倍体,还是三倍体、四倍体,需要作染色体和 DNA 含量的鉴定。

3.3 杂交亲本的高亲和力问题

本研究的亲本框鳞镜鲤来自德国,是一个完全驯化的养殖种;团头鲂原为野生种,家养后也经过长期的培育,这两个品种的 29 尾框鳞镜鲤雌鱼、33 尾团头鲂雄鱼的两次杂交,共获受精卵 2020 余万粒(第一次受精率为 74.2%,第二次受精率为 94.2%)平均为 84.2%,孵出鱼苗 1 700 余万尾,孵化率约 84.2%。两次试验该杂交组合表现出很高的亲和力。张兴忠等(1988)曾报道鲤♀×团头鲂♂的杂交卵受精率 80%、孵化率 59.3%,孵化时畸胚率 10%~37.7%,在 23.5~24.5℃水温下,从受精至孵化出膜历经 42h 16min,杂交鱼形态酷似鲤鱼。该组合的孵化率明显低于本报道的组合,说明该组合的亲和力存在一定问题。大家知道,鲤鱼的二倍体染色体数为 100,团头鲂的二倍体染色体数为 48,这两个种的杂交在染色体配对上是很难的。鱼类许多远缘杂交失败的原因都是由于二组染色体不能很好的配对,导致杂交失败或者杂种成活率很低。而本研究的组合杂种 F_1 有如此高的成活率是很难理解的,一种可能是团头鲂的染色体在受精后自然加倍,还是其他因素,其机理将作进一步研究。

参考文献

[1]楼允东. 鱼类育种学[M].北京:中国农业出版社,1998.

[2]沈俊宝,刘明华. 鲤鱼育种研究[M].哈尔滨:黑龙江科学技术出版社,1999.

[3]张兴忠等(编译). 鱼类遗传与育种[M].北京:农业出版社,1988.

[原载《淡水渔业》2003,33(5)]

框鳞镜鲤♀×团头鲂♂杂种 F_1
与亲本性腺组织学比较研究

金万昆，杨建新，赵宜双，俞　丽，张慈军，高永平

（国家级天津市换新水产良种场，天津　301500）

鱼类亚科间杂交组合的受精生物学如受精率、孵化率、胚胎畸形率，胚胎从受精至孵化出膜所需时间，后代 1～2 龄鱼的生长情况等以及杂种 F_1 的可育性的研究表明，鱼类亚科间杂种不育不是绝对的。虽然如草鱼♀×长春鳊♂杂种 F_1 为三倍体，其性腺不发育；草鱼♀×团头鲂♂杂种 F_1 有性腺存在，但发育很差，是不育的；草鱼♀×花鲢♂杂种 F_1，Marian 等人从染色体观察是三倍体，性腺不育，但鲭♀×草鱼♂杂种 F_1 近似母本的雌性鱼可以达到性成熟，并连续进行了 3 年人工繁殖；红眼鱼♀×拟鳊♂杂种 F_1 部分雌鱼可育，而雄鱼发育很差，但从个别个体可以取得精液，并获得了后代。鲤♀×团头鲂♂杂种 F_1 是否可育问题，曾报道过，一个组合的杂种 F_1 中有 4 尾雌鱼卵巢有游离卵粒，但未做受精试验，也无性腺组织切片资料，该卵是否可达到受精的Ⅳ时期末卵子尚不清楚。本研究报告了"框鳞镜鲤♀×团头鲂♂"三倍体杂种 F_1 与亲本性腺组织学观察结果，杂种 F_1 的性腺发育很差，是不育的。

1　材料与方法

1.1　材料

1.1.1　试验鱼

框鳞镜鲤♀×团头鲂♂杂种 F_1（以下简称杂种 F_1）和亲本框鳞镜鲤、团头鲂雌、雄鱼。2002 年 6 月，采用杂交和自交方法获得的鱼苗分别育成鱼种后，放养于同一池塘，连续培育 3 年，亩放养密度稍低于正常放养密度。2004 年 8 月 16 日于池塘中捕出杂种 F_1 21 尾，父母本框鳞镜鲤和团头鲂各 10 尾，分别测量体长、体重。杂种 F_1 体重范围在 1 164～1 867g，母本体重范围在 705～2 913g；父本体重范围在 308～464g。解剖每一尾，取出性腺组织（包括精巢和卵巢）观察外部

形态。

1.1.2　组织学观察材料

取出性腺组织后，立即用 Bouin 氏液固定，3～4d 后换 1～2 次 Bouin 氏液，保存备用。切片前，从 Bouin 氏液取出性腺组织，梯度酒精脱水，二甲苯透明，石蜡包埋。同时用松油醇透明，切片 4～8μm，火棉胶涂膜，H、E 染色，中性树胶封片，显微镜下观察、拍照。

1.2　方法

卵巢发育的分期，依据前苏联学者 Meú eн 和我国学者修整的分期标准，把卵巢发育分为 Ⅰ～Ⅳ期，卵巢发育各期的界定，以在观察卵巢切面中超过 50% 的卵细胞的时期为准。精巢按组织学成分也分为 6 个时期。

2　结果

2.1　性腺组织的外形特征

（1）框鳞镜鲤 5 尾雌鱼，有 2 尾两侧卵巢发育良好，呈青灰色，稍带棕黄色，其体积较大，卵巢成熟系数在 10.8% 和 12.28%，为Ⅳ期卵巢，卵巢分别重 153.7g 和 293.4g。肉眼可见卵粒，卵粒直径在 0.5mm 左右。另有 3 尾卵巢发育很差，卵巢重 10～25.1g，成熟系数仅 1.56%～3.46%。6 尾雄鱼有 4 尾两侧精巢发育良好，灰白色，呈宽带状分布腹腔两侧，精巢重 95.4～136.6g，成熟系数在 4.87%～10.08%，为Ⅳ时期精巢，有的轻压腹部可挤出白色精液。另有 2 尾，精巢发育较差，精巢分别重 22.5g 和 62.5g，成熟系数分别仅 2.97% 和 3.72%。

（2）团头鲂 7 尾雌鱼两侧卵巢均发育良好，青灰色，体积较大，卵巢重 30.8～102.2g，成熟系数在 12.3%～38.1%，为Ⅳ时期卵巢。肉眼可见卵粒，卵粒直径在 0.5mm 左右。3 尾雄鱼有 2 尾精

巢发育尚好,灰白色,呈宽带状分布于腹腔两侧,成熟系数1.74%、1.89%,精巢重8.5g和9g,轻压腹部还不能挤出白色精液。1尾精巢发育尚差,精巢重1.3g,成熟系数0.24%。

(3)杂种F₁21尾性腺组织均呈细线状,混在肠系膜的脂肪组织中,一般很难找到,只有仔细寻找可在鳔的两侧上看到两条细线状的无色或白色透明物,这就是早期性腺,但肉眼很难分别雌、雄。

2.2 组织学观察

2.2.1 框鳞镜鲤

2尾发育好的雌鱼的卵巢,组织切片的观察卵巢由Ⅰ、Ⅱ、Ⅲ和Ⅳ时相的卵细胞组成,但以Ⅳ时相卵细胞为主,而Ⅳ时相卵细胞中约1/3卵细胞已充满卵黄颗粒,而2/3的卵细胞卵黄颗粒的积累处于不同时期。卵细胞核还位于细胞中间。此时期卵巢处于Ⅳ时期卵母细胞发育早期(Ⅳ⁺)(图1和图2)。另3尾雌鱼卵巢处于Ⅰ、Ⅱ、Ⅲ和Ⅳ时相的卵细胞发育阶段,但以Ⅲ时相卵细胞为主,Ⅳ时相卵细胞很少,且尚未进入卵黄积累阶段。4尾雄鱼精巢的组织切片观察,精巢由Ⅰ、Ⅱ、Ⅲ和Ⅳ时期的精细胞组成,但以Ⅳ时期精细胞为主,其中精子细胞仅占1/3,细胞染色较深,小囊清晰可见,小囊内的细胞群处于相同发育期。而初级精母细胞和次级精母细胞占2/3左右,染色较浅,充满精巢的囊腹内(图3)。另2尾雄鱼精巢尚处于Ⅰ、Ⅱ、Ⅲ时期精细胞阶段。

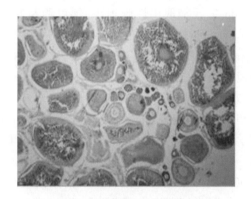

图1　框鳞镜鲤♀(4×20)

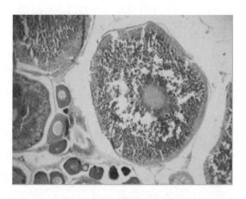

图2　框鳞镜鲤♀(10×20)

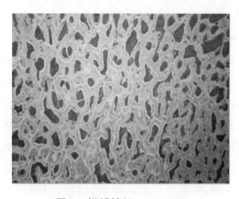

图3　框鳞镜鲤♂(4×20)

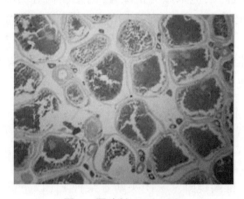

图4　团头鲂♀(4×20)

2.2.2 团头鲂

7尾发育良好的雌鱼卵巢,组织切片观察卵巢由Ⅰ、Ⅱ、Ⅲ和Ⅳ时期卵细胞组成,以Ⅳ时相卵细胞为主,该时相的卵细胞中的1/3已充满卵黄颗粒,而其余Ⅳ时相的卵细胞处于不同程度的卵黄积累阶段。卵细胞核还处于细胞中间。此时期,卵巢还处于卵母细胞Ⅳ时期早期(Ⅳ⁺)(图4)。3尾雄鱼精巢组织切片观察,2尾精巢由Ⅰ、Ⅱ、Ⅲ和Ⅳ时相的精细胞组成,但以Ⅳ时相为主,精细胞染色较深,精小囊占精巢组织切片细胞的1/3左右,小囊中充满同一发育期的细胞群。初级精母细胞和次级精母细胞染色较浅,充满精巢组织的囊腹中(图5)。1尾精巢尚处于Ⅰ、Ⅱ、Ⅲ和Ⅳ时相精细胞阶段。

2.2.3 杂种 F₁

21 尾性腺组织切片,可以分为几种类型:一是切片中看不到性产物,分不出是精巢,还是卵巢,但见网状的脂肪细胞;二是一些组织切片可见生殖上层,在某些区域可见有未分化的精原细胞,但数量极少;三是部分组织切片可分出精巢和卵巢。在 21 尾杂种 F₁ 中约有 5 尾,其卵巢切片由Ⅰ、Ⅱ、Ⅲ时相卵母细胞组成,而以Ⅱ、Ⅲ时相卵母细胞为主(图6)。其精巢切片由Ⅰ、Ⅱ、Ⅲ和Ⅳ时相精细胞组成,但各时相的细胞数量很少,Ⅳ时相精细胞染色较深,小囊长条状,囊中精细胞数量极少(图7)。

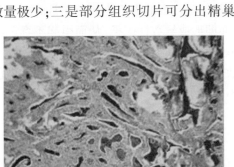

图5 团头鲂♂(4×20)

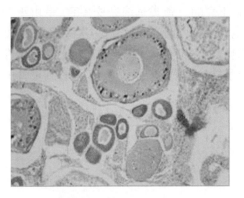

图6 框团杂种♀(4×20)

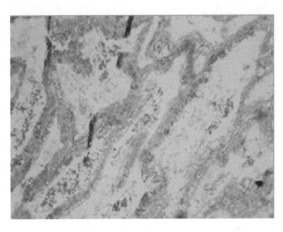

图7 框团杂种♂(4×20)

3 讨论

3.1 华北

地区特点天津地区气候温暖、干燥,年均气温 11.1℃,1 月最低平均气温 -5~7℃,7 月最高平均气温 25.6℃。在这样温度条件下,鲤鱼、团头鲂 3 龄均可达到性成熟;在观察的两个亲本框鳞镜鲤和团头鲂雌、雄鱼性腺都已发育成熟,其卵巢的成熟系数分别达到 10%~38%,精巢达到 2%~10%;切片观察两亲本卵巢和精巢都处于Ⅳ期初时相,但杂种 F₁ 部分 3 龄鱼性腺不发育,只见网状的脂肪组织,有很少一部分可以分出卵巢和精巢,卵巢具有Ⅰ、Ⅱ、Ⅲ时相的卵巢细胞,但停留在这个阶段不再发育;精巢发育虽有Ⅰ、Ⅱ、Ⅲ、Ⅳ时相的精细胞,但数量很少,精细胞发育是不正常的。

3.2 鱼类远缘杂交

其杂种的可育性问题,已有不少研究。尼科留金提出,杂交鱼类在生育方面有着各种各样的差异,有的是完全可育的,有的是障碍性能育的,有的则是完全不育的。杂种能育力的大小和其亲本能育力的程度及交配鱼类在分类学上的亲缘关系,并不总是相关的。

Chevassus(1979)研究了鲑科鱼类杂种的能育性,证实红点鲑属、鲑属、大马哈鱼属等属内种间杂种是完全可育的,而 3 个属的属间杂种,一般是不育的。近年来,国内外鱼类远缘杂交有不少研究结果,也证实属内不同种间杂种,比属间杂种可育性大,而属间杂交杂种的可育性比较复杂,有的是全育的,有的则出现障碍性两性能育,即两性均能达到成熟,但只有部分个体能达到性成熟,且精子或卵子数量很少。

不同亚科间杂交,未见报道有能育的杂种,一般是不育的。鱼类远缘杂交不育,是由于杂种性细胞发生中,细胞内要经过一次减数分裂,即由体细胞的二倍染色体($2n$)经减数分裂形成性细胞(配子)的单倍染色体(n),不能形成正常的二价染色体,从而产生了染色体不平衡的配子,这是杂种不育的主要原因之一。这类不育型叫染色体不育性。在这种不育型中,有一种是由于染色体数量不平衡而引起的不育性。数量不平衡的杂种,在减数分裂时会出现一价染色体和多价染色体,结果使配子所含有的染色体数与正常的配子有所不同,亦即形成异数性配子,从而引起不育。本研究的框鳞镜鲤$2n$染色体数为100,而团头鲂$2n$染色体数为48,杂种F_1不育正是由于两亲本染色体数量不同而引起的。

[原载《中国水产》2005(7)]

框鳞镜鲤♀与青鱼♂亚科间杂交杂种 F_1 的产孵及鱼苗培育研究

金万昆,俞 丽,杨建新,张慈军,高永平,赵宜双,王春英

(国家级天津市换新水产良种场,天津 301500)

摘 要:本文报道了框鳞镜鲤♀与青鱼♂亚科间杂种 F_1 的产孵过程及网箱、池塘培育获苗情况。2004 年 6 月 5 日和 8 日进行了框鳞镜鲤♀与青鱼♂亚科间杂交。第一次试验用雌鱼 1 尾,雄鱼 1 尾,共获受精卵 18.9 万粒,用小网箱孵化的受精率为 96%,孵化率 46.7%,其中,畸形率占 51.65%,出苗约 10 万尾。第二次试验用雌鱼 20 尾,雄鱼 4 尾,共获受精卵 860 万粒,用环道孵化,受精率 92.3%,孵化率 56.1%,其中畸形率 52.14%,出苗约 348 万尾。第一次孵出的仔鱼网箱培育,经 3 次分箱,培育成 43 日龄幼鱼 912 尾,第二次试验用池塘培育育成 43 日龄幼鱼 12 800 尾。

关键词:框鳞镜鲤;青鱼;亚科间杂交组;产孵;鱼苗培育

鱼类的远缘杂交是鱼类育种的基本手段之一,远缘杂交可显著地扩大和丰富动植物育种基因库,促进种间的基因交流,引入双亲的有利基因,因而能够创造出家养品种中前所未有的新变异类型,甚至合成新的物种。鱼类的远缘杂交早在 16 世纪中叶就已有记载,鲤科鱼类的杂交,曾报道过很多,亚科间杂交有:鲢(*Hypophthalmichthys molitrix*)♀×三角鲂(*Megalobrama terminalis*)♂、鲢♀×团头鲂(*Megalobrama amblvcephala*)♂、鲢♀×青鱼(*Mylopharyngodon piceus*)♂、鲤(*Cyprinus carpio*)♀×草鱼(*Ctenopharyngodon idellus*)♂、鲤♀×团头鲂♂、鲤♀×鳙(*Aristichys nobilis*)♂、鲤♀×丁鲅(*Tinca tinca*)♂、鲫(*Carassius auratus auratus*)♀×花鱼骨(*Hemibarbus maculatus*)♂、鲫♀×蒙古红鲌(*Erythroculter mongolicus*)♂、鲫♀×赤眼鳟(*SqualiObarbus curriculus*)♂、黑鲫(*Carassius carassius*)♀×拟鲤(*Rutilus rutilus*)♂ 等 40 余个杂交组合,其中一些杂交组合还较详细的报道了该组合的受精率、孵化率和出苗数[1]。但有关框鳞镜鲤♀与青鱼♂的杂交产孵及鱼苗生产情况国内外未见有报道,该研究填补了鱼类远缘杂交上的一个空白,现将我们所观察到的杂种 F_1 的产孵及鱼苗培育的研究结果报道如下。

1 材料与方法

1.1 材料

框鳞镜鲤雌鱼和青鱼雄鱼均取自国家级天津市换新水产良种场池塘,框鳞镜鲤雌亲鱼共 21 尾,年龄 4 龄,体重 3.5~6kg;青鱼雄亲鱼共 5 尾,年龄 7 龄,体重 11~14kg。杂交实验共做了两次,第一次催产雌鱼 1 尾,雄鱼 1 尾;第二次催产雌鱼 20 尾,雄鱼 4 尾。

1.2 方法

1.2.1 催产

框鳞镜鲤雌鱼、青鱼雄鱼从池塘捞出,放入 4m×6m×0.8m 水泥池中,微流水,第一次催情注射于 2004 年 6 月 5 日下午,第二次 6 月 8 日下午。框鳞镜鲤雌鱼采用两次注射,按每千克体重用 LRH-A₂(促黄体生成激素释放激素类似物) 6.0μg + DOM(地欧酮)3.0mg,第一次注射全剂量的 1/3,第二次注射其余量;青鱼雄鱼也采用二次注射,第一次每 kg 体重用 LRH-A₂ 8.0μg + DOM 4.0mg + PG(脑垂体)1.0mg,第二次每千克体重用 LRH-A₂ 6.0μg + DOM 4.0mg。水温 20~23℃,效应时间为 10~12h。

1.2.2 受精、孵化和胚胎发育观察

依据效应时间,检查雌鱼排卵情况,当轻压腹部成熟卵能顺利流出时,于避光处,将卵挤入干净

的白瓷盆中,同时立即挤入精液进行干法受精。轻轻搅拌使精卵混合后加水,受精3min~5min,将受精卵及时的黏附在着卵器上或放入孵化环道自然脱黏孵化。

第一次试验直接将布满受精卵的着卵器挂在规格为3m×4m×1m的小网箱孵化,孵化水温平均为21.3℃(最高22.4℃,最低20.6℃),经55h35min仔鱼开始破膜,孵出后49h50min卵黄囊大部分吸收,仔鱼由内源性营养转为外源性营养时投喂鸡蛋黄水培育。第二次试验受精卵放入孵化环道孵化,平均水温为25.1℃(最高26℃,最低24.2℃),44h15min仔鱼开始破膜,待仔鱼卵黄囊基本吸收消失,鳔一室充气,胸鳍鳍条清晰,开始转向摄食外源性营养时,全部下塘培育。

在F_1孵化过程中,定时在解剖镜下观察了F_1的胚胎发育情况,并按卵裂、二细胞期、四细胞期、八细胞期至孵出期的时序,记录了各发育期所需的时间,详细观察各期胚胎发育异常情况,并拍照。

1.2.3 受精率、孵化率和畸形率的计算

两次试验都分别取少许受精卵带回室内,让其粘着于盛水的白瓷盆中的培养皿上,定时取出培养皿在解剖镜下观察胚胎发育情况,同时取出死卵;在胚胎发育到原肠期时计算受精率。

$$受精率(\%)=\frac{受精卵数(好卵)}{总卵数(好卵+坏卵)}×100$$

鱼苗全部孵出后计算孵化率:

$$孵化率(\%)=\frac{孵出鱼苗数}{受精卵数}×100$$

同时统计畸形苗数,计算畸形率:

$$畸形率(\%)=\frac{畸形苗数}{总孵出苗数}×100$$

1.2.4 鱼苗培育
1.2.4.1 网箱培育

网箱规格为3m×4m×1m,放养密度2 000~2 500尾/m³。从水花至乌仔投喂熟鸡蛋黄水和黄豆浆液,每天上、下午各1次,每次每只箱投喂蛋黄2个或1.0~1.5kg黄豆经加工制成的黄豆浆液。每7d倒换1次网箱,培育至乌仔后分箱,放养密度50尾/m³,主要投喂小于40目网目的水蚤,夏花以后投喂人工面饵为主。

1.2.4.2 池塘培育

面积5.15亩,水深1.0~1.8m,亩放鱼苗50万~60万尾,从水花至乌仔每天每亩水面投喂黄豆浆(合干黄豆1.5~3kg),每天4次,经39d的培育,迁网后用八朝筛过筛分别统计大小个体,并称重、测量和转塘,放入面积为4.49亩的池塘与团头鲂♀×翘嘴红鲌♂杂种同塘饲养进行培育,其放养密度为3 000尾/亩,以投喂人工配合饵料为主。

2 结果

2.1 产卵和孵化

两次实验的产孵结果,如表1所示。

表1 框鳞镜鲤♀×青鱼♂杂种F_1的产孵结果

试验时间	催产亲鱼数量(♀:♂)	受精方式	获卵量(万粒)	受精率(%)	孵化率(%)	其中畸形率(%)	孵出鱼苗数(万尾)
2004.6.5	1:1	干法	18.9	96	46.7	51.65	10
2004.6.8	20:4	干法	860	92.3	56.1	52.14	348

该组合受精率很高,两次实验平均可达到94.15%左右;但孵化率不高,两次实验平均仅51.4%左右;尤其胚胎的畸形率很高,两次试验平均51.8%左右。在解剖镜下观察到不少胚胎发育异常,导致发育停止而死亡。在孵出阶段,畸形胚胎都以头部破膜,孵出的胚胎体弯曲,卵黄囊前端膨大,体腔水肿,不久死亡。杂种F_1胚胎发育时序,如表2所示。

表2 框鳞镜鲤♀×青鱼♂杂种F_1胚胎发育时间(水温23~25℃)

序号	发育时期	受精后时间(时:分)	持续时间(时:分)
1	受精卵	0	23min
2	2细胞	58min	27min

(续表)

序号	发育时期	受精后时间(时:分)	持续时间(时:分)
3	8 细胞	1h25min	28min
4	32 细胞	1h53min	27min
5	多细胞期	2h20min	2h29min
6	囊胚期	2h49min ~ 5h18min	3h34min
7	原肠期	6h30min ~ 9h30min	3h07min
8	神经期	10h20min	1h40min
9	胚孔封闭期	12h00min	4h43min
10	眼泡出现期	16h43min	1h59min
11	尾芽期	18h42min	4h48min
12	眼晶体出现期	23h30min	1h30min
13	肌肉效应期	25h00min	2h55min
14	心脏搏动期	27h55min ~ 33h30min	6h30min
15	孵出期	40h33min ~ 45h40min	10h40min

2.2 夏花培育

2.2.1 网箱培育

杂种 F₁ 仔鱼孵化后 62h30min，镜检大部分仔鱼卵黄囊基本上消失，能平游，但有不少仔鱼口不能闭合，呈梭状，鳔没有充气，为畸形苗。估计网箱内仔鱼约 10 万尾，孵后 10 日，第二次换箱时约获仔鱼 6 万尾，培育成乌仔后分箱，见箱内鱼大小不整齐，数量已明显减少，到 2004 年 7 月 22 日共获 43 日龄的幼鱼 912 尾。

2.2.2 池塘培育

杂种 F₁ 仔鱼孵化后 4d 下塘，经 43 天培育，共获幼鱼约 12 800 尾，用八朝筛过筛后，分出个体较大的 8 900 尾，个体较小的 3 900 尾，在两个群体中随机取样各测定 30 尾，结果是：个体较大的尾均重 2.47g（其中，最大的 5.0g），全长 5.0 ~ 6.96cm，体长 3.35 ~ 5.25cm；个体较小的尾均重 0.42g（其中，最小个体 0.19g），全长 2.4 ~ 4.54cm，体长 1.84 ~ 3.73cm。

培育至体长 10cm 左右，随机取杂种 F₁ 幼鱼 222 尾，发现该杂种鳞被有两种表型，一种为散鳞型鳞被，共检出 40 尾，占总体数的 18.02%；另一种为全鳞型鳞被 182 尾，占总体数的 81.98%，如表 3 所示。

表 3 框鳞镜鲤♀×青鱼♂杂种 F₁ 夏花培育结果

培育方式	面积	鱼苗下塘数	培育天数	尾数	全长(cm)	体长(cm)	体重(g)
网箱	12m³	10 万尾	43	912	—	—	—
池塘	5.15 亩	348 万尾	43	12 800	5.0 ~ 6.96	3.55 ~ 5.25	2.47
					2.4 ~ 4.54	1.84 ~ 3.73	0.42

3 讨论

3.1 鱼类远缘杂交

据 Schwartz(1972) 统计，从 1558—1971 年世界上大约有 56 科 1 080 种鱼类做过杂交试验。我国自 1958 年家鱼人工繁殖成功以后至 20 世纪 70 年代中期，至少进行了 112 个以上的杂交组合，涉及到 3 个目 5 个科，共 32 种鱼类。其中，亚科间杂交约有 40 余个组合，但未见框鳞镜鲤♀×青鱼♂组合产孵及苗种培育方面的报道[1]。

3.2 框鳞镜鲤♀×青鱼♂杂交组

两次催产雌鱼 21 尾，雄鱼 5 尾，共获受精卵 878.9 万粒，共孵出仔鱼 358 万尾，受精率平均 94.15%，孵化率平均 51.4%，其中，畸形率为 51.8%，育成夏花鱼种 13712 尾，与资料报道的鲢♀×三角鲂♂杂交组的受精率 70%、孵化率 80%；鲢♀×团头鲂♂杂交组的受精率为 80%，孵化率 60%，胚胎畸形率为 20%；鲢♀×草鱼♂杂交组的受精率为 90%、孵化率为 75%，胚胎畸形率达 30% ~ 40%；鲤♀×鳙♂杂交组的受精率为

90%,孵化率为60%,畸胚率为20%～50%;鳙♀×三角鲂♂杂交组的受精率为75%,孵化率为72.3%,畸胚率为9.2%;鳙♀×团头鲂♂杂交组的受精率为84.9%,孵化率为71.2%,畸胚率为9.9等组合基本相似[1]。

该杂交组合胚胎发育所需的时间介于两亲本之间,杂种F_1在水温23～25℃时,胚胎发育需时45h40min,母本鲤鱼自交卵发育(水温20～24.6℃)为53h,父本青鱼自交卵发育(水温21～24℃)为36h。资料报道的鲤♀×白鲦♂杂交组,当水温22～24℃时,鲤♀×鲤♂自交卵胚胎发育需时41h,白鲦♀×白鲦♂为27h,而杂交卵发育需时38h。

3.3 鱼类远缘杂交,特别是亚科间杂交

由于两亲本亲缘很远,形态特征、遗传性状、生理条件和生态要求极不相同,尤其代表亲本遗传物质的基因型和染色体组型不同,如框鳞镜鲤二倍体染色体数为100条,而青鱼二倍体染色体数为48条,从而在两性原核结合形成合子时,导致来自亲本的染色体数的不同,而不能配对,以及基因调控紊乱致使正常的发育生长受阻,最终死亡。大部分远缘杂交不能出苗或孵化率极低,可能属于这种情况。我们观察到框鳞镜鲤♀×青鱼♂杂种F_1从卵裂开始至孵出的整个发育过程中,不少胚胎发育受阻,胚体出现畸形,发育时间明显慢于正常胚胎,从而不断死亡;同时,也观察到不少畸形胚胎能够破膜孵出,但与正常胚胎不同的

是头部出膜,这些胚胎表现胚体弯曲,卵黄囊缩短,体腔水肿,口腔张开不闭合等症状。它们在入池饲养中逐渐死亡。这种现象与Stanley(1976)报道草鱼和鲤鱼杂交杂种F_1大批死亡的情况相似[1]。

3.4 在框鳞镜鲤♀×青鱼♂杂种F_1饲养到10cm左右时

观察到杂种F_1在鳞被表型上有两种类型,一为全鳞型鳞被;另一为散鳞型鳞被。由于鳞被属质量性状,全鳞受显性基因控制,散鳞受隐性基因控制,按照Chevassus(1983)的远缘杂交的"异种受精"可能产生单倍体杂种、二倍体杂种、多倍体杂种、二倍体雌核发育种和二倍体雄核发育种等几种类型杂种F_1。根据此理论,该组合中的全鳞型鳞被个体应为二倍体或多倍体杂种,而散鳞型鳞被个体应为雌核发育种[1]。这种一个远缘杂交组合出现二种发育类型子代,在世界上还未见报道。

参考文献

[1]张兴忠,仇潜如,等.鱼类遗传与育种[M].北京:农业出版社,1988.

[2]楼允东.组织胚胎学[M].北京:中国农业出版社,1996.

[3]中国科学院实验生物研究所.家鱼人工生殖的研究[M].北京:科学出版社,1962.

[原载《天津水产》2005(1)]

框鳞镜鲤♀×青鱼♂杂种F₁
胚胎发育和仔鱼早期发育初步研究*

金万昆,俞　丽,杨建新,张慈军,高永平,赵宜双,王春英

（国家级天津市换新水产良种场,天津　301500）

摘　要:采用人工催产和干法受精技术,对框鳞镜鲤♀×青鱼♂进行了2次杂交试验,共获受精卵878.9万粒,用网箱和环道孵化方法共得到培育4d仔鱼358万尾。受精率94.15%,孵化率51.4%。水温控制在23~24℃,受精后5min胚盘隆起,约58min进入2细胞期,1h10min进入4细胞期,1h25min进入8细胞期,1h43min进入16细胞期,1h53min进入32细胞期,2h20min进入多细胞期,2h49min进入囊胚早期,4h30min进入囊胚中期,5h18min进入囊胚晚期,6h30min进入原肠早期,7h30min进入原肠中期,9h30min进入原肠晚期,10h20min进入神经胚期,12h进入胚孔封闭期,14h30min进入眼泡出现期,18h20min进入尾芽期,23h30min进入晶体出现期,25h进入肌肉效应期,27h55min进入心脏搏动期,40h33min至45h30min为孵出期。胚后发育观察到4日龄,4日龄后下塘培育乌仔,该杂交组合胚胎发育时间介于双亲之间。同时,观察了杂种胚胎发育各时期中自卵裂、囊胚、原肠作用、器官形成至孵出期的发育异常现象,畸形率为51.8%。

关键词:框鳞镜鲤;青鱼;杂种F₁;胚胎发育;仔鱼

框鳞镜鲤♀与青鱼♂杂交属亚科间杂交。据不完全统计,从1558年以来,国内外报道过的鱼类亚科间杂交共有约5个亚科40余个杂交组合,如鲢（*Hypophthalmichthys molitrix*）♀×团头鲂（*Megalobrama amblycephala*）♂、鲢♀×青鱼（*Mylopharyngodon piceus*）♂、鲢♀×草鱼（*Ctenopharyngodon idellus*）♂、鲤（*Cyprinus carpio*）♀×草鱼♂、鲤♀×团头鲂♂、鲤♀×鳙（*Aristichthys nobilis*）♂、鳙♀×草鱼♂、鳙♀×三角鲂（*Megalobrama terminalis*）♂、草鱼♀×团头鲂♂、鲫（*Carassius auratus auratus*）♀×花鱼骨（*Hemibarbus maculatus*）♂、鲫♀×蒙古红鲌（*Erythroculter mongolicus*）♂、黑鲫（*Carassius carassius*）♀×拟鲤（*Rutilcus rutilus*）♂、黑鲫♀×红眼鱼（*Scardinius erythrophthalmus*）♂、黑鲫♀×鱼句（*Gobio gobio*）♂、拟鲤♀×鱼句♂、红眼鱼♀×丁鳜（*Tinca tinca*）♂、红眼鱼♀×鲤鱼♂、鱼句♀×圆腹雅罗鱼（*Leuciscus idus*）♂、拟鲌（*Alburnus alburnus*）♀×丁鳜♂等[1]。但框鳞镜鲤♀与青鱼♂杂交组合未见报道。本研究对该杂交组合杂种F₁的胚胎发育及仔鱼早期发育进行了观察,旨在探讨鱼类远缘杂交,特别是亚科间杂交杂种F₁胚胎发育特性及胚胎发育过程中畸形胚胎出现的情况及其发育规律。

1　材料与方法

1.1　材料

亲本框鳞镜鲤和青鱼均取自本场试验池。框鳞镜鲤雌鱼体重3.5~6kg,4龄;青鱼雄鱼体重11~14kg,7龄。于2004年6月5日和6月8日共进行2次试验,2次共用框鳞镜鲤雌鱼21尾,青鱼雄鱼5尾。

1.2　方法

1.2.1　人工催产,干法受精

试验前1d,从池塘捕出亲鱼,分别放入水泥池的网箱中,网箱大小为3m×4m×1m,水温22℃左右,当天下午3:00分别给亲鱼注射催产药物,催产剂为促黄体素释放激素类似物（LRH-A₂）和绒毛膜促性腺激素（HCG）,剂量:雌鱼每千克体

* 资助项目:全国水产技术推广总站水产良种示范推广项目（农鱼技苗〔2003〕28号）

重注射（LRH – A₂）8 ～ 16μg 和 HCG 800IU，雄鱼剂量减半，均为 1 次注射。到达效应时间（约12h），检查雌鱼排卵情况，当轻压腹部能顺利流出卵粒时，立即进行人工授精，即将卵挤入已消毒的白瓷盆中，同时挤入精液并立即用力晃动盆内精卵，致使精卵均匀结合，3 ～ 4s 后加水，用手轻轻搅拌盆水使精卵充分授精并分散成粒。

1.2.2 孵化

将分散的受精卵迅速洒在事先铺置在水深0.2m 水泥池底的人工鱼巢上，待受精卵全部黏附后，将黏满受精卵的人工鱼巢一片片地挂在铁竿上，移入池塘网箱中孵化。水温 23 ～ 24℃。第 2 次试验的受精卵较多，直接放入孵化环道中，采用自然脱黏孵化。水温 24 ～ 27℃。

1.2.3 胚胎发育观察

每次试验均从受精卵中取出少量，黏附在2 ～ 3 个培养皿上，培养皿放入室内白瓷盆水中，每天早晚记录水温，并换水 1 次，水温保持在 23 ～ 26℃。发育时间的确定按受精卵50% 以上到该期间计算。使用国产解剖镜连续观察受精卵发育的全过程，每次观察 2 个培养皿，详细记录各期特征，并拍照。胚胎发育分期参照文献[2～6]。

观察了 F₁ 的胚胎发育，对畸形胚胎发育受阻、胚孔不封闭、体腔水肿、卵黄囊缩短、口腔张开、心血管系统异常等现象，进行了拍照。

受精率计算是按胚胎发育进入原肠期时，统计 2 ～ 3 个培养皿的活胚胎数（包括尚未死亡的畸形胚胎）占总受精卵数的百分率。

孵化率计算是按胚胎进入孵化期，仔鱼全部孵出（包括活着的畸形仔鱼）占总受精卵数的百分率。

2 结果

2.1 受精卵

框鳞镜鲤成熟卵为圆球形，沉性，有黏性，卵质分布均匀，卵粒呈黄绿色或黄色，卵径 1.7mm左右，受精卵入水后约 30min 吸水膨胀，形成卵周隙，其直径 2.0mm 左右。

2.2 孵化

框鳞镜鲤♀×青鱼♂ 杂种 F₁ 的受精卵采用网箱和环道两种孵化方式。网箱孵化稍差于环道孵化。2 次试验共获受精卵 878.9 万粒，共孵出鱼苗

358 万尾，受精率平均为 94.15%，孵化率平均为51.4%，其中畸形率为 51.8%。

2.3 胚胎发育过程

胚盘隆起：受精后约 5min，卵周围的原生质开始向动物极集中，并逐渐隆起，约 23min 在动物极形成胚盘。未受精卵，吸水后也会形成假胚盘。卵裂类型与一般硬骨鱼类相同，为盘状均等分裂类型[3]（图版Ⅰ –1）。

2 细胞期：受精后约 58min，胚盘面积逐渐扩大，开始在胚盘顶部中央产生一纵裂沟，并向两侧伸展，把细胞纵裂为两个大小相同的细胞（图版Ⅰ –2）。这时有一些受精卵分裂较慢。

4 细胞期：受精后 1h10min，进行第 2 次纵分裂，在两个细胞顶部中间出现分裂沟，与第一次分裂沟成直角相交，形成 4 个大小相等的细胞（图版Ⅰ –3）。很少一部分受精卵分裂稍慢，并形成 4个大小不相等的细胞。

8 细胞期：受精后 1h25min，进行第 3 次纵分裂，在第 1 次分裂面两侧各出现 1 条与之平行的凹沟，并与第 2 次分裂面垂直，形成两排形态、大小相似的 8 个细胞（图版Ⅰ –4）。这时分裂不正常的胚胎，其 8 个细胞形态、大小不同。

16 细胞期：受精后 1h43min，进行第 4 次分裂，出现垂直于第 1 与第 3 分裂面的凹沟，平行于第 2 分裂沟，纵裂成 16 个细胞，形成 4 排，每排 4个，但细胞明显变小（图版Ⅰ –5）。这时，一部分不正常分裂的胚胎，其细胞形态、大小明显不同，且细胞排列很不整齐（图版Ⅱ –1）。

32 细胞期：受精后约 1h53min，进行第 5 次分裂，通过分裂形成 32 个细胞，其分裂球形状相似，大小基本相等（图版Ⅰ –6）。这时，部分不正常分裂的胚胎，其分裂球大小不一，且位置排列很不整齐（图版Ⅱ –2）。

多细胞期：受精后 2h20min，进行第 6 次分裂，以后又进行第 7 次分裂，并依次继续下去，分裂球数目不断增加，细胞分裂球体积越来越小，形成多细胞期（图版Ⅰ –7）。这时，一部分不正常分裂的胚胎，或停止发育或见到分裂球发育不规则（图版Ⅱ –3 和图版Ⅱ –4）。

囊胚早期：受精后 2h49min，细胞分裂得更细，界限不清，分裂球堆叠成帽状突出在卵黄球上。3h20min 帽状明显隆起，形成高囊胚，为囊胚

早期(图版Ⅰ-8)。这时,一部分不正常分裂的胚胎,或停止发育或形成不规则的囊胚。

囊胚中期:受精后 4h30min,细胞分裂越来越小,胚盘中央隆起部逐渐降低,并向扁平发展,胚胎进入囊胚中期(图版Ⅰ-9)。这时,一部分不正常分裂的囊胚或停止发育,或虽发育,但囊胚形状很不规则。

囊胚晚期:受精后约 5h18min,胚盘高度进一步降低,并继续向扁平伸展,周围一层细胞开始下包,进入囊胚晚期(图版Ⅰ-10)。这时,一部分不正常分裂的囊胚停止发育,但部分仍继续发育。

原肠早期:受精后 6h30min,胚盘边缘细胞增多,从四面向植物极下包,同时部分细胞内卷成为一个环状的细胞层,形成胚环(图版Ⅰ-11)。这时一部分发育不正常的胚胎,胚盘下包受阻(图版Ⅱ-5)。

原肠中期:受精后 7h30min,胚环扩大,开始下包卵黄 1/3,并继续内卷形成胚盾雏形,胚层与卵黄囊界限明显,胚胎进入原肠中期(图版Ⅰ-12)。这时,一部分发育不正常的胚胎停止发育,部分开始死亡(图版Ⅱ-6)。

原肠晚期:受精后 9h30min,胚盘向下外包卵黄 2/3,神经板形成,胚盾不断向前延伸,出现胚体雏形,进入原肠晚期(图版Ⅰ-13)。这时,不正常发育的胚胎下包受阻,开始出现大量死亡(图版Ⅱ-7)。据统计从受精开始到现在,642 个发育胚胎中,累计死亡 55 个,受精率为 91.4%。

神经胚期:受精后 10h20min,胚盘下包 4/5,胚体包卵黄 1/3,脊索形成,出现 1 对肌节,卵黄栓形成(图版Ⅰ-14)。这时,一部分不正常发育胚胎下包受阻。

胚孔封闭期:受精后 12h,胚盘下包结束,胚体包卵黄囊约 1/2,胚胎前端膨大,形成前、中、后脑 3 部分,神经管可见,脊索向后延伸(图版Ⅰ-15)。这时一部分不正常发育胚胎下包结束,发育速度明显慢于正常胚胎(图版Ⅱ-8)。

眼泡出现期:受精后 14h30min,胚胎前部、脑两侧眼原基出现;受精后 16h43min,眼泡形成。肌节 6~8 对,头部腹面出现心原基(图版Ⅰ-16)。这时,一部分不正常发育胚胎,胚胎前端卵黄囊膨大,脑形成前、中、后 3 部分,神经管出现。

一部分胚胎停止发育死亡。检查 188 个胚胎,死亡 11 个。

尾芽期:受精后 18h42min,胚体包卵黄囊 3/5,头部稍离卵黄囊,前、中、后脑分化明显,肌节 12~14 对,胚体后段出现锥形尾芽(图版Ⅰ-17)。这时一部分发育不正常胚胎头部未离开卵黄,前、中、后脑分化不明显,脊索向后伸展不正常,尾芽还未形成。

晶体出现期:受精后 23h30min,胚体包卵黄囊 4/5,眼泡内出现晶体,肌节 20~22 对(图版Ⅰ-18)。这时一部分发育不正常胚胎头部稍离卵黄囊,前、中、后脑出现分化,尾芽出现;一部分胚胎停止发育死亡。检查 77 个胚胎,死亡 4 个。

肌肉效应期:受精后 25h,尾部离开卵黄囊,并逐渐伸向头部,头部隆起明显。尾鳍褶形成,胚体出现扭动,扭动间隔时间较长(图版Ⅰ-19)。这时,一部分发育不正常的胚胎继续发育,但发育缓慢,尾部向背部弯曲,一部分胚胎发育受阻死亡(图版Ⅱ-9)。检查 173 个胚胎,死亡 16 个。

心脏搏动期:受精后 27h55min,胚体扭动次数增加,心脏开始搏动。受精后 33h30min,心脏搏动次数增加达到每分钟 80 次左右,血液缓慢流动,血液开始无色,后为浅红色,胚体不停扭动,心跳达到每分钟 120 次左右,尾鳍褶增厚,背鳍褶出现,耳囊出现(图版Ⅰ-20)。这时,一部分发育不正常的胚胎,肌体开始扭动,心脏开始搏动,血管中血液开始流动,卵黄囊前端很大,头部紧贴卵黄囊,体腔出现水肿,躯体向上弯曲。

孵出期:受精后 40h33min,胚体不断增长,胚体扭动剧烈,血液红色,血流加快,红细胞清晰可见,尾部盖住头部,腹鳍褶和泄殖孔出现。受精后 45h30min,卵膜显得松弛而有褶皱,眼睛外圈出现黄色色素。膜内胚体不断翻转,时而剧烈抖动。尾部剧烈摆动,最后正常胚胎尾部破膜而出,仔鱼全长 4.9mm 左右(图版Ⅰ-21)。不正常胚胎则头部先出膜,然后尾部出膜,全长 4.5mm 左右,一部分胚胎不能出膜而死亡(图版Ⅱ-10、图版Ⅱ-11、图版Ⅱ-12 和图版Ⅱ-13)。经统计出膜后正常苗 182 尾,畸形苗 109 尾,膜中死亡胚胎 17 个。

2.4 仔鱼前期

1 日龄仔鱼：孵出后 2h40min，仔鱼全长 4.9～5.1mm，卵黄囊浅黄色，呈长梨状，占身体的 2/3，头大，尾短，脑分化明显，中脑突起显著，头部出现两对鳃弧，眼球黑色素已形成；心脏呈红色，可见心脏不断搏动。血液沿体侧流动，血管清晰，心跳平均 130 次左右，肠细直，肛门未外开。鱼头部前端出现口窝。鱼体透明，仔鱼侧卧水底，搅动水体时，向上作垂直运动。这时，畸形仔鱼发育缓慢，卵黄囊前端很大，头部还贴在卵黄囊上，尾部伸展不开，有的向上弯曲，不久死亡(图版Ⅱ－14、图版Ⅱ－15 和图版Ⅱ－16)；另一部分畸形仔鱼还在发育。检查182尾孵出仔鱼中，有 7 尾畸形发育死亡。

2 日龄仔鱼：孵出后 20h30min，仔鱼体伸开，卵黄囊延长呈粗棒状，头部出现 4 对鳃弧，可见鳃丝。胸鳍褶分化为胸鳍，椭圆形，鳍条出现。肠中部已膨大，内壁褶明显，鳔出现，但未充气(图版Ⅰ－22)。这时畸形仔鱼卵黄囊前部很大，躯体弯曲，发育受阻，不久死亡；另一部分畸形仔鱼继续发育；但外形与正常仔鱼明显不同。检查182尾孵出鱼苗中，有 14 尾畸形死亡。

3 日龄仔鱼：孵出后 49h25min，仔鱼全长 5.5～6.3mm，卵黄囊吸收呈长筒状，仔鱼头背部黑色素细胞增加，肠蠕动明显，中肠膨大，后端加粗，口张合明显，背鳍褶隆起，胸鳍增大，大部分仔鱼鳔一室充气，可上浮作水平运动(图版Ⅰ－23)。这时畸形仔鱼卵黄囊前端仍很大，体腔出现水肿，心血管系统发育异常，侧卧水底，不久死亡；但仍有很大一部分继续发育。

4 日龄仔鱼：孵出后 63h40min，仔鱼全长 6.2～7.5mm，仔鱼卵黄囊吸收消失，仔鱼鳔全部充气，口上下颌形成，张合明显，肠前部继续膨大，中部弯曲，后端增粗。鳃 4 对，出现鳃丝，但尚未形成鳃耙，开始摄食。体浅黄色。这时，畸形仔鱼卵黄囊仍较大，体躯弯曲，体腔水肿，侧卧水底，不久死亡。但另一部分畸形仔鱼继续发育，鳔充气，口张开，但不能闭合，肠道也发育，肛门部分向外开口，部分仍未开口。检查182尾孵出鱼苗中，又死亡29尾。孵出后 70h20min，仔鱼水平游泳能力增强，常群集运动，摄食明显，投喂熟鸡蛋黄后，可见肠道中有黄色食物，可下塘培育乌仔(图版Ⅰ－24)。这时，畸形仔鱼未见摄食。

表 （框鳞镜鲤♀×青鱼♂）杂种 F_1 的胚胎发育

Table 1 Embryonic development of hybrid between *Cyprinus carpio* var. *specularis* ♀ × *Mylopharyngodon piceus* ♂

发育时期 Development stages	孵化水温℃ water temperature	受精后时间 time after fertilization	部分受精卵胚胎 发育异常及死亡情况 abnovmal development and death of some fertilized eggs	图版 plate
受精卵 fertilized eggs	23	0		
胚盘隆起 blastoderm formation	23	23min		Ⅰ－1
2 细胞 2－cell·stage	23	58min		Ⅰ－2
4 细胞 4－cell stage	23	1h10min	卵裂不正常	Ⅰ－3
8 细胞 8－cell stage	23	1h25min	卵裂不正常,分裂细胞大小不一	Ⅰ－4
16 细胞 16－cell stage	23	1h43min	卵裂不正常	Ⅰ－5；Ⅱ－1
32 细胞 32－cell stage	23	1h53min	卵裂不正常	Ⅰ－6；Ⅱ－2
多细胞期 multicellular stage	23	2h20min	分裂细胞排列不规则	Ⅰ－7；Ⅱ－3,4
囊胚早期 early stage of blastula	23	2h49min	囊胚不规则	Ⅰ－8
囊胚中期 middle stage of blastula	23	4h30min	囊胚不规则	Ⅰ－9
囊胚晚期 late stage of blastula	23	5h18min	囊胚不规则	Ⅰ－10
原肠早期 early stage of gastrula	23	6h30min	胚盘下包受阻	Ⅰ－11；Ⅱ－5
原肠中期 middle stage of gastrula	23	7h30min	胚盘下包受阻	Ⅰ－12；Ⅱ－6
原肠晚期 late stage of gastrula	23	9h30min	胚盘下包受阻,检查 642 个受精卵中,死亡 55 个	Ⅰ－13；Ⅱ－7
神经胚期 neurula stage	23	10h20min	胚胎发育缓慢	Ⅰ－14
胚孔封闭期 stage of blastopore closure	23	12h	胚胎发育缓慢	Ⅰ－15；Ⅱ－8
眼泡出现期 optic vesicle	24	16h43min	胚胎发育缓慢,检查 188 个受精卵中,死亡 11 个	Ⅰ－16

（续表）

发育时期 Development stages	孵化水温℃ water temperature	受精后时间 time after fertilization	部分受精卵胚胎发育异常及死亡情况 abnovmal development and death of some fertilized eggs	图版 plate
尾芽期 tail bud	24	18h42min	胚胎发育缓慢，卵黄囊前端很大，脊索向后伸展不正常	Ⅰ-17
眼晶体出现期 stage of eye lens formed	24	23h30min	胚胎发育缓慢，检查 177 个胚胎，死亡 4 个	Ⅰ-18
肌肉效应期 stage of muscular contraction	25	25h	胚胎发育缓慢，尾部向背部弯曲，检查 173 个胚胎，死亡 16 个	Ⅰ-19；Ⅱ-9
心脏搏动期 stage of heart pulsation	25	27h55min ~ 33h30min	胚胎发育缓慢，卵黄囊前端很大，躯体向上弯曲	Ⅰ-20
孵出期 hatched larva stage	25	40h33min ~ 45h40min	不正常胚胎头部先出膜，一部分不能出膜，死亡	Ⅰ-21；Ⅱ-10~13

3 讨论

3.1 杂交种与亲本的孵化时间

框鳞镜鲤♀×青鱼♂，受精卵卵径 1.7mm 左右，卵具黏性，受精卵吸水膨胀后，卵径 2.0mm 左右，卵间隙很小，表现出母本卵子的特性。这种情况在鲤♀×鲴♂组合同样存在[1]。在水温 23 ~ 25℃时，该杂交组合胚胎发育时间为 45h40min；青鱼自交卵胚胎发育时间，在水温 21 ~ 24℃时为 36h；鲤鱼自交卵胚胎发育时间，在水温 20 ~ 24.6℃，为 53h，该杂交组合胚胎发育时间介于双亲之间。据文献报道，杂交鱼卵的分裂速度介于双亲之间，属中间型。如鲤♀×白鲦♂，当水温 22 ~ 24℃时，鲤×鲤自交卵胚胎孵化时间为 41h，白鲦×白鲦自交为 27h，而杂交种胚胎发育孵化时间为 38h；鲤♀×团头鲂♂，在水温 23.5 ~ 24.5℃下，从受精至孵化出膜历时 42h16min；鲤♀×鲴♂在孵化水温 21 ~ 24℃时，历经 35h 胚体出膜[1]。

3.2 受精率与孵化率

框鳞镜鲤♀×青鱼♂，2 次试验的受精率平均为 94.15%，孵化率平均为 51.4%，孵化时胚胎畸形率占 51.8%。这个组合与其他远缘杂交组合比较，具有较高的受精率，但畸形率相对较高。如鲢♀×团头鲂♂，其受精率为 80%，孵化率 60%，胚胎畸形率为 20%[7]；鲤♀×草鱼♂，受精率为 90%，孵化率为 75%，胚胎畸形率达 30% ~ 40%；鲤♀×团头鲂♂，受精率为 80%，孵化率为 59.3%，孵化时畸胚率为 10% ~ 37.7%；鲤♀×鲴

♂，受精率为 90%，孵化率为 60%，畸胚率为 20% ~ 50%[1]。

3.3 胚胎发育特征

框鳞镜鲤♀×青鱼♂，胚胎发育时序和发育特征与其他鲤科鱼类亚科间杂交组合基本相似，其胚胎发育时序从受精到孵出，大致可分 2 细胞期、4 细胞期、8 细胞期、16 细胞期、32 细胞期、64 细胞期、多细胞期、囊胚期、原肠期、神经胚期、胚孔封闭期、眼泡出现期、尾芽期、晶体出现期、肌肉效应期、心脏搏动期和孵出期等，但各研究者的分期稍有不同[2~6]。考虑到本杂交组合为亚科间远缘杂交，与一般自交不同的是，除正常发育胚胎外，还出现因杂交两亲本遗传特性不同，如染色体组型以及生理生态习性等不同，造成杂交亲本之间配组困难，而出现畸形胚胎，这些畸形胚胎在细胞分裂、器官形成等方面发育出现异常，如细胞分裂不正常、分裂细胞大小不一、细胞排列不规则、胚盘下包困难、胚孔不封闭、卵黄囊缩短、器官形成迟缓、脊索延伸受阻、躯体弯曲、体腔水肿、口张开不能闭合、肛门孔不向外开口或不与肠道相通等。本研究较详细观察了这些现象，而在其他亚科间杂交组合中未见报道[1]。胚后发育，共观察了 4d，至下塘为止。可以见到，不少畸形胚胎可以孵出，但与正常胚胎不同的是头部先孵出，且大部分畸形胚胎孵后陆续死亡，而一部分鱼苗看似正常，但下塘后还是死亡，发塘率不是很高。

感谢中国水产科学研究院黑龙江水产研究所沈俊宝研究员的悉心指导。

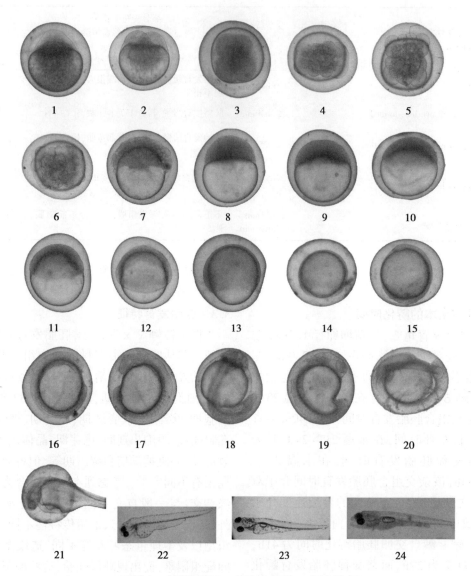

图版 I　框鳞镜鲤♀×青鱼♂杂种 F₁胚胎发育

Plate I　Embryonic development of *Cyprinus carpio* var. *specularis* ♀ × *Mylopharyngodon piceus* ♂ hybrid F₁

1. 胚盘隆起;2.2 细胞期;3.4 细胞期;4.8 细胞期;5.16 细胞期;6.32 细胞期;7. 多细胞期;8. 囊胚早期;9. 囊胚中期;10. 囊胚晚期;11. 原肠早期;12. 原肠中期;13. 原肠晚期;14. 神经胚期;15. 胚孔封闭期;16. 眼泡出现期;17. 尾芽期;18. 晶体出现期;19. 肌肉效应期;20. 心脏搏动期;21. 出膜期;22.2 日龄;23.3 日龄;24.4 日龄

1. blastoderm formation;2. 2 – cell stage;3. 4 – cell stage;4. 8 – cell stage;5. 16 – cell stage;6. 32 – cell stage;7. multicellular stage;8. early blastula stage;9. middle blastula;10. late blastula stage;11. early gastrula stage;12. middle gastrula stage;13. late gastrula stage;14. neurula stage;15. blastopore closure stage;16. optic vesicle stage;17. tail – bud stage;18. lens formed stage;19. muscular contraction stage;20. heart pulsation stage;21. hatching stage;22. 2 – day age;23. 3 – day age;24. 4 – day age

参考文献

[1]张兴忠,仇潜如.鱼类遗传与育种[M].北京:农业出版社,1988.

[2]楼允东.组织胚胎学[M].北京:中国农业出版社,1996.

[3]中国科学院实验生物研究所.家鱼人工生殖的研究[M].北京:科学出版社,1962.

[4] 易祖盛、王春、陈湘粦. 尖鳍鲤的早期发育 [J]. 中国水产科学,2002,9(2):120－124.

[5] 张春光,赵亚辉. 胭脂鱼的早期发育 [J]. 动物学报,2000,46(4):438－447.

[6] 蔡明艳,邓中粦,余志堂,等. 胭脂鱼的胚胎发育 [J]. 淡水渔业,1992,22(1):8－12.

[7] 张杨宗,谭玉钧,欧阳海. 中国池塘养鱼学 [M]. 北京:科学出版社,1989.

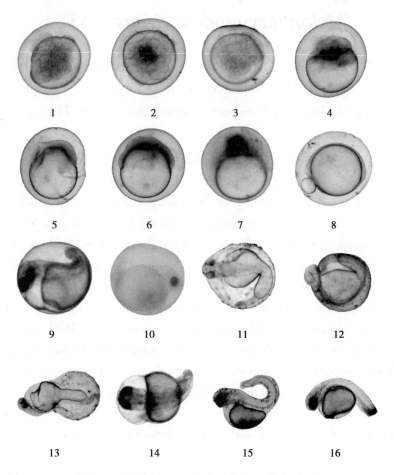

图版 Ⅱ　框鳞镜鲤♀×青鱼♂杂种 F₁ 的畸形胚胎

Plate Ⅱ Abnormal embryouic of *Cyprinus carpio* var. *specularis* ♀ and *Mylopharyngodon piceus* ♂ hybrid F₁

1.16 细胞期;2.32 细胞期;3.64 细胞期;4. 多细胞期;5. 原肠早期;6. 原肠中期;7. 原肠晚期;8. 胚孔封闭期;9. 肌肉效应期;10. 出膜前死亡;11. 出膜前头部;12. 头部出膜;13. 头部出膜;14. 畸形苗;15. 畸形苗;16. 畸形苗

1. 16 – cell stage;2. 32 – cell stage;3. 64 – cell stage;4. multicellular stage;5. gastrula early stage;6. gastrula middle stage;7. gastrula late stage;8. blastopore closure stage;9. muscular contraction stage;10. dead before haching;11. the head before haching;12. head was out from egg cell membrance13. head was out from egg cell membrance;14. abnormal larva;15. abnormal larva;16. abnormal larva

Embryonic and early larval development of the hybrid (*Cyprinus carpio* var. *specularis* ♀ × *Mylopharyngodon piceus* ♂) F$_1$

Jin Wankun, Yu Li, Yang Jianxin, Zhang Cijun, Gao Yongping,

Zhao Yishuang, Wang Chunying

(National level Tianjin Huanxin Excellent Fisheries Seed Farm, Tianjin 301500, China)

Abstract: Using artificial spawning and dry insemination, two hybrid experiments between *cyprinus carpio* var. specularis ♀ and *Mylopharyngodon piceus* ♂ were conducted. A total of 8789 thousand fertilized eggs and 3580 thousand 4 – day old larvae were obtained. The fertilization rate was 94. 15% and the hatching rate was 51. 4%. The fertilized eggs took 5min after fertilization to develop into formation of blastoderm, about 58 min into 2 – cell, 1h10 min into 4 – cell stage, 1h25min into 8 – cell stage, stage 1h43min into 16 – cell, 1h53min into 32 – cell stage, 2h20min into morula stage, 2h49min into early – blastula stage, 4h30min into middle – blastula stage, 5h18min into late – blastula stage, 6h30min into early – gastrula stage, 7h30min into middle – gastrula stage, 9h30min into late – gastrula stage, 10h20min into neurula stage, 12h into blastopre closing stage, 14h30min into optic vesicle stage, 18h20min into tail – bud stage, 23h30 min into eye lens formed stage, 25h into muscular effect stage, 27h55min into heart working stage, the hatched larvae stage was from 40h33min to 45h30min after fertilization. The embryonic development was observed until the fourth day then the 4 – day old larva were put into the pond for breeding. The embryonic development time of the hybrid is between their parents'. Meanwhile the abnormal phenomena from fertilized eggs division, organ forming to hatched larva during each embryonic development stage of hybrid were observed. The malformation rate was 51. 8%.

Key works: *Cyprinus carpio* var. *specularis*; *Mylopharyngodon piceus*; Hybrid F$_1$; Embryonic development; Larva

[原载《水产学报》2006,30(1)]

散鳞镜鲤(♀)与团头鲂(♂)亚科
间杂交获高成活率杂交后代

金万昆,朱振秀,王春英,余勇奇,王绍全,赵宜双

(国家级天津换新水产良种场,天津　301500)

A high survival rate of hybrid F_1 was got from *Cyprinu carpio* L. Mirror(♀)× *Megalobrama amblycephala*(♂)

Jin Wankun,Zhu Zhenxiu,Wang Chunying,

Yu Yongqi,Wang Shaoquan,Zhao Yishuang

(National Level Tianjin Huanxin Excellent Fisheries Seed Farm,Tianjin 301500,China)

散鳞镜鲤(*Cyprinu carpio* L. Mirror)和团头鲂(*Megalobrama amblycephala*)分属鲤科中的不同亚科,这两个亚科之间的杂交至今未见报道。本实验以29尾3龄散鳞镜鲤(♀,体长34.0~36.5cm,体重3.0~3.8kg)与33尾3龄团头鲂(♂,体长28.0~33.6cm,体重1.4~1.6kg)进行人工催情与干法授精。2次实验共获得受精卵2 020万粒,受精率平均为84.2%,孵出鱼苗1 700余万尾。取子一代与亲本各15尾进行26项形态学指标测定与比较,其中,有20项指数为负值,6项为正值;在负值中有14项指数偏向母本,有6项指数完全偏向母本;在正值中,有4项指数偏向父本,2项指数完全偏向父本,表现出偏母遗传的特性。根据其形态学性状遗传表现,既有来自母本的遗传性状,又有来自父本的遗传性状,初步判定本实验所得子一代为杂交种F_1,但该种的染色体倍数尚需进一步的染色体核型分析及DNA含量测定。

关键词:散鳞镜鲤;团头鲂;杂交

Key words:*Cyprinu carpio* L. Mirror;*Megalobrama amblycephala*;Hybridization

[原载《中国水产科学》2003,10(2)]

散鳞镜鲤、团头鲂及其杂交 F_1 肌肉营养成分的比较

马　波[1],金万昆[2]

(1. 中国水产科学研究院黑龙江水产研究所,哈尔滨　150070;

2. 国家级天津市换新水产良种场,天津　301500)

摘　要: 采用生化分析方法对散鳞镜鲤、团头鲂及其杂交 F_1 肌肉的营养成分进行了测定并比较。结果表明,杂交种 F_1 肌肉中的水分含量为77.89%、灰分含量为5.52%,均低于亲本;脂肪含量为4.77%,高于团头鲂,低于散鳞镜鲤; F_1 的氨基酸含量为77.89%,低于双亲,但大多成分含量与散鳞镜鲤相当。在总体水平上,杂交种品质得到初步的改良。

关键词: 散鳞镜鲤;团头鲂;杂种 F_1 ;肌肉;营养成分

　　鱼类的远缘杂交是鱼类育种的基本手段之一。远缘杂交可显著地扩大和丰富动植物育种基因库,促进种间的基因交流,引入杂种的有利基因,因而能创造家养品种中前所未有的新变异类型,甚至合成新的物种,而表现出比亲本某种性状上的优势。在鱼类中,鲤科鱼类的种间、属间和亚科间的杂交都有相当多的研究。散鳞镜鲤(*Cyprinus carpio* L.)和团头鲂(*M. amblycephala*)分属鲤科中的不同亚科,现已成功对其进行了远缘杂交,并获得高成活率的杂交后代 F_1 群体[1]。 F_1 在形态学指标上,具有双亲的特性,并在某些性状上优于双亲,具有一定的生产应用价值。

　　本研究采用生化分析方法对散鳞镜鲤、团头鲂及其杂种 F_1 肌肉成分进行测定并比较分析,以阐明在鱼肉的品质上, F_1 所具有的杂种优势及其较高的利用价值。

1　材料与方法

1.1　材料

　　用于实验的材料于2002年11月采自天津市换新水产良种场,体重分别为,散鳞镜鲤97～156g、团头鲂54～105g及杂交 F_1 (散鳞镜鲤♀×团头鲂♂)的当年鱼种102～136g,每种鱼选择5尾,混合作为一个分析样品,取背部肌肉去皮剪碎备用。

1.2　检测方法

　　采用105℃烘干称重法,依据 GB 5009.3—85 测定水分;采用550℃高温灰化法,依据 GB 5009.4—85 测定灰分;采用瑞典 BUCH1320 凯氏定氮仪,依据 GB 5009.5—85 测定蛋白质;采用 YG－2 型脂肪提取器,依据 GB 5009.6—85 测定脂肪;采用日立835－30型氨基酸分析仪,依据 NY/T 56—87 测定氨基酸。

2　结果与讨论

2.1　3种鱼肌肉营养成分及含量

　　3种鱼的肌肉营养成分(粗蛋白质、粗脂肪、灰分)检测结果列于表1。表1结果显示,3种鱼的含量有所不同,粗蛋白质含量散鳞镜鲤＞团头鲂＞ F_1 ;粗脂肪含量散鳞镜鲤＞ F_1 ＞团头鲂;灰分含量散鳞镜鲤＞团头鲂＞ F_1 。散鳞镜鲤、 F_1 、团头鲂鲜样的水分含量分别为80.66%、77.89%和78.88%, F_1 的水分含量低于双亲。

2.2　3种鱼肌肉中氨基酸组成及含量

　　3种鱼肌肉中氨基酸组成及含量的检测结果列于表2。从表2的结果可以看出,团头鲂肌肉中的氨基酸含量普遍高于散鳞镜鲤和杂种 F_1 ,散鳞镜鲤肌肉中的氨基酸含量大多都略高于 F_1 ,表明杂种 F_1 肌肉中氨基酸的含量普遍低于双亲。

表1 3种鱼肌肉营养成分含量(干样)

Table 1 The nutritive composition in muscle of three fish(dry matter)(%)

	粗蛋白质	粗脂肪	灰分
散鳞镜鲤	89.61	5.08	5.92
F₁	87.92	4.77	5.52
团头鲂	89.59	4.45	5.53

表2 3种鱼肌肉中氨基酸含量(干样)

Table 2 Contents of amino acids in muscle of three fish(dry matter)(%)

	Asp	Thr	Ser	Glu	Gly	Ala	Cys	Val	Met	Ile	Leu	Tyr	Phe	Lys	His	Arg	Pro
散鳞镜鲤	9.29	3.76	3.39	13.1	2.40	2.85	0.49	4.79	3.04	4.20	7.01	1.63	3.99	9.15	2.66	4.89	2.68
F₁	8.71	3.55	3.13	12.4	2.16	2.57	0.46	4.48	2.83	3.98	6.61	1.32	3.65	8.85	2.51	4.55	2.64
团头鲂	9.40	3.80	3.39	13.6	2.53	2.99	0.52	4.90	3.03	4.10	7.39	1.96	3.83	9.42	2.57	5.15	2.86

鱼类杂交优势利用的目的主要表现为提高杂交种生长速度和肉质的改良等经济指标,营养的评价主要根据肌肉中蛋白质和脂肪含量所决定。刘明华等[2]通过散鳞镜鲤与德国镜鲤杂交,其 F₁ 肌肉的营养成分含量均略高于亲本,水分含量则低于亲本,出现杂交 F₁ 肉质改良的趋势。潘伟志等[3]通过鲶鱼和怀头鲶杂交,其杂交鲶肌肉蛋白质含量略高于亲本,但脂肪含量高于亲本平均含量的4.3倍。本研究中,杂种 F₁ 的肌肉中水分的含量低于双亲,灰分含量低于散鳞镜鲤和团头鲂,在品质上初步得到了改良。F₁ 脂肪含量明显高于团头鲂而低于散鳞镜鲤,F₁ 的氨基酸含量虽低于双亲,但大多成分含量与散鳞镜鲤相当。

散鳞镜鲤和团头鲂远缘杂交杂种 F₁ 肌肉中的水分含量、灰分含量和脂肪含量等指标均表现出优于亲本的特性,鱼肉的品质得到初步改良,表现出一定的杂种优势。这一研究结果也表明,通过散鳞镜鲤和团头鲂的远缘杂交,可获得能明显提高肌肉含量,品质较为优良的杂交组合,同时,这种杂交后代能获得很高的成活率,可为开发淡水保健食品增加一个新的养殖品种。

参考文献

[1]金万昆,朱振秀,王春英,等.散鳞镜鲤(♀)与团头鲂(♂)亚科间杂交获高成活率杂交后代[J].中国水产科学,2003,10(2):159.

[2]刘明华,等.松浦镜鲤(散鳞镜鲤×德国镜鲤)F₁ 主要经济性状及遗传特性[J].水产学杂志,1993(1):19-24.

[3]潘伟志,尹洪滨,等.杂交鲶(怀头鲶♀×鲶鱼♂)及其亲本肌肉营养成分分析[J].水产学杂志,1998(2):13-15.

An analysis of the nutritive composition in muscle of *Cyprinus carpio* L. mirror, *Megalobrama Amblycephala* and their hybrids F₁

Ma Bo[1], Jin Wankun[2]

(1. Heilongjiang River Fishery Research Institute, Chinese Academy of
fishery Science, Harbin 150070, China;

2. National Level Tianjin Huanxin Excellent Fisheries Seed Farm, Tianjin 301500, China)

Abstract: Contents of moisture, protein and lipid were analyzed in the muscle of *Cyprinus carpio* L. mirror, *Megalobrama. Amblycephala* and their hybrids, and so was the composition of ash, amino acid. The contents of moisture and ash in their hybrids F₁ are lower than their parents, and lipid content is lower than *Cyprinus carpio* L. mirror, and higher than *Megalobrama. Ambly – cephala*. The moisture content in muscle of hybrids F₁ was 77. 89% , and the contents of ash and lipid are 5. 52% , 4. 77% respectively. The amino acid in the muscle of hybrid is 77. 89 % , and most amino acid in muscle is lower than or almost close to those of *Cyprinus carpio* L. mirror. The results showed that the quality of hybrids F₁ is better than their parents.

Key words: *Cyprinus carpio* L; *M. Amblycephala*; Hybrids F₁; muscle; Nutritive composition

[原载《水产学杂志》2004,17(2)]

异源精子诱导(散鳞镜鲤♀×美国大口胭脂鱼♂)雌核发育二倍体的初步研究

金万昆[1],董　仕[2],杨建新[1],高永平[1],俞　丽[1],张慈军[1],朱振秀[1],赵宜双[1]

(1. 国家级天津市换新水产良种场,天津　301500;

2. 天津师范大学化学与生命科学学院,天津　300387)

摘　要:采用异源精子诱导雌核发育技术,在(散鳞镜鲤♀×美国大口胭脂鱼♂)科间"杂交"组合中获得散鳞镜鲤雌核发育二倍体 F_1。观察并鉴定了该雌核发育二倍体 F_1 胚胎发育特点,胚胎发育所需时间;体色、鳞被、鳃耙数、背鳍条数、臀鳍条数及口须等形态学特征;染色体数及核型并进行了同工酶分析。观察结果表明与父本完全不同,而与母本散鳞镜鲤一致。该组合雌核发育二倍体的出现率为 0.8548% 。

关键词:散鳞镜鲤;美国大口胭脂鱼;异源精子诱导;雌核发育;二倍体 F_1

鱼类雌核发育在遗传学和育种学上具有重要意义,成为 20 世纪 60 年代以来研究的热点之一,世界上许多国家都先后开展了这项研究,我国是从 20 世纪 70 年代后期开始的。从 20 世纪 60 年代至今已研究的鱼类有鲟科鱼类、鲑鳟鱼类、鲤科鱼类和罗非鱼属的一些种及几种海水鱼类共 34 种。但上述鱼类二倍体雌核发育研究都采用人工诱导技术,而用异源精子受精即远缘杂交方法,产生二倍体雌核发育子代至今报道很少。本研究用异源精子诱导(散鳞镜鲤♀×美国大口胭脂鱼♂)雌核发育产生二倍体(以下简称雌核发育二倍体 F_1),观察描述了该子代的胚胎发育特征、体色、鳞被的遗传并进行了染色体核型和同工酶分析,以鉴别该子代确系雌核发育二倍体,为鱼类远缘杂交诱导雌核发育二倍体提供科学依据。

1　材料与方法

1.1　材料

诱导试验用亲本散鳞镜鲤雌鱼和美国大口胭脂鱼雄鱼均为天津市换新水产良种场专池培育的性成熟健康个体:雌鱼 4 尾,3 龄,体质量 2 768 ~ 3 396g,体长 53.1 ~ 56.5cm;雄鱼 2 尾,6 龄,体质量 4 518 ~ 5 463g,体长 54 ~ 58.6cm。

同工酶检测选取人工繁殖的 7 尾散鳞镜鲤(体长 18.9 ~ 21.1cm、体重 278 ~ 487g)9 尾美国大口胭脂鱼(体长 14.9 ~ 16.9cm、体重 95 ~ 120g)以及 5 尾雌核发育二倍体 F_1(体长 36.0 ~ 43.3cm、体重 1 698 ~ 2 913g),电泳用组织为 - 20℃冷冻保存的肌肉解冻液。

1.2　方法

1.2.1　亲鱼催产和人工授精

雌雄鱼于催产当日早晨自培育池捕起后分别放入催情用的水泥池网箱中暂养,网箱规格 3m × 1.5m × 1m,当日 15:00 进行人工催情,催产药物为 LHRH - A_2 和 DOM 的混合液,雌鱼剂量为:(LHRH - A_2 8.0μg + DOM 2.0mg)·kg^{-1} 鱼体重,雌鱼注射两次,第 1 次用量为全剂量的 1/3,第 2 次注射剩余剂量;雄鱼为雌鱼剂量的一半,一次注射,在雌鱼第 2 次注射时注射,水温为 20 ~ 21℃。第 2 次注射后 14h 左右检查雌鱼腹部流卵情况。如轻压腹部能顺利流卵时,立即进行干法授精,受精后 5min 取部分受精卵均匀泼洒在直径 10cm 的盛水培养皿中,其余的受精卵均匀泼洒放在水深 30cm 左右的水泥池底铺设的由聚乙烯制作的长 1.0m、宽 0.6m 鱼巢上,30min 后将鱼巢放入池塘 3m × 4m × 1m 的小网箱内孵化。

1.2.2　胚胎发育观察

用受精卵培养皿 2 个,一个观察统计受精率,一个放在显微镜下观察胚胎发育。培养皿每 8h 换水 1 次,水是无污染并经充分曝气的新水,水温

17～21℃。用 Nikon YSl00 双筒显微镜连续观察受精卵发育的全过程，并用 Nikon COOLPIX4500 数码照相机记录重要发育时期的特征，同时观察散鳞镜鲤和美国大口胭脂鱼自交 F₁ 的胚胎发育过程，以作对照。胚胎发育分期依据文献[4]。

1.2.3 雌核发育二倍体的鉴定

测定雌核发育与亲本在体色、鳞被、鳃耙数和背、胸、腹鳍分支鳍条数与尾鳍条数及口的位置等性状上的差异。采用 PHA 体内注射，肾细胞短期培养，空气干燥法[5]制备雌核发育二倍体 F₁ 的染色体中期分裂相的玻片标本，以"GB/T 18654.12—2002 养殖鱼类种质检验 第 12 部分：染色体组型分析"确定并比较了雌核发育 F₁ 与亲本在体细胞染色体数及核型公式上的差异。同工酶电泳参照 Taniguchi 等人[6]报道的水平式淀粉凝胶电泳法进行。水解淀粉的浓度为 10.5%，凝胶以及电泳用缓冲液为 C－T（pH8.0）缓冲液。检测的同工酶种类为天冬氨酸转氨酶（AAT）、磷酸甘油醛脱氢酶（α－GPD）、乳酸脱氢酶（LDH）、葡萄糖磷酸异构酶（GPI）、苹果酸脱氢酶（MDH）、磷酸葡萄糖变位酶（PGM）。

2 结果

2.1 卵

初排出的未受精卵近似圆球形、青灰稍带褐色，卵质中充满卵黄颗粒而不透明，角膜与角质卵膜密接不分，直径为 1.12～1.18mm，受精后受精卵出现吸水膨胀，角膜与角质膜分离形成卵周隙，呈半透明的卵黄颗粒开始流动，受精卵出现黏性，能附着于任何物体，膨胀后的受精卵平均外径为 1.98mm，但体积质量仍稍大于水，在静止的水环境中，沉于底部。

2.2 胚胎发育过程

雌核发育二倍体 F₁ 的胚胎发育和散鳞镜鲤自交 F₁ 的胚胎发育一致，经胚盘形成、卵裂、囊胚、原肠胚、神经胚、器官形成到孵化出膜等阶段。（散鳞镜鲤♀×美国大口胭脂鱼♂）雌核发育二倍体 F₁ 胚胎发育图谱如图 1 所示，与散鳞镜鲤、美国大口胭脂自交 F₁ 胚胎发育时序的比较如表 1 所示。

2.3 异源精子诱导雌核发育二倍体出现率

两次试验统计，用异源精子诱导的雌核发育二倍体的出现率为 0.8548%。

2.4 形态学特征

雌核发育二倍体 F₁ 体呈纺锤型，背部稍隆起，头较小，吻钝，口亚下位，略呈马蹄型，上颌包着下颌，有两对须。背鳍和臀鳍的最后一根硬刺后缘为锯齿状。由头部至尾鳍基部有一行背鳞，沿侧线连续或不连续排列大小不规则的鳞片，在鳃盖后缘和尾柄覆盖较大鳞片，而胸鳍、腹鳍、臀鳍基部有较小鳞片，其他部位裸露。侧线平直，侧线上缘呈褐蓝色，两侧微绿而浅黄，腹部银白色。尾鳍下叶呈橘红色。背鳍 iii，17～21；胸鳍 i，12～17；腹鳍 i，8；臀鳍 iii，4～5；尾鳍 28～34。胸鳍末端不达腹鳍，腹鳍不达臀鳍。左侧第一鳃弓外鳃耙数 18～24，咽喉齿式 1·1·3/3·1·1。雌核发育二倍体 F₁ 与亲本主要形态学性状的比较如表 2 所示。

2.5 染色体数及核型

雌核发育二倍体 F₁ 的体细胞染色体数为 2n＝100，核型为 30m＋28sm＋20st＋22t，染色体臂数（NF）＝158，散鳞镜鲤体细胞染色体数为 2n＝100，核型为 30m＋26sm＋30st＋14t，染色体臂数（NF）＝156，两者基本一致。而大口胭脂鱼体细胞染色体数为 100，核型为 10m＋6sm＋60st＋24t，染色体臂数（NF）＝116。如图 2、图 3 和图 4 所示。

2.6 同工酶比较

检测的 6 种同工酶，均获得了清晰的电泳图谱，部分同工酶的电泳图谱如图 5、图 6、图 7 和图 8 所示。由电泳图谱可以看出散鳞镜鲤与美国大口胭脂鱼之间所有的同工酶图谱均不相同，而雌核发育二倍体 F₁ 的电泳图谱类型与母本散鳞镜鲤相一致。

3 讨论

3.1 异源精子诱导雌核发育二倍体的出现率

在二倍体雌核发育技术中，不用特殊处理方法，如使精子遗传失活和温度休克处理受精卵而获得雌核发育二倍体（称自发二倍体雌核发育）的出现率一般不超过1%，鲤鱼0.1%～1.0%，但也有得到1.35%～1.5%自发雌核二倍体鲤鱼的（楼允东）[1]。本研究用异源精子诱导（散鳞镜鲤♀×美国大口胭脂鱼♂）雌核发育二倍体的出现率为0.8548%（获卵62 000粒，孵出鱼苗530尾）。

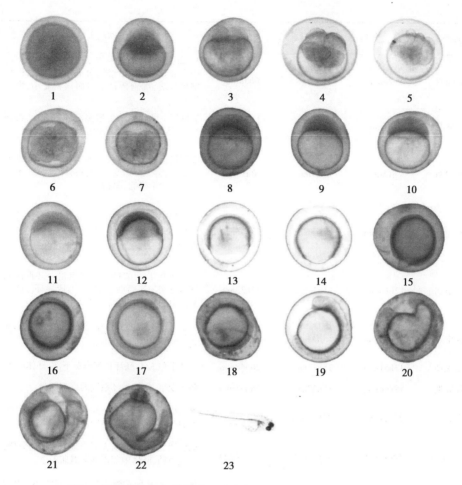

图1 散鳞镜鲤♀×美国大口胭脂鱼♂远缘杂交 F₁ 胚胎发育图谱

1. 受精期;2. 胚盘隆起;3.2 细胞期;4.4 细胞期;5.8 细胞期;6.16 细胞期;7.32 细胞期;8. 多细胞期;9. 囊胚早期;10. 囊胚中期;11. 囊胚晚期;12. 原肠早期;13. 原肠中期;14. 原肠晚期;15. 神经胚期;16. 胚孔封闭期;17. 肌节出现期;18. 眼泡期;19. 尾芽期;20. 肌肉效应期;21. 心跳期;22. 出膜前期;23. 初孵仔鱼

表1 (散鳞镜鲤♀×美国大口胭脂鱼♂)雌核发育二倍体 F₁ 与散鳞镜鲤、美国大口胭脂鱼自交 F₁ 胚胎发育时序的比较

序号	发育时期	雌核发育 F₁	散鳞镜鲤	美国大口胭脂鱼	各发育期的主要特征	图序
1	受精卵	0	0	0	圆球形,透明、青灰色或淡黄色,卵质分布均匀,极性不明显	I－1
2	胚盘隆起	1h30min	1h27min	1h38min	原生质向动物极集中,形成胚盘	I－2
3	2 细胞期	2h05min	2h02min	2h23min	胚盘沿经线分裂,形成大小相等的2个细胞	I－3
4	4 细胞期	2h26min	2h17min	3h38min	第2次卵裂也沿经线分裂,而分裂沟与第一次垂直,形成大小相等的4个细胞	I－4
5	8 细胞期	3h02min	2h47min	4h03min	第3次卵裂有2个经线分裂面,都与第一次分裂面平行,形成大小相等的8个细胞,排成2列	I－5
6	16 细胞期	3h41min	3h27min	4h35min	也有2个经线分裂面,且都与第二次分裂面平行,分成16个大小相等的细胞,排成4列,此时卵黄开始缓慢变形运动	I－6
7	32 细胞期	4h21min	4h07min	5h48min	周围细胞仍沿经线分裂,中央部分细胞进行水平分裂,分裂结果所形成的32个细胞中,中央部分细胞较大,而周围部分细胞较小	I－7

（续表）

序号	发育时期	雌核发育 F_1	散鳞镜鲤	美国大口胭脂鱼	各发育期的主要特征	图序
8	多细胞期	5h28min	5h02min	6h58min	32 细胞期以后，周围的细胞进行水平分裂，中央部分的细胞沿经线分裂形成 2 层，以后继续分裂，细胞数目增多而体积变小，形成囊胚	I-8
9	囊胚早期	6h31min	5h47min	8h43min	囊胚层上的细胞数目增多而体积变小，排列 3～4 层，细胞很小但细胞界限仍可辨	I-9
10	囊胚中期	7h16min	6h27min	10h28min	囊胚层上的细胞数目更多而体积更小，排列成多层，囊胚开始变低，囊胚层在卵黄上形成一个半圆形隆起，呈帽状	I-10
11	囊胚晚期	10h51min	9h47min	13h03min	囊胚层上的细胞平展于卵黄上方，细胞体积更小。囊胚表面向卵黄下包囊胚变得更为扁平	I-11
12	原肠早期	12h10min	11h27min	17h33min	囊胚下包 1/3，囊胚层边缘上沿一环形区域细胞分裂加速而堆集加厚，形成胚环。胚环某区上的特别加厚部即为胚盾	I-12
13	原肠中期	15h36min	13h07min	22h58min	囊胚下包 1/2，胚环向下移动，胚盾也逐渐伸长，伸展于囊胚层的表面	I-13
14	原肠晚期	17h51min	15h32min	26h48min	囊胚下包 3/4，胚环移到卵黄下部，胚体形成	I-14
15	神经胚期	19h06min	17h57min	28h53min	胚盾变窄，中枢神经系统的原基明显	I-15
16	胚孔封闭	24h21min	22h17min	30h05min	囊胚层完全包围卵黄，胚孔封闭，中枢神经系统前端膨大成脑，胚体中部出现 2 对肌节	I-16
17	肌节出现期	26h15min	25h32min	33h13min	前脑明显，其两侧膨大形成眼泡。脑已分化，尾端粗钝，胚体中部出现 4 对肌节	I-17
18	眼泡期	30h41min	28h07min	37h18min	尾芽开始从卵黄囊上抬起，耳囊出现、嗅囊出现	I-18
19	尾芽期	36h08min	33h35min	41h08min	与视泡相对的外胚层形成了晶状体，耳囊中出现了泡状狭隙，卵黄囊形成一盲囊伸入胚体尾部中，形成后肠	I-19
20	肌肉效应期	48h46min	45h25min	58h28min	胚体开始微弱抽动，前、中、后脑出现了狭隙，卵黄囊呈梨形	I-20
21	心跳期	58h21min	55h57min	72h10min	头部下方有一博动的小管，这就是心脏。尾部向体侧弯曲，尾长约为胚体长的 1/8，眼晶体明显	I-21
22	出膜前期	111h21min	109h33min	119h33min	胚体扭动有力，胚体中部腹面可见粗大的血管，该血管引导血球从背侧经卵黄囊流入腹侧，再流向心脏。背鳍褶、胸鳍褶可见，尾鳍褶膜中出现辐射排列的鳍条	I-22
23	孵出期	119h06min	116h17min	126h28min	孵化时尾部先借摆动冲破卵膜，以后胚体才脱出卵膜。初孵仔鱼身体弯曲，以后伸直；卵黄囊也由梨形延长前部膨大，口已开，鳃部仅为一凹沟，全身血液循环明显。脊索和肌节都很清晰，身体有少量淡灰色色素斑，眼亦为灰色，胸鳍上已有鳍条和循环，尾鳍上鳍条明显，背鳍膜后方连于尾鳍，尾鳍的腹侧前方又与臀鳍膜和腹鳍膜相连。初孵仔鱼侧卧不动，有时作垂直运动，靠卵黄囊的营养物质生长	I-23

表2 雌核发育二倍体 F₁ 与父本、母本主要形态学性状的比较

项目	雌核发育二倍体 F₁	母本[9]	父本
体色	背部褐蓝色,两侧为绿而淡黄,腹部银白色	背部褐蓝色,两侧为绿而淡黄,腹部银白色	背部褐绿色,两侧及腹部青绿色
鳞被	散鳞型鳞被	散鳞型鳞被	全鳞型鳞被
鳃耙数	18～24	24～29	60～80
口须数	2 对	2 对	无
背鳍分支鳍条数	17～21,平均18.4±1.24	17～21,平均17.8±0.68	23～27
臀鳍分支鳍条数	4～5,平均4.87±0.36	4～5,平均4.8±0.41	9
胸鳍分支鳍条数	12～17,平均15.53±0.92	12～17,平均12.93±0.29	16～17
尾鳍分支鳍条数	28～34,平均29.27±1.94	28～34,平均28.93±1.20	26

图2 雌核发育二倍体 F₁ 的染色体中期分裂相及核型

图3 散鳞镜鲤的染色体中期分裂相及核型

图4 大口胭脂鱼的染色体中期分裂相及核型

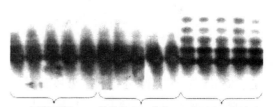

图5 散鳞镜鲤、美国大口胭脂鱼及其雌核发育二倍体 F₁ 的 LDH 电泳图

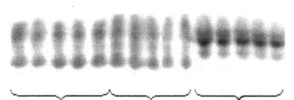

图6 散鳞镜鲤、美国大口胭脂鱼及其雌核发育二倍体 F₁ 的 α-GPD 电泳图

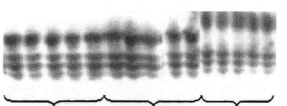

图7 散鳞镜鲤、美国大口胭脂鱼及其雌核发育二倍体 F₁ 的 MDH 电泳图

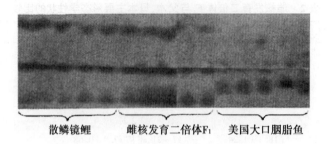

散鳞镜鲤　　雌核发育二倍体F₁　　美国大口胭脂鱼

图8　散鳞镜鲤、美国大口胭脂鱼及其雌核发育二倍体 F₁ 的 ATT 电泳图

3.2　胚胎发育速度

鲤胚胎发育速度,随水温变化而不同。水温在20℃时需91h,25℃需49h,30℃需43h(张扬宗)[10]。本研究的异源精子诱导雌核发育二倍体 F₁ 胚胎发育速度在水温 17～20℃ 时历时 119h06min,接近散鳞镜鲤自交 F₁ 发育速度(116h17min),比美国大口胭脂鱼发育速度(126h28min)要快。

3.3　雌核发育二倍体 F₁ 形态学性状的遗传表现

雌核发育二倍体 F₁ 的形态学性状完全表现母本的性状。散鳞镜鲤与美国大口胭脂鱼在外形性状上,两者差异很大,如体色、鳞被、鳃耙数和背、胸、臀、尾鳍条数以及口的位置等。鲤鱼鳞被受显隐性基因的控制,父本为全鳞型鳞被,母本为散鳞型鳞被,雌核发育二倍体 F₁ 的鳞被与母本相同,仅在背、胸、腹、臀鳍基部,鳃盖后缘和尾柄处有鳞;雌核发育二倍体 F₁ 体色也与母本一致,侧线上部呈褐蓝色,两侧微绿而浅黄,腹部银白色,而父本侧线上部褐绿色,后下部为青绿色;雌核发育二倍体 F₁ 左侧第一鳃弓外鳃耙数18～24,母本为24～29,父本为60～80,鳃耙数与母本基本相似。雌核发育二倍体 F₁ 和散鳞镜鲤(母本)的背鳍鳍式相同为 iii,17～21,而父本背鳍鳍式为 iii,23～27;雌核发育二倍体 F₁ 和散鳞镜鲤(母本)的胸鳍鳍式为 i,12～17,都有一根不分枝鳍条,而父本胸鳍全由分枝鳍条组成,且为 16～17。雌核发育二倍体 F₁ 和散鳞镜鲤(母本)的臀鳍分枝鳍条数相同,都为 4～5,而父本为9。雌核发育二倍体 F₁ 和散鳞镜鲤(母本)的尾鳍条数相同,都为 28～34,而父本为26;雌核发育二倍体 F₁ 和散鳞镜鲤(母本)口位均为亚下位且有 2 对须,而父本的口位为端位、无须。

3.4　染色体数及核型

雌核发育二倍体 F₁ 的体细胞染色体数为 2n＝100,核型为 30m＋28sm＋20st＋22t,染色体臂数(NF)＝158,散鳞镜鲤体细胞染色体数为 2n＝100,核型为 30m＋26sm＋30st＋14t,染色体臂数(NF)＝156,两者基本一致,而大口胭脂鱼体细胞染色体数为 100[10,11],核型为 10m＋6sm＋60st＋24t,染色体臂数(NF)＝116。

3.5　同工酶比较

由电泳图谱可以看出散鳞镜鲤与美国大口胭脂鱼之间所有的同工酶图谱均不相同,而雌核发育二倍体 F₁ 的电泳图谱类型与母本散鳞镜鲤相一致,表明散鳞镜鲤♀×美国大口胭脂鱼♂的子一代(F₁)为雌核发育类型。

参考文献

[1]楼允东.鱼类育种学[M].北京:中国农业出版社,1999.

[2]楼允东.人工雌核发育及其在遗传学和水产养殖上的应用[J].水产学报,1986,10(1):111－123.

[3]张兴忠,仇潜如,陈曾龙,等.鱼类遗传与育种[M].北京:农业出版社,1988:202－214.

[4]楼允东.组织胚胎学[M].北京:中国农业出版社,1999.

[5]GB/T 18654.12—2002.养殖鱼类种质检验:第12部分染色体组型分析[S].中华人民共和国国家质量监督检验检疫总局2002年2月19日发布.

[6]Taniguchi N,Okada Y. Genetic study on tlle biochemical polymorphism in red sea bream[J]. Bulletin of the Japmese Society of Scientific Fisheries,1980,46(4):437－443.

[7]曲濑惠.动物胚胎学[M].北京:高等教育出版社,1980.

[8]易祖盛,王春,陈湘舞.尖鳍鲤的早期发育[J].中国水产科学,2002,9(2):120-124.

[9]金万昆,朱振秀,王春英,等.框鳞镜鲤(♀)×团头鲂(♂)杂交及其杂种F₁的形态学特征[J].淡水渔业,2003,12(5):16-18.

[10]张扬宗,谭玉钧,欧阳海.中国池塘养鱼学

[M].北京:科学出版社,1989.

[11]Всильев В П. Хромосомные числи Рыъообразных И рыб[J]. Вопросы ихтиолии, тох 20, был 3(120).

[12]Ojima Y S, Hitosumachis, Makino. Cytogentic studies in lower vertebrates [J]. Proc Jap Acad,1962,42(1):62-66.

[原载《天津水产》2011(4)]

三、品种育种及养殖技术

金万昆论文集

鲤鱼亲本用鱼的选择

金万昆

（天津市换新水产良种场，天津　301500）

我国是世界上最早的养鱼国家，特别是鲤鱼养殖上从公元前五世纪就总结出丰富的经验。为了保持该鱼品种所繁生后代的性状稳定，种质优良，经过多年的育种实践，对该鱼种用亲鱼的选择，有了初步的探索，现做一介绍，仅供参考。

1　选择要求

1.1　体型

全身匀称、体型丰满，头小、背高、体宽比例适宜。

1.2　体质

身体健壮，活泼力强，肌肉坚实，皮质紧而有弹性，但脂肪不过分发达。

1.3　腹肌与生殖孔

雌鱼腹肌薄且松弛，生殖孔大而圆凸；雄鱼腹肌厚而硬实，生殖孔窄长且内凹，体色比雌鱼较艳丽。

1.4　生长

在同塘饲养的群体中，其生长测定值比总体平均值快15%以上。

1.5　初产亲鱼的年龄与体重

乌克兰鳞鲤：雌鱼3冬龄以上，尾重4 000g以上；雄鱼2冬龄以上，尾重2 000g以上。

建鲤：雌鱼3冬龄以上，尾重3 450g以上；雄鱼2冬龄以上，尾重1 700g以上。

框鳞镜鲤：雌鱼3冬龄以上，尾重3 900g以上；雄鱼2冬龄以上，尾重1 950g以上。

松浦鲤：雌鱼3冬龄以上，尾重3 750g以上；雄鱼2冬龄以上，尾重1 850g以上。

贝尔湖鲤：雌鱼3冬龄以上，尾重2 250g以上；雄鱼2冬龄以上，尾重1 000g以上。

兴国红鲤：雌鱼3冬龄以上，尾重3 600g以上；雄鱼2冬龄以上，尾重1 800g以上。

墨龙鲤：雌鱼3冬龄以上，尾重3 000g以上；雄鱼2冬龄以上，尾重1 400g以上。

普通锦鲤：雌鱼4冬龄以上，尾重3 250g以上；雄鱼3冬龄以上，尾重1 850g以上。

2　选择方法

采用混合选择的方法。从鱼苗至亲鱼初次性成熟，大致分5个阶段，全程需经8次以上的选择，选择率约占总体选择量的0.3%～0.5%。

2.1　鱼苗阶段

从选择优良的亲鱼100组以上进行群体繁殖产生的鱼苗（约5 000万尾以上）中，留出20万～100万尾按亩有效水面放15万～20万尾的饲养密度培育鱼种。

2.2　鱼种阶段

从鱼苗至秋片鱼种培育要经过3次选择。

2.2.1　第一次选择

从鱼苗饲养至夏花的选择，鱼苗放塘后经24～27d的饲养，此时的鱼苗已长至全长达3cm左右的夏花，采用筛选的方法从20万～100万尾夏花中筛选出生长快全长3cm以上的个体6万～30万尾，按亩有效水面8 000～10 000尾的饲养密度继续饲养培育。

2.2.2　第二次选择

从入选的夏花鱼种中选择，夏花放塘后，经33～36天的饲养培育，鱼种尾重多数已长至50g以上，采用手选的方法，从6万～30万尾的群体中选出生长快、尾重达50g以上的个体9 000～45 000尾，选出后按亩有效水面2 800～3 000尾的饲养密度继续培育。

2.2.3　第三次选择

从第二次入选的鱼种放塘后，经100～110d的饲养，已育成当年生越冬前的秋片鱼种。按照选择标准的要求，采用手选的方法，从9 000～45 000尾的群体中，重点选择那些生长快、形体匀称、体质健壮、活泼力强、各部鳍条完整、身体无残、体色鲜艳,生长比群体平均值快15%以上,尾重达450g以上的个体2 700～13 500尾,鱼种选出后按亩有效水面放1 000～1 200尾的饲养密度越冬,待到来年继续培育。

2.3 后备亲鱼阶段

由鱼苗开始饲养培育至2龄鱼,在越冬前的一次选择,重点是在符合选择标准的前提下,在同塘饲养的群体中不仅要选出那些比总体测定值生长快15%以上的优秀个体,还要依据不同品种其尾重分别达到要求方可选留。乌克兰鳞鲤:尾重2 000g以上;建鲤:尾重1 700g以上;框鳞镜鲤:尾重1 950g以上;松浦鲤:尾重1 850g以上;贝尔湖鲤:尾重1 000g以上;兴国红鲤:尾重1 800g以上;

墨龙鲤:尾重1 400g以上;普通锦鲤:尾重1 200g以上。

2.4 初产亲鱼阶段

亲鱼从鱼苗饲养培育至2～3龄鱼临产前的1次选择,是亲鱼选择的全过程中最为关键的1次选择,是决定所选留的亲鱼种质和性状的1次选择。为此,采用手选的方法按照选择标准的要求,严格细致地进行逐尾的选择。

2.5 产后亲鱼阶段

从历年应产亲鱼的群体中,按照选择标准,淘汰那些形体变异、生理异常、体质不佳、年龄老化等个别个体,选择时间在每年产前分池时都要进行1次。

[原载《渔业致富指南》2009(1)]

如何选择种用鱼

金万昆

（国家级天津市换新水产良种场，天津　301500）

种用鱼的选择是一项既严格又要坚持持久的基础工作，关系到所选留的种用鱼本身及其后代性状是否稳定，种质能否保持长久。经过多年育种的实践，总结以下3点供养殖者参考。

1　选好鱼的表型性状

选择种用鱼表型性状主要有20项。即：1. 全长；2. 体长；3. 体重；4. 体高；5. 体宽；6. 头型；7. 口裂；8. 口须；9. 眼位；10. 鳍形；11. 鳍式；12. 尾形；13. 鳞被；14. 鳞式；15. 侧线；16. 体质；17. 腹皮；18. 生殖孔；19. 精力；20. 体色。

2　制定好选择标准

第一，体型丰满、全身匀称。

第二，口裂、头小，背高比例符合该品种可量标准。

第三，机能协调、身体各部发育均衡。雌鱼腹皮薄软松弛，生殖孔大而圆凸，雄鱼则反之。

第四，脂肪含量不高，肌肉坚实，皮质紧而富有弹性。

第五，体质健壮、活跃有力。

第六，形态一致稳定、体表色素相同、体色符合该品种的标准。

第七，适应范围广、抗逆及抗病性能强。

第八，在同种群体中，生长速率比总体快15%以上（即入选与淘汰的总体比）。

第九，性成熟初产繁育年龄：鲤鱼3冬龄的，雌鱼尾重2.0kg以上，雄鱼尾重1.5kg以上；鲫鱼2冬龄的，雌鱼尾重0.4kg以上，雄鱼尾重0.3kg以上；青鱼10冬龄的，雌鱼尾重12kg以上，雄鱼尾重9.5kg以上；草鱼6冬龄的，雌鱼尾重7.5kg以上，雄鱼尾重6.0kg以上；鲢鱼5冬龄的，雌鱼尾重4.5kg以上，雄鱼尾重3.5kg以上；鳙鱼6冬龄的，雌鱼尾重8.0kg以上，雄鱼尾重6.5kg以上；团头鲂3冬龄的，雌鱼尾重0.9kg以上，雄鱼尾重0.7kg以上。

3　做好阶段选择

选择种用鱼，从鱼苗至种用鱼（亲鱼），大体分为5个阶段。

3.1　鱼苗阶段

在优秀的种用鱼（亲鱼）经过合理配组、繁殖产生的后代中，采用从大群体中多留，到选择时按照选择的标准，实行精选。

3.2　鱼种阶段

在同日龄的大群体中（10万尾以上），依据原种用鱼的优良性状，按照规定的选择标准，着重选留那些生长速度快、体表完整、体质健壮、活力强的个体作为初选时的种用入选鱼。

3.3　后备种鱼阶段

在同等饲养条件下，以生长速度快为基本条件，采用综合性的选择法，按照规定的选择标准进行细致的挑选。

3.4　初产种用鱼（亲鱼）阶段

凡入选的种用鱼，在完全符合选择标准的基础上，必须按照年龄与体重的规定标准进行选择。

3.5　产后种用鱼（亲鱼）阶段

经过产卵后的种用鱼（亲鱼），主要保留性状稳定、种质优良、体质健壮、活力强、鱼体完好无损的个体，淘汰退化变异、生理病变、畸形伤残的个体。

［原载《天津水产》2009（1）］

鲤鱼种用鱼的选择

金万昆

（国家级天津市换新水产良种场，天津 301500）

我国是世界上最早的养鱼国家,特别是鲤鱼养殖,从公元前五世纪就有丰富的经验总结。为了保持鲤鱼品种所繁生后代性状稳定,种质优良,经过多年的育种实践,对该鱼种用亲鱼的选择,有了进一步的探索,现做一介绍,仅供参考。

1 选择要求

1.1 体型

全身匀称、体型丰满,头小、背高、体宽比例适宜。

1.2 体质

身体健壮,活力强,肌肉坚实,皮质紧而有弹性,但脂肪不多。

1.3 腹肌与生殖孔

雌鱼腹肌薄且松弛,生殖孔大而圆凸;雄鱼腹肌厚而硬实,生殖孔窄长且内凹,体色比雌鱼艳丽。

1.4 生长

在同塘饲养的群体中,其生长测定值比总体平均值快15%以上。

1.5 初产亲鱼的年龄与体重

1.5.1 乌克兰鳞鲤

雌鱼 3 冬龄以上,尾重 4 000g 以上;雄鱼 2 冬龄以上,尾重 2 000g 以上。

1.5.2 建鲤

雌鱼 3 冬龄以上,尾重 3 450g 以上;雄鱼 2 冬龄以上,尾重 1 700g 以上。

1.5.3 框鳞镜鲤

雌鱼 3 冬龄以上,尾重 3 900g 以上;雄鱼 2 冬龄以上,尾重 1 950g 以上。

1.5.4 松浦鲤

雌鱼 3 冬龄以上,尾重 3 750g 以上;雄鱼 2 冬龄以上,尾重 1 850g 以上。

1.5.5 贝尔湖鲤

雌鱼 3 冬龄以上,尾重 2 250g 以上;雄鱼 2 冬龄以上,尾重 1 000g 以上。

1.5.6 兴国红鲤

雌鱼 3 冬龄以上,尾重 3 600g 以上;雄鱼 2 冬龄以上,尾重 1 800g 以上。

1.5.7 墨龙鲤

雌鱼 3 冬龄以上,尾重 3 000g 以上;雄鱼 2 冬龄以上,尾重 1 400g 以上。

1.5.8 普通锦鲤

雌鱼 4 冬龄以上,尾重 3 250g 以上;雄鱼 3 冬龄以上,尾重 1 850g 以上。

2 选择方法

采用混合选择的方法。从鱼苗至亲鱼初次性成熟,大致分 5 个阶段,全程需经 8 次以上的选择,选择率约占总体选择量的 0.3% ~ 0.5%。

2.1 鱼苗阶段

从选择优良的亲鱼 100 组以上进行群体繁殖产生的鱼苗(约 5 000 万尾以上)中,留出 20 万 ~ 100 万尾按亩有效水面放 15 万 ~ 20 万尾的饲养密度培育鱼种。

2.2 鱼种阶段

从鱼苗至秋片鱼种培育要经过 3 次选择。

2.2.1 第一次选择

鱼苗经过饲养至夏花阶段,鱼苗放塘后经 24 ~ 27d 的饲养,此时的鱼苗已长至全长达 3cm 左右的夏花,采用筛选的方法从 20 万 ~ 100 万尾夏花中筛选出生长快全长 3cm 以上的个体 6 万 ~ 30 万尾,按亩有效水面 8 000 ~ 10 000尾的饲养密度继续饲养培育。

2.2.2 第二次选择

从选育的夏花鱼种中选择,夏花放塘后,经 33 ~ 36d 的饲养培育,鱼种尾重多数已长至 50g 以上,采用人工选育的方法,从 6 万 ~30 万尾的群体中选出生长快、尾重达 50g 以上的个体 9 000 ~45 000 尾,选出后按亩有效水面 2 800 ~3 000 尾的饲养密度继续培育。

2.2.3　第三次选择

从第二次选育的鱼种放塘后,经 100 ~110d 的饲养,已育成当年越冬前的秋片鱼种。按照选择标准的要求,采用人工选育的方法,从 9 000 ~45 000 尾的群体中,重点选择那些生长快、形体匀称、体质健壮、活力强、各部鳍条完整、身体无残、体色鲜艳,生长比群体平均值快 15% 以上,尾重达 450g 以上的个体 2 700 ~13 500 尾,鱼种选出后按亩有效水面放 1 000 ~1 200 尾的饲养密度越冬,待到来年继续培育。

2.3　亲鱼阶段

由鱼苗开始饲养培育至 2 龄鱼,在越冬前进行的一次选择,重点放在符合选择要求的前提下,在同塘饲养的群体中要选出那些比总体测定值生长快 15% 以上的优秀个体,再依据不同品种选留尾重达到要求的。乌克兰鳞鲤:尾重 2 000 g 以上;建鲤:尾重 1 700 g 以上;框鳞镜鲤:尾重 1 950 g 以上;松浦鲤:尾重 1 850 g 以上;贝尔湖鲤:尾重 1 000 g 以上;兴国红鲤:尾重 1 800 g 以上;墨龙鲤:尾重 1 400 g 以上;普通锦鲤:尾重 1 200 g 以上。

2.4　亲鱼初产阶段

是从鱼苗饲养培育至 2 ~3 龄鱼临产前的一次选择,是亲鱼选择的全过程中最为关键的一次选择,是决定所选留的亲鱼种质和性状的选择。为此,人工选择时应按照选择标准的要求,严格细致地进行逐尾的选择。

2.5　产后亲鱼阶段

从历年应产亲鱼的群体中,按照选择标准,淘汰那些形体变异、生理异常、年龄老化、体质不佳等个别亲体,时间选择在每年产前分池时进行。

[原载《天津水产》2009(2)]

亲鱼培育技术要点

金万昆

（国家级天津市换新水产良种场，天津 301500）

作为从事苗种生产的专业场家，能否全方位做好亲鱼培育的各项事宜，对确保苗种的生产时间、产量，提高全年综合性效益，以及在今后发展方向上有重要的意义。概括起来，在亲鱼培育上，应做好以下几方面的工作。

1 池塘条件

作为亲鱼培育池的池塘，环境要安静，交通、操作要便利，水源方便、要靠近催产池，池底要平坦、不渗漏水，东西长的走向。池塘面积，产前以1.5～5 亩以下、水深以 1～1.5m 为宜，产后以 5～12 亩以下、水深以 2～2.5m 为宜。

2 及早分池

早分池优势多。早春水温低，亲鱼的活动力小，鳞片紧，鱼体不易受伤，惊扰程度小、过程短，分池后极易恢复，有利于亲鱼的性腺发育和转化。

3 放养密度

以亲鱼尾重计算，确定亩有效水面放养密度。

3.1 鲤鱼♀♂产前产后放养密度

3.1.1 产前放养密度

雌鱼：260～280kg。即尾重 4～6kg 的亩放养46～65 尾，尾重 6～8kg 的亩放养 35～46 尾，尾重 8～10kg 的亩放养 28～35 尾，尾重 10kg 以上的亩放养24～26 尾。雄鱼：280～330kg。即尾重 3～5kg 的亩放养 66～93 尾，尾重 5～7kg 的亩放养 48～66 尾。

3.1.2 产后放养密度

雌鱼：300～330kg。即尾重 4～6kg 的亩放养55～75 尾，尾重 6～8kg 的亩放养 41～50 尾，尾重 8～10kg 的亩放养 33～38 尾，尾重 10kg 以上的亩放养25～28 尾。雄鱼：350～380kg。即尾重 3～5kg 的亩放养 76～116 尾，尾重 5～7kg 的亩放养 55～70 尾。

3.2 鲫鱼♀鱼产前产后放养密度

3.2.1 产前放养密度

280～300kg。即尾重 0.4～0.6kg 的亩放养500～700 尾，尾重 0.6～0.8kg 的亩放养 375～468 尾，尾重 0.8～1.0kg 的亩放养 300～350 尾，尾重 1.0～1.2kg 的亩放养 250～280 尾。尾重1.2～1.4kg 的亩放养 215～233 尾，尾重 1.4～1.6kg 的亩放养 188～200 尾。尾重 1.6～2.0kg的亩放养 150～175 尾。

3.2.2 产后放养密度

320～350kg。即尾重 0.4～0.6kg 的亩放养583～800 尾，尾重 0.6～0.8kg 的亩放养 438～533 尾，尾重 1.0～1.2kg 的亩放养 292～320 尾，尾重 1.2～1.4kg 的亩放养 250～266 尾。尾重1.4～1.6kg 的亩放养 219～229 尾，尾重 1.6～2.0kg 的亩放养 175～200 尾。

3.3 草鱼♀♂混养产前产后放养密度

3.3.1 产前放养密度

220～260kg。即尾重 6～8kg 的亩放养 32～36 尾，尾重 8～10kg 的亩放养 26～28 尾，尾重10～12kg 的亩放养 21～22 尾，尾重 12～14kg 的亩放养 18～19 尾，尾重 14～16kg 的亩放养 16～17 尾，尾重 16～18kg 的亩放养 13～14 尾。

3.3.2 注明

草亲鱼产后的放养密度与产前相同。

3.4 鲢鱼♀♂混养产前产后放养密度

3.4.1 产前放养密度

180～200kg。即尾重 5～7kg 的亩放养 29～36尾，尾重 7～9kg 的亩放养 22～26 尾，尾重 9～11kg的亩放养 18～20 尾，尾重 11～13kg 的亩放养 15～16尾，尾重 13～15kg 的亩放养 13～14 尾。

3.4.2 注明

鲢亲鱼产后的放养密度，可以适当增大。但亩水面不能超过 20kg。

3.5 鳙鱼♀♂混养产前产后放养密度

3.5.1 产前放养密度

160～180kg。即尾重 8～10kg 的亩放养 18～20 尾，尾重 10～12kg 的亩放养 15～16 尾，尾重12～14kg 的亩放养 13～14 尾，尾重 14～16kg 的

亩放养 11 ~ 12 尾,尾重 16 ~ 18kg 的亩放养 9 ~ 10 尾,尾重 18 ~ 20kg 的亩放养 8 ~ 9 尾。

3.5.2 注明

鳙亲鱼产后的放养密度与产前的放养密度相同。

如果产后的鲢、鳙亲鱼放在产后的鲤亲鱼池中代养,鲢鱼亩水面放养 8 ~ 10 尾,鳙鱼亩水面放养 5 ~ 6 尾。

4 投喂施肥

解冻后的春季是各种亲鱼性腺发育的关键时节,也是亲鱼性腺发育最为旺盛的阶段。随着气、水双温的升高,亲鱼的摄食量会逐渐增大。

4.1 鲤、鲫亲鱼

水温在 6℃ 以下时就已开始摄食。当在亲鱼分池后就应制作适口爱吃的饲料及时投喂,投喂量要依亲鱼的摄食量而作增减。

4.2 草亲鱼

当养殖池水温在 8℃ 以上时就已开始摄食。投喂方法要由精转青,投喂量要根据水温和亲鱼的摄食情况作好增减。

4.3 鲢、鳙亲鱼

培育鲢、鳙亲鱼的池塘,不论是早春还是产后秋育,都要坚持以"施肥为主、精料为辅"的原则。鲢、鳙亲鱼的培育要以有机肥为主,要有区别。鲢鱼池人粪量要大,约占总量的 60%,牲畜粪约40%。鳙鱼池以牛粪为主,要占总肥量的 70%,人粪占 30%。鳙鱼池在施肥的同时还应适量投放粉状配合饲料或用豆粕制成的粗糊浆。需要提示的是,施肥量要适宜、适量、适度,要看养殖池水肥度,灵活施肥。在通常情况下,池水透明度要掌握在 30 ~ 35cm 为好;鲢亲鱼的池水水色以黄绿色、油绿色、油青色为宜;鳙亲鱼池水水色以茶褐色、绿褐色为佳。如果在催产前 10 ~ 15d 池水已经肥起,最好是少施肥或不施肥。

5 调节水质

水质是指符合养殖用水条件的水。就淡水而言,它包括:含氯量(4‰ 以下为宜)、清晰度(30 ~ 35cm 为宜)、水色(油绿、黄绿、绿褐为佳)、氨氮(小于 0.02mg/L 为宜)、亚硝酸盐(小于 0.02 mg/L为宜)、溶解氧含量(3.5 ~ 7.0mg/L 为佳)、

水温(23 ~ 29℃ 最佳)。不论养殖任何种类的亲鱼,必须保持养殖池水体肥、活、嫩、爽。凡确定作为产前亲鱼培育池的池塘,除重新注水的池塘以外,待池内冰融后都要排出部分原池越冬老水,注入部分新水,换水量为 50% 为宜。换水后的池塘水深保持在 1m 上下为宜。这样的水位有利于养殖池水温升高及池水中物质能量转化,利于促进亲鱼生长和性腺发育。

6 换水冲水

冰融后及亲鱼产卵前的亲鱼池换冲新水,是一项促进亲鱼性腺发育非常重要的措施。

6.1 鲤、鲫亲鱼池

从分池后至催产前应加换 1 ~ 2 次新水,每次加换水量为 15cm 左右为宜。冲水从亲鱼放入本池开始。每天都做 1 次冲水,每次冲水时间不少于 4h。待到催产前 5 ~ 7d,每间隔 1 ~ 2d 冲水1 次,每次冲水时间应不少于 3h。

6.2 鲢、鳙亲鱼池

从春天分池后开始,每 15 ~ 20d 加注 1 次新水,每次注水量 10 ~ 15cm。冲水从亲鱼放入本池开始每间隔 2 ~ 3d 冲水 1 次,每次冲水时间 3 ~ 4h,待到催产前 10d 左右时每天都应冲水 1 次。每次冲水时间不少于 4h。

6.3 草亲鱼池

从春天分池后开始,每 10 ~ 15d 加注 1 次新水,每次加注新水的水量不少于 20cm。冲水从亲鱼放本池开始,每间隔 2 ~ 3d 冲水 1 次,每次冲水时间不少于 4h,待到催产前 10 ~ 15d,每天都要冲水 1 次。每次冲水时间 4 ~ 5h。草亲鱼池在培育全过程都应保持养殖池水质清新、透明度保持在30cm 以上。这里需要提示的是:冲水时的水流速度应掌握适中,不宜过快,冲水的水流太急会过多的消耗亲鱼的体力;冲水的水流过缓又会影响冲水的效果,下午不要过晚停机,以免引发池水提早对流,氧气外溢。在天津地区,鲤、鲫亲鱼从 4 月初开始,草、鲢、鳙亲鱼从 5 月上旬开始,已进入产前流水刺激阶段。尤其是草、鲢、鳙亲鱼在这段时间里亲鱼池每天都需要冲水刺激,制造池水微流。

上述要点仅供大家在培育亲鱼实践中参考和探讨。

[原载《渔业致富指南》2008(7)]

饲养常规鱼类应把握的几个问题

金万昆

（国家级天津市换新水产良种场，天津 301500）

1 如何确定投饵量

最佳的投饵量应依据养殖鱼类的品种、规格、健康状况和养殖季节、气候、水质的优劣等实际情况作好应急调整。并在投饵时注重观察鱼群摄食行为，切不可不问青红皂白地按照事先设计好的投饵量打开投饵机就任其喷洒。如果确实因为工作紧张而未能观察，也应依据上一天池鱼的摄食和当天早晨巡塘情况，结合当时的天气实情，把此次的投饵量调到宁低不高的数值。

2 如何安排投饵时间

安排投饵时间，要以季节、气候为依据。例如：在早春时节（4~6月）光照强度好，日照时间长，但这段时节的气候不够稳定，气水双温正值由低往高的趋向不能忽略。也就是说此时节的投饵时间，应做好适当的从晚投到早投、从晚停到适中的过渡。进入7月乃至以后，随着季节的交替，气候的变化，气水双温都在逐渐升高，此段时节的池塘环境条件也引起诸多的因素变化。例如，养殖池的水质生物量逐渐增加，阴雨多云的天气逐渐增多，养殖水体中的耗氧因子增多，池水中的溶氧反而降低，尤其是每天的早上一般很难很快升高到理想的溶氧数值。此段时节在投饵时间上应推迟到上午的9:00~10:00再行投喂，下午5:30~6:30再停。由于鱼类的品种不同，其摄食速率也有所不一。所以要根据饲养品种设计每次投饵的时间。就常规品种而言，每次投饵的时间应控制在50~70min。并在投饵技术上应掌握从少量到适量，从慢投到适投，从适量到少量，从适投到慢投。总之，不能因为投饵速度过快造成饵料的浪费并导致池鱼不能上浮吃食。

3 如何管理养殖水体的溶氧

鱼类对水体中溶氧量的需求，同其他生物种群一样，是一种生与死的需求。就常规的鲤、鲫鱼而言，虽然对水体中的溶氧需求比其他鱼低，但水体中的溶氧如若长时期地处于低下，也有一个生衰存亡的问题。一旦出现养殖水体中溶氧不足，可导致饲料系数升高，鱼体生长缓慢，如果出现溶氧过低，还会使池鱼浮头或泛池。一些鱼类研究表明，养殖水体中的溶氧量在3.5mg/L以下时比3.5mg/L以上时的饲料系数要增加一倍。与此同时，鱼的摄食量下降30%左右。有试验还证实一口10亩的池塘，水深1.8m，设置一台3kW的叶轮增氧机，按照开机的习惯时间开机增氧，用两个小时的时间，养殖水体中的溶氧量仅仅增加0.67mg/L。所以，在高密度养殖的池塘里每10~15亩水面设置1~2台叶轮或水车增氧机是完全必要的，也是必不可少的。

4 如何控制养殖池的水位

从事养鱼的人有一句俗语叫做"水宽鱼阔"，也就是说只有水域宽阔的地方才能养好大个体的鱼。这句话在大中个体的常规鱼类养殖上是有其一定道理的。特别是对那些从事高密度集约性的养殖水体，对水质、水位的控制就显现出更加重要。就池塘养殖讲，在水位控制上应把池水的水位比做一个鸡蛋，两头小、中间大。也就是说，春秋时节的池水水位要适当低，盛夏的池水水位要大要高，其下限也应在2.2m以上。但主养鲫鱼池塘水位最大量不要超过2.2m，这是因为鲫鱼是天生的底栖鱼类，加之其活动能力比其他大个体常规鱼要差，水位过深，由于光合作用的不利，水体对流的不良，加之底层水时常缺氧，不利于鲫鱼的活动和生长，也起不到增加水体负载量的作用。

一旦遇到恶劣天气,底层缺氧的水与上层水竞争耗氧,极易造成池鱼缺氧和水质恶化。再者鲫鱼有吃食缓慢、胆量较小、受惊时极易窜逃的特性,于是就经常有部分鱼未能及时地来台摄食,致使部分饵料下沉到水底,加之底层水域又经常缺氧,这部分下沉水底的饵料虽对鱼类有些补充摄食作用,但由于底层水的缺氧虽有摄取也是无益的。

5 值得重视的异常现象

在饲养过程中,被饲养的鱼类不止几次或几十次地出现异常现象。每次的出现都影响着养殖效率和效益。其现象之一是,已经驯好上浮水面抢吃饵食的鱼群,不知怎么又不肯到食台上摄食;其现象之二是,虽有来台摄食也不上浮在水面争抢,只是在水体的中下层水域摄食;其现象之三是,有时它们因为饥饿而把整个池水搅浑。

分析上述原因可能是如下情况所致:其一,在实施投饵时的饵量过多或者过快所致,导致摄食的鱼群在水域的中下层也能吃到饵食,于是它自然也就不用上浮到水面争抢摄食了;其二,担心饲养的鱼类吃不饱,不问青红皂白,特别是在那些阴雨、闷热、高温、阴云、池水中溶氧不高的天气里,还在那里强行喂食;其三,由于花、白鲢配养过量,加之养殖水体不肥,养殖水体中的生物量缺乏,而导致花白鲢占领了食场;其四、养殖鱼群受到了较大的惊吓所致。

上述的第一和第二种原因比较好解决,当在初始发现时只要及时地控制好投饵量,特别是在阴雨天气和池水缺氧时,做好谨慎投喂,注重观察,应急调整,很快就能恢复正常,上浮水面抢食。第三种原因基本上是由前两种情况持续的时间过长而引发的。第四种原因大多是因为池鱼扦网过多,池鱼过池频繁,投饵时不规范,中途出现惊扰,食场钩钓所致。

[原载《科学养鱼》2007(11)]

样本容量对养殖群体内主要遗传结构分析参数的影响*

鲁翠云[1]，金万昆[2]，孙效文[1]，李大宇[3]，朱晓东[4]，马海涛[3]，于冬梅[3]，杨建新[2]

(1. 中国水产科学研究院黑龙江水产研究所，哈尔滨　150070；

2. 国家级天津市换新水产良种场，天津　301500；

3. 大连水产学院生命科学与技术学院，大连　116023；

4. 上海海洋大学水产与生命学院，上海　200090)

摘　要：用微卫星标记评估养殖群体的遗传结构，设置 8 个取样量梯度，5 个标记量梯度，统计分析了各遗传参数的变化。结果：群体等位基因数(A)随样本量的增加而呈现上升趋势，但上升幅度由 $0.6667 \sim 0.9615$($10 < n < 30$)下降到 $0.2308 \sim 0.3333$($30 < n < 50$)；46.15% 的位点出现高频率等位基因即等位基因纯合化趋势，这可能与养殖群体长期受选择压力的影响有关。等位基因纯合化使多数位点的有效等位基因数(Ae)、期望杂合度(Ho)及多态信息含量(PIC)在样本量大于 40 时，在多个标记量梯度其变动范围均变小，并出现平台现象。样本量、微卫星标记的数量和多态性水平对群体遗传结构均有较大的影响，建议在用微卫星进行群体遗传评估时，标记的数量在 20 个以上，样本容量大小在 $40 \sim 50$ 之间较为适合。

关键词：样本容量；养殖群体；遗传结构；参数

对自然群体和养殖群体进行遗传结构的评估是现阶段水产动物遗传育种的重点，在对群体进行遗传评价时，样本的采集成为正确评估群体遗传结构的先决条件，样本量的大小以及分子标记的选用直接影响评估的效率。样本量太少，得出的结论缺乏说服力，太多则容易造成浪费，而且很多时候，选择样本量过大为人力、物力所不能及，尤其对于一些保护鱼类，大样本的采集是不可能的，因此确定满足实验需求的最低样本量是合理的实验设计所必需考虑的问题。

对于不同标记样本量的选择已经有一些报道，刘丽等[1]、周泽扬等[2]、周艺彪等[3~4]分别对 RAPD、AFLP 分析群体遗传结构的最佳采样量及位点数进行了研究。微卫星分子标记由于开发费用较高，在水产动物方面的开发及利用远落后于陆生生物，所以分子标记的选用带有很大的随机性，样本量大小的确定也没有一致的标准。使用基因座位的等位基因数与合理的样本量之间的关系是非线性关系，计算也比较复杂。本文用 26 个微卫星分子标记对 208 个个体的镜鲤养殖群体的遗传结构进行评估，分不同梯度的样本量、标记数量来探索样本量的大小和标记量的大小对群体遗传参数的影响，以期为水产动物种质评估等研究中样本量和标记量的选择提供参考。

1　材料与方法

1.1　实验材料

镜鲤采自国家级天津市换新水产良种场，随机取样 200 尾，雌雄各 100 尾，年龄在 $3 \sim 4$ 龄，体重 $4 \sim 7$kg。随机抽样设置 8 个样本量梯度，依次为 10、20、30、40、50、100、150 和 200 个。

微卫星分子标记为本实验室通过磁珠富集的方法开发的鲤鱼基因组微卫星[5]，随机选用 26 个标记，由上海生工生物工程公司合成，采用随机数的方法设置 5 个分子标记梯度，依次为 3、8、14、20 和 26 个微卫星标记，检测不同标记量对遗传参数

* 资助项目：农业部"引进国际先进农业科学技术"计划资助[2006 – G55(A)]

的影响。

1.2 DNA 提取

取镜鲤鳍条约 0.2g,加入裂解液 400μl(0.5% 十二烷基肌氨酸钠,200μg·ml⁻¹ 蛋白酶 K, 10mmol·L⁻¹ EDTA(pH8.0)),50℃ 消化 2h,用有机抽提法提取基因组 DNA,无水乙醇沉淀回收,溶于 200μl TE,取少量稀释 20 倍,4℃ 保存备用。

1.3 PCR 扩增及检测

建立 25μl 反应体系,其中包括 PCR 混合缓冲液 18μl,微卫星上下游引物(10μ mol·L⁻¹)各 0.5μl,Taq DNA 聚合酶 1U,DNA 摸板(50ng)1μl, 补无菌水到 25μl。反应程序为 94℃ 预变性 3min; 94℃ 变性 30s,50~54℃ 复性 30s,72℃ 延伸 30s,35 个循环;最后 72℃ 延伸 5min。扩增产物用 2% 的琼脂糖凝胶电泳检测,用 Gel - Pro Analyzer 4.5 软件分析电泳条带的大小。

1.4 数据处理

微卫星是共显性遗传,可从琼脂糖凝胶电泳图谱上直接判断出个体的基因型,用 Excel2003 统计不同取样量在不同标记水平的等位基因数(number of alleles, A)、有效等位基因数(effective number of alleles, Ae)、观察杂合度(observed heterozygosity, Ho)、期望杂合度(expected heterozygosity, He)及各位点的多态信息含量(polymorphism information content, PIC),比较不同取样量对遗传多样性参数的影响。

2 结果

2.1 样本容量对平均等位基因数及有效等位基因数的影响

所选用的微卫星分子标记在群体内表现出不同程度的多态性,各位点检测到的等位基因数在 2~8 个,有效等位基因数 1.31~6.40 个,片段大小在 109~400bp。采用随机抽样的方法设置 8 个样本容量梯度,统计各微卫星位点在不同样本容量所检测到的等位基因数及有效等位基因数。

等位基因的变化:各位点等位基因数受样本量的影响不同,5 个微卫星位点所检测到的等位基因数量在各样本量梯度不发生变化,占全部微卫星位点的 19.23%,16 个微卫星位点在样本量小于 30 时随样本量的增加等位基因数量明显增加,占 61.54%,而其中 87.5%(14 个)的标记在样本量大于 30 到达 40 时,等位基因数不再随样本量的增加而增加。在 5 个标记量梯度(3、14,20,26),平均等位基因数均随着样本量的 呈现上升趋势(图1),但其上升幅度由 0. 0.9615(10 < n < 30)下降到 0.2308　833 (30 < n < 50)。

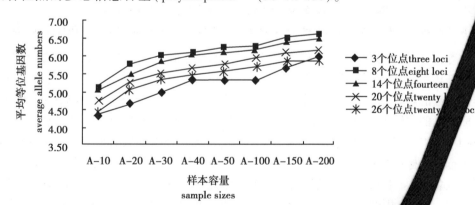

图1 不同标记数量平均等位基因数随样本量的变化
Figure 1 The change curve of average allele numbers along with sample sizes in different marker numbers

有效等位基因的变化:不同的微卫星位点有效等位基因数受样本容量的影响也不同,呈现 3 种变化规律,第一,有效等位基因数随样本容量的增大变化很小,此类位点的特征是有效等位基因数小,具有 1~2 个主效基因,在等位基因集 0.5 以上的基因频率,占所用标记的 %(图

2 - HLJ041);第二 等位基因数随样本容量的增大而变化较大 发生在样本量为 10~30 阶段,并在样 50 以上波动变小,占所用标记 - HLJ400);第三,有效等位基因数 容量的增大而变化较大,此类位点有效等位基因数较大,等位基因分布频率较均匀,随着样本

容量的增大,稀有基因被检出,致使有效等位基因数随样本量的增大而增大或减小,必须在样本量达到一个较大的水平才能趋于平衡,仅占所用标记的19.23%。而不同标记量的群体平均有效等位基因数则呈现较为一致的变化曲线,均随着样本量增加而减小,但在不同的取样量区间变化幅度有很大的差别,样本量在10～30之间平均等位基因数锐减,降幅为0.2685～0.0794,而样本量40～200的降幅仅为0.1077～0.0809,变化幅度相对较小,曲线逐渐趋于平稳(图3)。

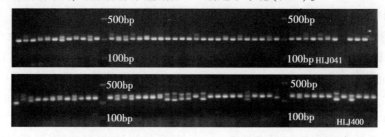

图2 微卫星位点 HLJ041、HLJ400 在部分样本的扩增结果

Figure 2 Amplified result of HLJ041 and HLJ400 in partial samples

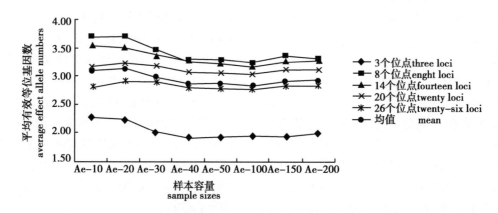

图3 不同标记数量平均有效等位基因数随样本量的变化

Figure 3 The change curve of average effect allele numbers along with sample sizes in different marker numbers

平均有效等位基因的变化:相对于样本量对群体平均等位基因数的影响,标记的数量及其多态性对多样性参数的影响更为显著,如图3所示,不同标记及标记量的群体平均有效等位基因数相差达到1.2961～1.4743个,方差分析结果显示由于选用标记多态性及标记量所造成的平均等位基因数间差异极显著($P < 0.01$),而标记量较少的3个和8个标记,由于选用的标记多态性不同形成了统计量的两个极端,20个和26个标记量的变化曲线则接近于统计的平均值,尤其是当标记量达到26个,样本量大于30时有效等位基因数接近于平均值(图3),能够较为客观的反映群体的实际有效等位基因数。

随机抽取相同标记量的不同标记的有效等位基因数变化:随机分5次抽取相同数量的标记,检验不同多态性水平的标记对遗传多样性统计参数的影响。随机5次抽取8个和20个标记统计的群体有效等位基因数,方差分析结果均差异极显著($P < 0.01$),如图4和图5所示,相对于5次随机抽取统计的平均值,8个标记的统计结果偏离较大,5次随机抽取的平均方差为0.0974,20个标记的平均方差为0.0221。在标记量较少(8个)的情况下,采用不同的分子标记在样本容量较小的情况下(10～30)致使统计结果出现非常大的偏差,而在样本量达到40以后,偏差减小,变化曲线也较为一致;在标记量达到20个时,不同标记量抽样间的差异较小,而且随着样本量的增加变化曲线一致,即使在样本量较小的情况下(10～30),也能够反映群体的遗传结构。各标记量水平不同取样量区间的平均等位基因数及有效等位基因数的变化幅度见表1。

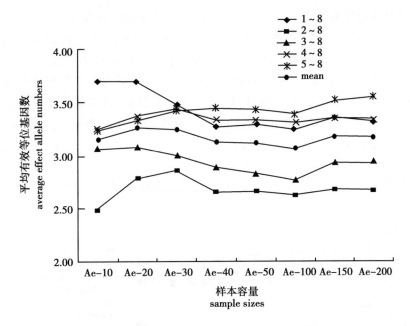

图4　5次随机抽取8个标记平均有效等位基因数随样本量的变化

Figure 4　The change curve of average effect allele numbers along with sample sizes in 5 times randomly selected 8 markers

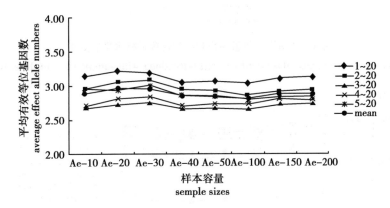

图5　5次随机抽取20个标记平均有效等位基因数随样本容量的变化

Figure 5　The change curve of average effect allele numbers along with sample sizes in 5 times randomly selected 20 markers

表1　不同取样量范围在不同标记量水平平均等位基因数及有效等位基因数的变动幅度

Table 1　The change extent of average allele numbers and average effect alleles numbers in different sample range of different markers numbers

标记量 Loci numbers	A				Ae			
	10 ~ 30	30 ~ 50	50 ~ 100	100 ~ 200	10 ~ 30	30 ~ 50	50 ~ 100	100 ~ 200
3	0.6667	0.3333	0.0000	0.6667	0.2658	0.0752	0.0265	0.0527
8	0.8750	0.2500	0.0000	0.3750	0.2279	0.1827	0.0441	0.0703
14	0.7857	0.2857	0.0714	0.2857	0.1537	0.1455	0.0482	0.1013
20	0.7500	0.2500	0.2000	0.2000	0.0794	0.1032	0.0322	0.0905
26	0.9615	0.2308	0.1538	0.1538	0.0908	0.1136	0.0191	0.0809
mean	0.8078	0.2700	0.0851	0.3362	0.1635	0.1240	0.0234	0.0791

2.2 样本容量对杂合度的影响

基因杂合度也称为基因多样度,一般认为它是度量群体遗传变异的一个最适参数。26 个位点的观察杂合度差异较大,在 0.2050 ~ 1.0000,其中,61.54%(16 个)的位点观察杂合度小于 0.5,而 5 个位点的观察杂合度大于 0.8。各微卫星位点随样本量的变化观察杂合度的变化并不十分明显,只是在位点非常少的情况下(3 个位点),由于标记的选用所引起的偏差较大(图 6)。期望杂合度在样本量在 10 ~ 30 变动幅度较大,达到 0.0305。不同标记数量的平均杂合度随样本量变化趋势基本一致,尤其在标记数大于 8 时(图 7);期望杂合度的变化与有效等位基因的变化趋势相似:样本量少于 30 时,杂合度变动较大,最小变幅为 0.0036,最大变幅为 0.0305;样本量超过 40 时期望杂合度变化变小,变幅仅为 0.0061 ~ 0.0155(表 2);不同标记量由于选择标记的多态性不同,杂合度变化较大(图 7)。

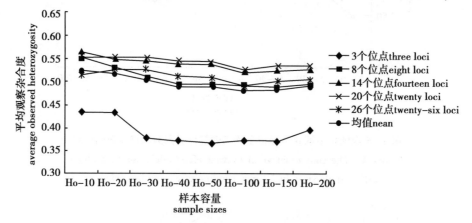

图6 不同标记数量平均观察杂合度随样本量的变化

Figure 6 The change curve of average observed heterozygosity along with sample sizes in different marker numbers

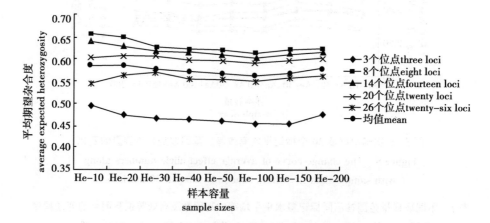

图7 不同标记数量平均期望杂合度随样本量的变化

Figure 7 The change curve of average expected heterozygosity along with sample sizes in different marker numbers

表2 不同取样量范围在不同标记量水平平均观察杂合度及期望杂合度的变动幅度

Table 2 The change extent of average allele numbers and average effect alleles numbers in different sample range of different markers numbers

标记量 Loci numbers	H_o				H_e			
	10 ~ 30	30 ~ 50	50 ~ 100	100 ~ 200	10 ~ 30	30 ~ 50	50 ~ 100	100 ~ 200
3	0.0556	0.0111	0.0067	0.0233	0.0252	0.0061	0.0067	0.0216
8	0.0417	0.0133	0.0025	0.0006	0.0305	0.0074	0.0068	0.0131

（续表）

标记量 Loci numbers	Ho				He			
	10~30	30~50	50~100	100~200	10~30	30~50	50~100	100~200
14	0.0214	0.0043	0.0164	0.0057	0.0235	0.0061	0.0068	0.0136
20	0.0017	0.0113	0.0160	0.0098	0.0036	0.0111	0.0049	0.0127
26	0.0128	0.0197	0.0158	0.0110	0.0260	0.0155	0.0050	0.0124
mean	0.0215	0.0120	0.0088	0.0098	0.0099	0.0092	0.0061	0.0147

2.3 样本容量对位点多态信息含量的影响

所检测的 26 个微卫星位点在镜鲤养殖群体的多态信息含量为 0.1901~0.8238，依据 Bostein[6] 提出的评价标准，15 个位点为高度多态标记，占所用标记的 57.69%；9 个为中度多态标记，占 34.62%，各位点多态信息含量受样本量影响的程度不同，69.23% 的分子标记在样本量小于 30 时变化较剧烈，而 73.77% 的标记在样本量大于 40 时，多态信息含量的变化趋于平稳。不同标记数量的平均多态信息含量随样本量的变化也有差异，但是在样本量大于 30 的情况下变化趋于平稳。同样的样本量不同标记数量的平均多态信息含量差异较大，可能跟所选用的标记的多态性有关，如图 8 可见，在标记数量少（8 个）的情况下，可能多态性标记占的比例较高，得出的平均多态信息含量在一个较高的水平；而随着标记数量的增加，一些较低度多态性标记的引入，使平均多态信息含量有所降低。

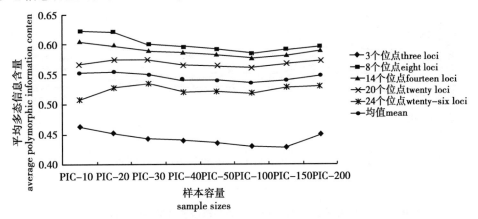

图8 不同标记数量平均多态信息含量随样本量的变化

Figure 8 The change curve of population average polymorphic information content along with sample sizes in different marker numbers

随机分 5 次抽取相同数量标记的群体多态信息含量统计结果显示，在总体标记数量固定的情况下，标记量较少（8 个），样本容量也较少时（10~30），PIC 值出现较大波动（图9）；而在标记量达到 20 个时，不同标记量抽样间的 PIC 值差异较小，随着样本量的增加变化曲线趋于一致，即使在样本量较小的情况下（10~30），也能够反映群体的遗传结构，但是在样本量达到 40 个以上时，PIC 值基本保持不变（图10）。

3 讨论

微卫星分子标记是一类由 1~6 个碱基组成的串联重复 DNA 序列，随机分布于绝大多数真核生物基因组中，数量庞大，每隔 10~50kb 就存在 1 个微卫星[7]。由于其重复性好、呈共显性遗传等优点已广泛应用于遗传图谱构建、群体遗传结构分析及种质资源鉴定等多个领域。微卫星分子标记的应用受限于开发费用高，有足够多的标记的特种还不是很多，尤其是水产动物，多数没有足够的微卫星标记可供选择。因此，在微卫星标记及其位点数量的选用上具有很大的局限性和随机性，样本数量的取用也没有统一的标准，影响了研究结果的可靠性和可比性[8~10]。本研究利用本室克隆的大量鲤微卫星标记[5]从其中选取 26 个扩增效果好并呈多态性的标记,设计不同样本量 及标记量对遗传参数值的影响。

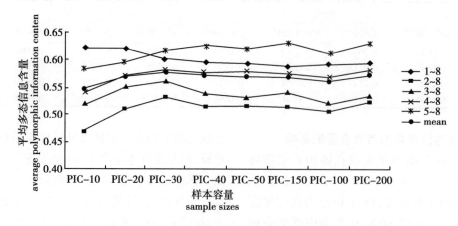

图9 5次随机抽取8个标记群体平均多态信息含量随样本容量的变化

Figure 9 The change curve of population average polymorphic information content along with sample sizes in five times randomly selected 8 markers

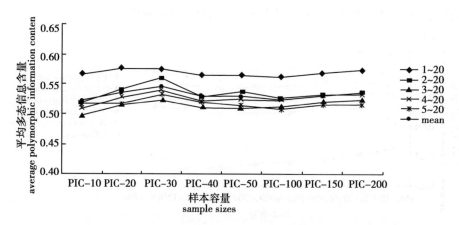

图10 5次随机抽取20个标记群体平均多态信息含量随样本容量的变化

Figure 10 The change curve of population average polymorphic information content along with sample sizes in five times randomly selected 20 markers

等位基因数随着样本量的增大而增加,没有出现常见的平台现象,样本量200时等位基因数达到最大值,虽然取样量大于30时较低于30时等位基因增加的趋势下降,但仍没有出现平台的迹象,说明选育群体也还保留一定的稀有基因,也说明这个群体奠基群体较大,经长期较大压力选择,仍保留奠基群体遗传多样性高的特点。

有效等位基因数随着样本量的增大而增加,但超过40个样本时基本不再变化,出现常见的平台现象。随着样本量的增加虽然稀有等位基因仍然增加,但这些稀有等位基因频率过低,对有效等位基因数增减基本没有影响。

其他遗传参数如观察杂合度、期望杂合度、多

态信息含量在样本量大于40时,不管标记是多少其变动范围都变小且都出现平台现象,原因是这些参数都是来源于等位基因频率的变动结果,由于等位基因频率在样本超过40时的变动变小,因此这些参数也趋于平衡;另外,即使样本量超过40时,上述参数在不同标记时的变化比较大,如8个标记与20个标记时有显著差异。另外,在8个标记和20个标记下的5次随机取样证实,8个标记时取样批次间遗传参数变动较大,20个标记时变动较小,这两项分析结果都支持微卫星标记进行群体遗传分析时,使用20个以上标记更能代表群体的真实遗传结构。

很多学者从统计学及实验分析的角度得出了

多种标记用于群体遗传分析的最适样本量和位点数。刘丽等[1]通过分析认为 RAPD 标记在样本数达到 20 且位点数达到 70 才能保证结果的可靠性;周艺彪等[3]认为在用 AFLP 进行群体遗传多样性分析时,每个种群内的样本量最好不低于 30 个,位点数最好不低于 338 个;闫路娜等[11]分析了 8 个微卫星位点样本量对各种遗传多样性指标的影响,认为样本大小与所观测到的等位基因数呈正相关,而与期望杂合度无显著相关,对于种群遗传和分子生态学研究,30 ~ 50 个个体是微卫星 DNA 分析所需的最小样本量;而包文斌等[12]用 29 个微卫星标记的研究结果则认为样本量在 20 ~ 25 较为适宜。Nei[13~14]早期的研究也指出,在进行群体内平均期望杂合度及遗传距离的评价时,位点数量的增加比样本数量的增加更能够得到可靠的结果,当样本容量偏小时,须观测 50 个以上的基因位点;而当样本容量达到 50,检测的基因位点又在 25 个以上时,抽样样本偏差较小,检测值就越接近真实值。张继全等[15~16]从计算机模拟和实例分析两种方法研究了 Nei 氏标准遗传距离估测精度的影响因素,指出位点数较少时遗传距离估测精度较低,可靠性不高,并且随个体数增加,遗传距离估测精度增高。本研究比较了样本容量及标记数量对群体有效等位基因、多态信息含量等参数的影响,证实在取样量大于 40 时,标记量在 20 个以上时群体的遗传参数变化较小。

主效等位基因对以基因分布为基础的统计参数如有效等位基因、期望杂合度等的影响较大,而微效基因的影响则小得多,经过选择的养殖群体尤其明显。所以,在评估养殖群体的遗传结构时可以采用统计学最小样本量 30 个,在条件允许的情况下达到 40 个以上为宜;而野生群体理论上多数位点的等位基因分布较平均,取样数量应适当增加以便更为全面的了解等位基因的分布,但是考虑到野生群体取样相对困难,在条件允许的情况下应当取样数量达到 30 尾。另外在取样时应当考虑所取样品的生活习性和分布,例如,是否具有洄游、群居等生活习性,并选取合适的取样时间和取样点,以便取样能够较全面的代表群体。在分子标记的选用方面,我们的统计结果与 Nei[14]的结论相符,证实较多分子标记对群体的评估更

为全面,偏差也较小,在分子标记数量小于 10 时,会因为所选用标记的多态性过高或过低,对群体的评价出现人为选择的偏差,而在标记数量大于 20 时这种偏差则小得多,而 20 个标记量相对于整个基因组来说也是很有限的。所以在用微卫星标记进行水产动物群体分析时,应根据所研究种类的特点采样 30 ~ 50 尾,并尽可能多的选用分子标记(20 以上),对群体的遗传结构进行较为全面的评价。

根据本研究结果,建议在用微卫星进行群体遗传结构分析时,取样量大于 40、标记量大于 20。

参考文献

[1]刘丽,刘楚吾,曾健民. RAPD 分析中最适样本量和位点数的研究[J]. 湛江海洋大学学报, 2005,25(4):1 – 4.

[2]周泽扬,夏庆友,鲁成. 分子系统学研究中分子位点数与遗传差异信息可靠性的关系[J]. 遗传,1998,20(5):12 – 15.

[3]周艺彪,姜庆五,赵根明,等. 湖北钉螺扩增片段长度多态性分子标记遗传多样性研究的合理样本量与分子位点数[J]. 中华流行病学杂志,2005,26(12):951 – 954.

[4]周艺彪,姜庆五,赵根明,等. 湖北钉螺数量性状研究 I. 遗传变异信息的可靠性与样本量的关系[J]. 中国血吸虫病防治杂志,2005,17(2):81 – 85.

[5]孙效文,贾智英,魏东旺,等. 磁珠富集法与小片段克隆法筛选鲤微卫星的比较研究[J]. 中国水产科学,2005,12(2):126 – 132.

[6] Bostein D, White R L, Sckolnick M, et al. Construction of a genetic linkage map in man using restriction fragment length polymorphisms [J]. Am J Hum Genet,1980(32):317 – 331.

[7]何平. 真核动物中微卫星及其应用[J]. 遗传,1998,20(4):42 – 47.

[8]常玉梅,孙效文,梁利群. 中国鲤几个代表种群基因组 DNA 遗传多样性分析[J]. 水产学报,2004,28(5):481 – 486.

[9]胡雪松,李池陶,马波,等. 3 个德国镜鲤养殖群体遗传变异的微卫星分析[J]. 水产学报,2007,31(5):575 – 582.

[10] 全迎春,李大宇,曹鼎辰,等. 微卫星 DNA 标记探讨镜鲤的种群结构与遗传变异[J]. 遗传,2006,28(12):1 541 – 1 548.

[11] 闫路娜,张德兴. 种群微卫星 DNA 分析中样本量对各种遗传多样性度量指标的影响[J]. 动物学报,2004,50(2):279 – 290.

[12] 包文斌,束婧婷,许盛海,等. 样本量和性比对微卫星分析中群体遗传多样性指标的影响[J]. 中国畜牧杂志,2007,43(1):6 – 9.

[13] Nei M,Roychoudhury A K. Sampling variances of heterozygosity and genetic distance[J]. Genetics,1974,76:379 – 390.

[14] Nei M. Estimation of average heterozygosity and genetic distance from a small number of individuals[J]. Genetics,1978(89):583 – 590.

[15] 张继全,邵春荣,王毓英,等. Nei 氏标准遗传距离的估测精度[J]. 畜牧兽医学报,1998,29(1):27 – 32.

[16] 张继全,邵春荣,王毓英,等. 多位点基因型遗传距离的估测精度[J]. 畜牧兽医学报,1998,29(2):128 – 131.

Effects of sample size on various genetic structure parameter in cultured population genetic study

Lu Cuiyun[1], Jin Wankun[2], Sun Xiaowen[1], Li Dayu[3], Zhu Xiaodong[4],

Ma Haitao[3], Yu Dongmei[3], Yang Jianxin[2]

(1. Heilongjiang Fisheries Research Institute, Chinese Academy of Fishery Sciences, Harbin 150070, China;

2. National Level Tianjin Huanxin Excellent Fisheries Seed Farm, Tianjin 301500, China;

3. College of Life Science and Technology, Dalian Fisheries University, Dalian 116023, China;

4. College of Fisheries and Life, Shanghai Ocean University, Shanghai 200090, China)

Abstract: This study examines the effects of sample size on various genetic structure parameters. The population genetic structure of cultured mirror carp(*Cyprinus carpio*) was estimated using microsatellite markers. 8 different sample sizes and 5 marker numbers were set up to analyze most genetic parameters including population alleles distribution, allele numbers(A), effect allele numbers(Ae), observed heterozygosity(Ho), expected heterozygosity(He) and polymorphism information content(PIC). As a result, population allele numbers rise dramatically along with sample sizes from 10 to 40 and then held a steady increase trends. Meanwhile 46. 15% of loci showed high frequency allele. The results indicate that cultured population show predominant alleles in most loci because of selection pressure. Due to many homozygosity, the change of effect allele numbers, expected heterozygosity and polymorphism information content are little when the sample size is more than 40. In addition, the number of microsatellite markers and polymorphism level also have a little effect on the estimation of population genetic structure. So, we suggested that the numbers of markers is more than 20 and sample size is 40 to 50 when using microsatellite markers to estimate population genetic structure.

Key words: Sample size; Culture population; Genetic structure; Parameter

[原载《水产学报》2008,32(5)]

鲤、鲫鱼受精卵自然脱黏技术的研究

金万昆，朱振秀，王春英

（国家级天津市换新水产良种场，天津　301500）

鲤、鲫鱼卵属黏性卵，当成熟卵从体内产出体外后，遇水便产生很强的黏性，并立即黏附于水草、石块等物体上，其特性与"四大家鱼"所产的不具黏性的漂浮性卵不同，这可能是它们长期进化演变的结果。

对鲤、鲫鱼人工繁殖黏性卵的处理，20世纪70年代以前采用传统的布巢接卵技术，即利用这种卵的黏性，在产卵池中布置水草、柳树须、棕榈片等做成的鱼巢接卵孵化，尽管这种技术能让大部分鲤、鲫亲鱼上巢产卵，但因亲鱼激烈的产卵活动致使不少受精卵不能全部黏着在鱼巢上或已产在巢上而还未黏牢时又因产卵活动量大，而沉入池底淤泥死亡；另有一部分亲鱼在互相追逐中把卵产在池边或其他附着物上，这两种原因使每次产卵损失50%～60%的受精卵。同时，由于鱼巢有一定高度，30～50cm，产在上层和下层的受精卵，当鱼巢移入孵化池或网箱中孵化时，因上层水温高，下层水温低，造成上层鱼苗先孵出，下层鱼苗后孵出，使鱼苗大小不一，影响鱼种的培育规格和成活率。

20世纪80年代以来，由于研究工作和产业化的需要，开始研究和采用人工脱黏技术。到目前为止，该技术使用的脱黏剂主要是黄泥浆和滑石粉食盐溶液两种。黄泥浆是用一般的黄泥加水，溶散后滤去沙粒等杂质，沉淀后晾干，用时对水成浆即可使用。滑石粉食盐溶液：用滑石粉0.5kg，食盐150g，加水50kg配成悬液即可使用，脱黏方法是选成熟好的亲鱼注射催产剂，到效应时间挤卵和精液，人工受精5min后，徐徐倒入黄泥浆水或滑石粉食盐溶液于受精卵盆中，同时不断搅动脱黏液，使卵散开，这段时间约需1min，受精卵脱黏后连同脱黏液倒入小网箱，在清水中轻轻清洗数次，然后将卵过数，并置于孵化器中孵化，这种方法有3个缺点。

1. 采用这种方法必须用人工受精技术，由于亲鱼成熟程度不一，一次使用的雄鱼极少，最多2～3尾，以及受精技术、脱黏技术等问题，其受精率明显低于自然产卵和群体产卵的受精率，约低20%～30%。

2. 用脱黏剂人工脱黏的受精卵，卵膜外粘附一层很厚的脱黏物，给受精卵发育时的呼吸、代谢等生理活动造成影响，因而降低了孵化率，一般孵化率仅在60%左右。

3. 不能规模化生产，一次最多脱黏300万～500万粒受精卵。

4. 操作繁杂、费力、费钱。

为了克服以上这些缺点，达到省钱、省力，提高受精率、孵化率，形成规模化生产的目的，换新水产良种场经过十余年的研究，并在生产实践中不断改进和完善，形成了鲤、鲫鱼受精卵不用脱黏剂自然脱黏新技术。

本技术是一项综合技术，采用如下设计方案。

1. 产卵池石蜡打光，使池壁和池底形成一层透明、光滑的石蜡膜。产卵池为圆形或椭圆形水泥池，池底稍有坡度，为亲鱼产卵场所。产卵前，产卵池池壁和池底的所有孔隙用石蜡填充，形成极光滑的平面，易于剥离沉入池底尚有一点黏性的受精卵。

2. 产卵池中布设有限的产卵鱼巢，诱导亲鱼群集巢上产卵，由于一次次的产卵活动，将原先黏在草上的已经失去黏性的受精卵脱离水草，沉入池底，根据鲤、鲫鱼是水苲草类产卵鱼类，为此，选用了一种鲤、鲫鱼产卵最喜欢的水草（苲聚草）。

3. 脱黏卵的收集和去污，卵的收集是通过产卵池中心排水（放卵）口和一个与池外接卵箱连接的排水暗管；接卵箱设置在一个紧靠产卵池的长方形水泥池中。亲鱼产卵结束后，打开阀门，池水和脱黏卵粒一起由排水口通过暗管排入接卵箱,当池水降至零水位时,由人工将沉积于池底的脱黏卵扫入排水口,同时反复用有一定压力的水冲洗池底,使脱黏卵全部流入接卵箱,在产卵池排水时,接卵箱中已进入脱黏卵和水草,用有一定压力的集束水反复冲洗网箱壁、脱黏卵和水草上的污泥,使网箱透水,脱黏卵和水草上的卵透亮,不带污泥,直至产卵池中的脱黏卵全部进入接卵箱,冲洗透亮。

本技术设计方案的基本原理是:产卵池石蜡打光,使池壁和池底十分光滑,可使沉积于池底的已失去黏性,但还轻微黏着于池底的受精卵便于扫离;大群体亲鱼上巢的集体产卵活动,一方面可加速诱发亲鱼发情,达到产卵高潮;同时由于亲鱼相互追逐,使池水上下搅动,并形成环流,在此环境条件下,使受精卵能在水中漂浮较长时间,并逐

渐失去黏性,另一方面,大量亲鱼集中在有限的鱼巢上产卵,由于亲鱼产卵时尾部激烈的拍打鱼巢,使先前已黏在巢上,并已失去黏性的卵打落水中,沉入池底,一次次这样的活动,形成了大量的失去黏性的卵,而鱼巢上并没有多少卵,最后是脱黏卵通过排水口和暗管放入接卵箱,用有一定压力的集束水反复冲洗脱黏卵,去污,使其呈一粒粒晶莹透亮的受精卵,然后放入环道孵化池中孵化。

多年来,换新水产良种场采用这项技术一次催产鲤亲鱼(个体重 4 ~ 6kg)40 ~ 50 组以上;鲫亲鱼(个体重 0.5 ~ 0.7kg)200 ~ 250 组以上,可获得 3 000 万 ~ 5 000 万粒脱黏卵,受精率和孵化率均达到 95% 以上,并且易于操作,方便,省力省钱,可以达到大批量规模化生产的要求,并且实用性强,易于推广。

[原载《中国水产》2003(4)]

高密度饲养鱼苗技术要点

金万昆

（国家级天津市换新水产良种场，天津　301500）

经过多年生产实践，笔者体会到要饲养好鱼苗，饲养者技术水平要高、操作要精心、工作要勤奋细致。现将其主要技术要点介绍如下。

1　清理池塘，施药消毒

凡准备用作饲养鱼苗（水花）的池塘，应做好及时严格彻底的清整、消毒。采用退水清塘法及干塘后立即施药法。所用药物要因塘而异、施药及时、突出重点、洒药均匀、操作细致，在施药的同时，用拉耙翻动池底淤泥，把药物混合于淤泥之中，以达到彻底灭菌除害的目的。在早春对第一次清整的池塘，施药后需经 4～5d 的通风晾晒即可注水。

2　适时注水，及时施肥

在鱼苗（水花）发塘前的 6～7d 就应往饲养池注水，在注水时要用 80 目以上的筛绢网布严格过滤，防止敌害生物随水注入池中。饲养池注水应在鱼苗发塘前 5～6d，按亩有效水面施经过彻底发酵的自制混合粪汁 500～600kg 作为饲养池的基肥。

3　浅水发塘，分期注水

饲养鱼苗（水花）的池塘，尤其是在饲养早期，水温还处在低值的时节，饲养池的水位注水要浅，应将水位控制在 40～50cm 为宜。浅水发塘既容易使饲养池水温升高，又能促使水体中的浮游生物繁殖速率加快，浮游生物密度加大，有利于鱼苗摄食和生长。随着施肥和投饵，饲养池的水质逐渐转肥，加之鱼苗的个体日渐长大，饲养池的鱼苗需要扩大活动空间，需要调节饲养池水质。因此饲养鱼苗（水花）的池塘必须适时地加、注新水。每次加注新水的间隔时间在通常情况下应掌握在 4～6d，但在实际工作中还要看水、看鱼、看天、看氧，适时办理。每次加注新水的水位在 8～15cm 为宜。使饲养池的水质始终保持在既清新又肥、活、嫩、爽，溶氧值良好的状态，要始终保持饲养池水体中拥有适宜池鱼摄食和生长所需要的幼、嫩、足的浮游生物量，使池鱼随时都能吃到适宜的生物食料。

4　定时发塘，掌握密度

鱼苗（水花）发塘应掌握在饲养池施肥后的 5～7d 进行为好。在此时间内发塘正是轮虫繁生达到高峰值并向枝角类转化与鱼苗同步生长的时间。鱼苗发塘时应注意：①鱼苗（水花）发塘时要尽量避开阴雨天气，阴雨天气鱼苗发塘极易使鱼苗染病；②在鱼苗发塘时要尽量避开高温，高温时发塘极易使鱼苗窒息；③鱼苗（水花）发塘时温差不可过大，应控制在 2℃ 以内。鱼苗（水花）发塘密度，依据养殖场的设施、设备和人员操作技能现状而定，亩有效水面，鱼巢 180～200m，鱼苗（水花）280 万～300 万尾。

5　把握食量，及时投喂

鱼苗（水花）发塘第一次投喂的时间，从鱼苗水花入池时算起，两小时即可泼浆喂鱼。投喂量按亩有效水面每天用干黄豆 4～5kg，并按每 1kg 黄豆制成 18kg 浆水的剂量向全池均匀细致的泼洒。对上午放苗的池塘当天要喂 2～3 遍浆，下午放苗的池塘当天要喂 1～2 遍浆。此后以鱼苗放入饲养池的第二天起，按亩有效水面日投喂干黄豆 4～5kg 的剂量日投喂 3 次，将每次投喂的时间安排在：上午 8:00～9:00，中午 12:00 至下午 1:00，下午 4:00～5:00。向全池均匀细致的泼洒，要连续泼洒 3d。3d 后要视池水肥瘦、生物量多寡（尤其是轮虫多寡）、池鱼的生长等具体情况，将日投喂量作适量的增减，日投喂量调整与否主要是看水质、看水位、看鱼生长方可确定。如果饲养池水质已经转肥,可将日喂浆量作适当减少或改为日2次。日投喂2次的时间应安排在上午9:00~10:00,下午4:00~5:00。鱼苗(水花)放入饲养池经10~15d的饲养管理,鱼体全长已长至9~12mm的乌仔应及时组织销售。

需要提示的是,施肥及日投喂量,就精料而言:亩有效水面日投喂为4~5kg,比理论数据的亩有效水面日投喂量2~3kg多33.34%~100%,或66.67%~150%;饲养池注水后的基肥施肥量(折合鲜粪重)为80~96kg,比资料数据的300~400kg少4倍。这就是说在日常的饲养、管理工作中,必须要做到细心观察池水肥度与变化;耐心看护池鱼的长势与异常;精心了解饲养池水体中的溶氧是否达标与缺氧;诚心掌握投喂与追肥。

6 酌情注水,适时追肥

鱼苗发塘经饲养至4~6d,应酌情加注一次新水,加水量在10cm以下为宜。此后依据饲养池水质情况每间隔5~6d都应往池内适量的加一次新水。每次往饲养池加注新水后要注意观察水质情况,一旦发现水质变瘦,都应及时地往池内追施1次有机肥或无机肥。每次追肥量多少要以饲养池水质的实际情况来定。通常情况,亩有效水面每次追施经发酵的混合粪汁300~400kg或尿素1.5~2.5kg。当鱼苗饲养10天后也可以根据池鱼的生长情况,酌情往饲养池增投用豆粕制成的粗糊浆2~3kg。

7 掌握溶氧,应对变化

饲养池水体中溶解氧含量优劣是池养鱼类能否生存、生长和发育的重要条件。要想使高密度鱼苗发塘取得高产高效,在日常饲养管理工作中必须做到把饲养池水体中溶氧量放在与水同等重要的位置。具体方法是:看水施肥、适时调水、掌握溶氧及时开机。使饲养池水体中的溶氧值始终保持在4.5mg/L以上。

8 加强巡塘,务实管理

不论饲养何种鱼类,巡塘是饲养者全程工作中最为重要的事情。鱼苗发塘后每天都必须坚持早、中、晚至少3次巡塘。观察池鱼活动、密度与生长情况,池水水质有无变化、溶氧值数如何、水位是否适宜,及时打掉岸边及池内杂草、清理敌害生物及池水中的污物、保护饲养池环境卫生。在观察中一经发现异常,要立即采取相应有效的应对措施及时给予解决,要及时写好池塘日记。

[原载《渔业致富指南》2008(7)]

镜鲤两个繁殖群体的遗传结构和几种性状的基因型分析[*]

孙效文[1],鲁翠云[1],匡友谊[1],金万昆[2],沈俊宝[1],

朱晓东[3],李大宇[4],马海涛[4],于冬梅[4]

(1. 中国水产科学研究院黑龙江水产研究所农业部

北方鱼类生物工程育种重点开放实验室,哈尔滨　150070;

2. 国家级天津市换新水产良种场,天津　301500;

3. 上海水产大学生命科学与技术学院,上海　200090;

4. 大连水产学院生命科学与技术学院,大连　116023)

摘　要:利用扩增效果好、在群体中具有多态性的28个微卫星标记,检测国家级天津市换新水产良种场的镜鲤繁殖群体和黑龙江水产研究所松浦实验场的镜鲤繁殖群体的遗传组成,计算了两个群体的有效等位基因数,期望杂合度和多态信息含量等遗传参数,换新与松浦两个群体的有效等位基因数分别为2.874和3.102,期望杂合度分别为0.565和0.603,多态信息含量分别是0.534和0.568;遗传结构分析研究结果表明这两个群体的多样性较高,信息含量丰富,具有进一步筛选出优良品种的遗传基础。但连锁不平衡分析表明这两个群体在较大的选择压力下,已严重偏离 Hardy – Weniberg 平衡,要保持群体的优良性状相关的遗传基础,应该在进一步的选种中注意增加群体的遗传多样性。也用28个基因座的不同基因型与换新208个亲本的体重值进行了连锁分析,得到12个与镜鲤体重相关的基因型,其中紧密相关的基因型3个;分析了一些严重偏离平衡的基因型,并分析了出现这种现象的可能原因,同时探讨了一些基因型与胚胎期致死或易感病基因连锁的可能性。为描述基因型偏离程度,创造了基因型偏离指数,并用其对群体中一些基因型出现的偏离现象进行了探讨。

关键词:镜鲤;繁殖群体;遗传结构;基因型

镜鲤是一个生产性能非常好的鲤品种[1~2]。自20世纪80年代引入我国后,将其培育成一个适合我国北方养殖的优良品种[3~4],并被国家原种和良种审定委员会认定为国家级良种。目前,已成为池塘精养鲤最受欢迎的品种之一。但近年来养殖的镜鲤病害发生较多,尤其是网箱养殖过程中病害经常发生且很严重,养殖业者大多认为种质下降是病害经常发生的可能原因,不过确切的原因和机制还不清楚。近亲繁殖引起的遗传衰退仅仅是理论上的推测,还没有经过精确的遗传检测加以验证。

微卫星已广泛用于种质鉴定和群体遗传结构分析。全迎春等[5]利用微卫星分析4个鲤养殖群体的遗传结构,认为这些群体的多态性较高,具有培育优良品种的遗传基础;Liao 等[6]用5个微卫星标记分析两个鲤天然水域群体,发现基因座位上有遗传分化现象。但利用微卫星或其他分子标记分析镜鲤的繁殖群体并评估其遗传衰退现象的研究还未见报道。

利用鲤的多态性微卫星标记对两个镜鲤繁殖群体的遗传结构进行检测,并探索经高强度选择后的镜鲤群体与繁殖、生长、易感病害等性状相关的基因座位、基因型频率,为镜鲤繁殖群体的遗传结构优化、避免由近亲繁殖产生的生产性能下降和遗传衰退提供基础数据。

* 基金项目:国家重大基础研究计划资助项目(2004CB117405);农业部"引进国际先进农业科学技术"计划[2006 – G55(5)]

1 材料和方法

1.1 材料

1.1.1 实验鱼群体

从两个镜鲤繁殖群体得到实验样本。实验样本 1 取自国家级天津市换新水产良种场的镜鲤繁殖群体,这个群体是经过强度非常大的选择获得的,由 10 万尾左右的鱼种经过 1 龄、2 龄、3 龄 3 个年龄段的选择获得,强度在 100 : 2 左右。我们从这个群体中随机取样 208 尾,其中雌鱼 106 尾,雄鱼 102 尾。测量体长、体重等表型数据,并剪取鳍条提取 DNA。经初步 PCR 扩增分析证实所有样本 DNA 的质量均达到 PCR 扩增的质量,置于 4℃ 冰箱备用。实验样本 2 取自黑龙江水产研究所松浦实验场的镜鲤繁殖群体,这个群体是早期被审定的国家级原种的后代,选择强度较换新良种场低一些,约 30 : 1 的选择强度。共取亲鱼 131 尾的鳍条提取 DNA。其中雌鱼 76 尾,雄鱼 55 尾。没有测定表型数据。

1.1.2 微卫星标记

本研究使用了 28 个微卫星标记,这些标记是本课题组克隆鉴定多态性较高且等位基因间的差异较大的标记[7]。

1.2 方法

1.2.1 高分子量基因组 DNA 的提取和纯化

剪取鱼鳍约 0.5g,加入裂解液 0.5ml(0.5% 十二烷基肌氨酸钠;200μg · L⁻¹ 蛋白酶 K;0.5mol · L⁻¹ EDTA),50℃ 消化,等体积的酚/氯仿(酚/氯仿/异戊醇体积比为 25 : 24 : 1)抽提 2 次。用无 DNA 的 RNA 酶消化其中含有的 RNA,再用酚/氯仿抽提 2 次。经数次透析(透析液:50mmol · L⁻¹ Tris · Cl,pH 值为 8.0;10mmol · L⁻¹ EDTA,10mmol · L⁻¹ NaCl),直到 OD₂₇₀ < 0.05。加两倍体积的预冷的无水乙醇沉淀,离心除去上清液,等体积预冷的 70% 乙醇洗涤,离心除去上清液,室温干燥。用适量 1/10TE 缓冲液溶解,置于 4℃ 冰箱保存备用。

1.2.2 PCR 反应程序

PCR 扩增反应总体积为 25μl,其中 PCR 反应缓冲液 18μl(0.25mmol · L⁻¹ pH 值 8.3 的 Tris · Cl,1.25mmol · L⁻¹ KCl,0.0375mmol · L⁻¹ MgCl₂,2.5 × 10⁻⁶ Gelatin,2.5 × 10⁻⁵ Tween,2.5 × 10⁻⁵ NP – 40,dNTP 各 0.005mmol · L⁻¹);基因组 DNA 约 50ng,微卫星引物 1μl(上游、下游引物各 10μ mol · L⁻¹),Taq 聚合酶 1U,无菌超纯水补足总体积至 25μl。PCR 反应程序:预变性 94℃,3min;PCR 循环程序为变性 94℃,30s;退火 54℃,30s;延伸 72℃,30s;总计 38 个循环,最后 72℃ 延伸 5min。

1.2.3 扩增产物检测

PCR 扩增反应产物采用 1.5% 琼脂糖凝胶电泳检测,200V 电泳 2h,Gold View 染色,溴酚蓝为上样液,SYNGENE 凝胶成像仪记录电泳结果,Gel Works 软件包(3.0 版本)分析每个扩增条带的分子量与产物量的差异性。

1.2.4 统计指标

微卫星是共显性遗传,可从琼脂糖电泳图上直接判断出个体的基因型,计算出各个群体各个位点的等位基因频率(allele frequency,P)即 1 个群中某一基因占其等位基因的相对比率;平均观测杂合度(observing value of mean heterozygosity,Ho),即实际观测到的杂合子在样本中所占比例的平均值;平均期望杂合度(expected value of mean heterozygosity,He);有效等位基因数(effective numbers of allele,Ne);平均多态信息含量(average polymorphism information content,PIC)。公式如下:

平均期望杂合度:

$$H_e = \sum_{i=1}^{n} h_i / r$$

某位点的有效等位基因数:

$$N_e = 1 / \sum_{i=1}^{n} P_i^2$$

多态信息含量:

$$PIC = 1 - \sum_{i=1}^{n} P_i^2 - \sum_{i=1}^{n-1} \sum_{j=i-1}^{n} 2P_i^2 P_j^2$$

其中,n 为某一位点上等位基因数,P_i 为群体中第 i 个位点的基因频率;h_i 为第 i 个位点的期望杂合度,r 为位点个数,He 为群体内平均期望杂合度;P_i、P_j 分别为第 i 和第 j 个等位基因在群体中的频率,$j = i + 1$。

1.2.5 基因座的连锁分析

基因座位间的连锁分析利用两种方法。方法 1 是用 Fisher 氏模型作卡方检验,chi2 是卡方值,P 是概率值显著性水平为 0.05 即 P 值大于 0.05

为不连锁,小于 0.05 时为连锁;方法 2 是用马尔科夫链模型计算两位点连锁不平衡分析,P 为概率值,S. E. 是标准误差,当 S. E. 小于 0.05 时,两位点是连锁的。

2 结果

2.1 PCR 扩增结果与两个群体的遗传结构

2.1.1 PCR 扩增结果

所用标记是筛选出的多态性高且等位基因之间分辨清楚的标记,通过 1.5% 琼脂糖凝胶电泳可以清楚地分辨等位基因数(图)。28 个标记在换新群体出现的等位基因数是 152 个,平均 5.3 个;在松浦群体中出现的等位基因数为 147 个,平均 5.25 个。

2.1.2 群体的遗传结构

每个标记扩增出的电泳条带代表相对基因座的等位基因,按 $P = (2 \times n_1 + n_2)/2 \times N$ 公式计算每个等位基因的频率,根据等位基因频率按材料与方法中所列公式计算出有效等位基因数 Ne,平均期望杂合度 He,平均多态信息含量 PIC(表1)。

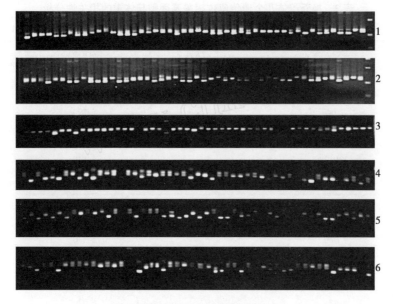

图 镜鲤群体 PCR 扩增的多态性

Figure 1 The genetic diversity in 2 loci for mirror carp

1 – 3 为位点 HLJ133,4 – 6 为位点 HLJ044 在换新群体的 PCR 产物电泳

1 to 3 were amplified from marker HLJ 133,and 4 to 6 were amplified from marker HLJ 044

表1 两个群体的遗传结构参数

Table 1 The parameters of genetic structure for two population

类别		有效等位基因数 Ne	有效等位基因数 Ne	平均多态信息含量 PIC
群体 1	population 1	2.874(74.72)	0.565(14.694)	0.534(13.876)
群体 2	population 2	3.102(86.883)	0.603(16.887)	0.568(15.920)

注:群体 1 来自国家级天津市换新水产良种场,群体 2 来自黑龙江水产研究所松浦实验场

Notes:Population 1 is population from Huanxin Fishery Station;Population 2 is population from Songpu Station. It is the sum of 26 markers in parentheses

2.2 经济性状与基因型的相关分析

与体重相关的几个基因座位与基因型分析将实验样本 1 的体重数据与所有基因型对比进行统计分析,并将雌雄分开进行相关分析。得到如下结果:换新群体的 106 尾雌鱼的平均体重是 5.29kg,102 尾雄鱼的平均体重是 4.75kg。与体重明显相关的基因座位有 HLJ041 等 6 个(表2)。其中,与体重最相关的基因型有 HLJ338 遗传座位的 363/232,HLJ041 座位的 368/256 和 HLJ343 座位的 171/171 等 3 个基因型。

2.2.1 与性状相关的几个特异基因型

两个镜鲤群体都是通过人工选择得到的繁殖群体,选择指标是体重和体型,富集的基因型应该与这两个性状相关。富集的基因型应该是偏离 Hardy – Weinberg 平衡的,但一些基因型极端偏离平衡也是很有意思的现象。例如:遗传座位 HLJ400 的基因型 358/319 按两个等位基因的频率在平衡状态情况下,换新雌性群体应该有 7 个个体,换新雄性群体应该有 2 个,在松浦群体中应

该有 6 个,但所有群体中没有一个 358/319 基因型个体。HLJ338 遗传座位的 256/245 基因型个体按平衡状态计算,应该在换新雌性群体中出现 16 个,但只有 1 个;这个基因型在换新雄性群体中理论计算应出现 11 个,实际出现 7 个;这个遗传座位的其他基因型如与等位基因 263 相关的杂合子个体理论应该出现 7 个,但实际上出现 9 个;这个基因型个体在松浦群体中理论计算为 9 个,实际出现 8 个。

表 2　换新群体几个遗传座位相关基因型与体重的相关性分析

Table 2　Relative analysis bet ween genotype of some loci and body weigh

遗传座位 loci	基因型 genotype	性别 sex	平均体重(g) mean weight	体重百分比(%) percentage of mean weight
HLJ041	268/256	♀	6 060	1.14
	268/256	♂	4 870	1.02
HLJ055	64	♀	5 790	1.03
	364	♂	4 570	0.96
HLJ057	320/289	♀	5 770	1.09
	320/289	♂	5 140	1.21
HLJ302	244	♀	5 540	1.05
	244	♂	4 470	0.98
HLJ338	Het.	♀	5 610	1.06
	Hom.	♀	5 160	0.97
	Het.	♂	5 270	1.11
	Hom.	♂	4 570	0.96
	263/232	♀	7 270	1.37
	263/232	♂	3 450	0.72
HLJ343	171	♀	6 070	1.15
	171	♂	4 960	1.04

注:Het. 表示是杂合子,Hom. 表示纯合子

Notes:Het. means heterozygote, and Hom. means homozygote

2.2.2 几个基因座的连锁分析

经 Fisher 氏模型作卡方检验和马尔科夫链模型计算两位点连锁不平衡分析得到 HLJ392 和 HLJ398,HLJ046 和 HLJ372,HLJ049 和 HLJ372,HLJ133 和 HLJ343,HLJ060 和 HLJ315,HLJ055 和 HLJ307,HLJ046 和 HLJ049 等 7 对基因座紧密连锁,其中与体重相关的基因座位有 2 个,它们是 HLJ055 和 HLJ343。

3　讨论

3.1　人工选择对群体基因型的影响

3.1.1　两个群体间的遗传结构差异

两个镜鲤繁殖群体的统计分析结果显示松浦群体的有效等位基因数、期望平均杂合度和群体

平均多态信息含量都高于换新群体。我们推测主要原因有两个,一是换新群体筛选强度要高于松浦群体,这在材料与方法中已介绍,另一个原因是松浦镜鲤是较早培育的群体,还带有起始品种的一些杂合基因型来源,而换新群是在松浦群体之上进一步选择得到的,因此一些与选择压力相关的基因型在换新群会更集中、更富集,即相关基因型频率和相关基因频率会升高,而其他一些稀有等位基因在更大的选择压力下丢失。

3.1.2　体重相关的基因型

本实验筛选到几个与体重相关的基因型,其中多数与雌鱼体重紧密相关而与雄鱼体重相关不紧密,如 HLJ041 的 268/256 等。在雌鱼群体中检测到较多(比较雄鱼)的与体重相关标记的原因

可能有两个,一是这类基因位点可能与雌性染色体连锁,因此这类基因型仅在雌鱼中表现出与体重相关;第二个原因可能与选择方式有关,雌鱼多以体重为主进行选择,雄鱼由于早成熟一年选择多以体形为主,因此,在雌性群体中富集了更多的与体重连锁的基因型,而在雄鱼由于选择压力相对较低没有富集到与雌鱼相同多的与体重相关的基因型。

HLJ338 座位中的 263/232 基因型与体重的关系比较有意思,在雌性群体中与体重相关最紧密,是所有群体中平均体重最大的基因型;但是这个基因型在雄鱼中却是最小的,这个基因型在雌雄不同个体中的这种表现如果得到确证,那对基因标记选择体重性状的技术路线的建立是非常不利的,也就是说这个对雌性体重有益的基因型如果富集较多,虽然对雌鱼生长有利但对同群体中的雄鱼体重获得是不利的。263/232 在雌雄两类群中与体重的相悖现象可能与鲤雌性表现生长快而雄鱼相对生长慢的普遍现象的遗传控制机制相关,因此,很有必要利用这个基因型的遗传规律来做一些深入探索。

上述分析的与体重相关的几个基因型仅仅是换新一个群体的检测结果,使用的标记也仅有 28 个,是否是与体重相关的主要基因型,还有待对其他群体做同样的检测,对换新群体也需要增加更多的标记来进一步验证。

3.2 几个基因型的偏离

3.2.1 偏离指数的引入

HLJ338 座位的 256/245 基因型个体在雌鱼群中出现的数量远比通过基因频率所做的理论计算结果要少得多,根据公式计算这个基因型个体应该有 16 个,但实际仅有 1 个。我们创造一个基因型偏离指数来描述这种偏离程度:偏离指数 f,理论推测值 N,实际出现值 n,则:$f = (n^2 - N^2)/(n \times N)$($f$ 值为正则实际个体数大于理论计算个体,f 值为负数,实际个体数少于理论计算个体数,绝对值越大偏离越远)在换新雌性群体中 256/245 基因型的 f 值为:$f = 1 - 256)/16 = -15.3$,表明这个基因型严重偏离 Hardy - Weinberg 平衡。在换新雄性群体中 256/245 基因型的 f 值为:$f = -0.93$,松浦镜鲤 256/245 基因型的 f 值为:$f = -1.77$,虽然也是偏离理论计算值,但偏离不是很远。这个结果显示

256/245 基因型在群体中出现比例主要还是与选择强度和选择方式决定的。因为雌性以选择体重为主要方式,而这个基因座位上是有与体重紧密相关的基因型 263/232,所以 256/245 这个与体重不相关的基因型受到体重选择压力的作用,在换新雌性群体中选择丢失较多,使偏离指数负值过大,而在对体重选择压力较小的雄鱼群体中和选择强度较低的松浦镜鲤群体中,由于选择压力较低,这个基因型的偏离指数负值较小。通过基因型频率可以计算群体在这个基因座位上偏离 Hardy - Weinberg 平衡的程度,这在群体遗传结构分析中比较常用[8]。本文创造的基因型偏离指数较为简单,表观数值大,生物学意义清楚(表示基因型偏离平衡的程度),可以简化计算偏离 Hardy - Weinberg 平衡的复杂计算过程。同一物种天然群体间或不同品种间在遗传本质上的差别主要来自基因型的差别,这里表述的基因型偏离指数能否达到突出群体间差别,便于种内不同群体的区分和鉴定有待进一步检验。

3.2.2 极端偏离的基因型

遗传座位 HLJ400 的基因型为 358/319 的个体为零,按两等位基因频率计算 358/319 基因型个体理论上应该有 15 个个体,即 $n = 2 \times (\sum Pi \times Pj \times Nn) = 15$。本研究检测的 3 个群体中没有一个 358/319 基因型个体出现,这种基因型完全丢失的极端情况是不符合基因型分布规律的,该基因型的偏离指数 $f = -\infty$,说明该基因型极端偏离平衡状态。HLJ400 座位上共有 10 种基因型,与体重的连锁分析表明没有一个基因型是与体重相关的,因此,体重选择的压力对 358/319 基因型出现的多少无关。可能 358/319 基因型属疾病易感型,有这种基因型的个体在亲本养殖过程中由于疾病而死亡或在选择时被淘汰,也可能这种基因型是极端致死基因型,所有的个体都在胚胎期死亡。这个推断是否正确需要进一步的研究来证明。还应指出的是上述对几个基因偏离尤其是极端偏离的分析是从遗传平衡理论出发所做的推测,更准确的结果有待与德国镜鲤原种(这两个群体的直接亲本已不存在)作对比分析才能得到。

对于同物种的不同选育品种来说,不同基因型的富集或丢失可以作为区分和鉴定这些不同品种的标记。而镜鲤 HLJ400 座位的 358/319 基因

型和 HLJ338 座位的 256/245 基因型可以作为区分和鉴别镜鲤两个繁殖群体的标记,这样的标记也可以用于鲤其他品种的鉴别。

3.3 基因型检测与鲤育种

3.3.1 共显性标记在育种研究中的作用

好的遗传标记是鱼类高效育种的基础。在传统育种中鳞被、体色都是育种研究经常利用的遗传标记[9~10]。在数量众多且多呈中性的 DNA 分子标记出现后,遗传与育种学家的共识是 DNA 分子标记是大幅度提高育种效率的强有力工具[11~13],各国政府也将分子育种视为转基因技术之外可以获得优良品种的重要技术[14~15]。微卫星标记检测方便且多为共显性标记,应该是育种中非常有用的遗传标记,在 70 年前,Fisher 就认为共显性标记是检测性状的优良标记[16]。本研究在利用微卫星检测 2 个镜鲤的群体遗传结构的分析中也体会到共显性标记的优越性,尤其是观察、计算杂合子和显性基因型出现的频率方面可以获得显性标记无法得到的结果。

3.3.2 所获几个性状相关基因型的利用价值

分子标记在鱼类育种中潜在的应用方向之一是利用基因型与经济性状的连锁关系,并将这个基因型作为选择这个性状优势品种的工具。本研究所获得的与体重相关的分子标记及其基因型,经在其他群体进一步证实后,可作为体重选择标记用于镜鲤新品系的培育;一些标记尤其是极端偏离平衡的标记可能与易感病遗传组成有关,很可能作为筛选抗病品系的标记,因为易感病与抗病总是相关的。另外,表型选择如果选择强度大,实际上也是一个综合性状选择,长期保持优良性状的镜鲤品系为我们提供了大量控制综合性状优良的基因型,是进一步群体遗传结构优化的技术基础。还有在野生群体中稀有的基因型在换新雌性群体中得到较大的加强,一些基因型富集到很高纯合度,虽然本文没有讨论,但作者认为,这些也应该是在体重压力选择下富集的很有意义的基因型,如果今后在其他镜鲤群基因型分析中得到验证,是很有利用价值的。这里提到这一点只是表示微卫星在检测、分析良种的繁殖群体时能给出非常多的在遗传参数基本公式计算之外的有价值信息,它们既对育种研究有益,对基础研究也是非常有意义的。

3.4 利用非近交群体进行性状连锁分析的局限与意义

经济性状的 QTL 定位研究多数是利用近交群体(inbred)能够获得较为满意的结果[17],利用外交群体效果不如近交群体好,但也有成功的例子[18~19]。一个随机交配的外交群体,由于每个基因座位上的等位基因较多,同一基因型的个体数偏少而使与经济性状连锁的结果产生偏差或错误。本研究利用的就是这种群体,因此,所获得的与体重连锁的分析结果有待进一步的验证。野生群体和养殖群体的经济性状与遗传结构的连锁分析是经济鱼类种质研究中很有实用价值的部分,也是长期没有解决的课题。本研究利用众多的共显性标记分析一个较大群体(换新镜鲤 208 尾),试图建立遗传标记与体重这一经济性状的连锁关系,提供了一种将群体经济性状与群体遗传结构建立关系的技术途径。由于外交群体在同一基因座位上的基因型较多,建议在进行这样的研究时加大样本量、增加标记数量,克服偏差,减少错误。

参考文献

[1] 沈俊宝,刘明华. 鲤鱼育种研究[M]. 哈尔滨:黑龙江科学技术出版社,2000.

[2] 李思发. 遗传育种的理论和技术在鲤科鱼类养殖业中的应用[J]. 水产学报,1983,7(2):175 – 184.

[3] 刘明华,白庆利,沈俊宝. 德国镜鲤选育及生产应用研究[J]. 黑龙江水产,1995,61(3):4 – 10.

[4] 沈俊宝,严云勤. 柏氏鲤、镜鲤和红鲤及其杂种 F_1 主要形态学性状遗传的比较研究[J]. 遗传学报,1987,4(1):49 – 55.

[5] 全迎春,孙效文,梁利群. 应用微卫星多态分析 4 个鲤鱼群体的遗传多样性[J]. 动物学研究,2005,28(6):595 – 602.

[6] Liao X L, Yu X M, Tong J. Genetic diversity of common carp from two largest Chinese lakes and the Yangtze River revealed by microsatellite markers [J]. Hydrobiologia, 2006, 568: 445 – 453.

[7] 孙效文,贾智英,魏东旺,等. 磁珠富集法与小片段克隆法筛选鲤微卫星的比较研究[J]. 中

国水产科学,2005,12(2):126 - 132.

[8]张天时,刘萍,李健,等. 用微卫星 DNA 技术对中国对虾人工选育群体遗传多样性的研究[J].水产学报,2005,29(1):6 - 12.

[9]张建森,潘光碧. 鲤鱼体色体型遗传的研究[J].水产学报,1983,7(4):301 - 312.

[10]吴清江,柯鸿文,陈荣德. 鲤鱼的遗传分离规律及选种分析[J]. 遗传,1980,2(2):15 - 16.

[11]赵寿元. 基因组研究与生命科学工业的崛起[J].生命科学,1999,11(1):1 - 5.

[12]陆朝福,朱立煌. 植物育种中的分子标记辅助选择[J]. 生物工程进展,1995,15(4):11 - 17.

[13]童金苟,朱嘉濠,吴清江. 鱼类和水生动物基因组作图研究的现状及前景[J].水产学报,2001,25(3):270 - 278.

[14]Alcivar - Warren A. Proceeding of the aquaculture species genome mapping workshop[C]. USDA Northeast Regional Aquaculture Center, Dartmouth,MA,1997.

[15]Brock J. Taura syndrome of farmed penaeid shrimp. Foreign Animal Diseases Report[R]. USDA Animal and Plant Health Inspection Service,1995,22 - 25.

[16]Fisher R A. Has Mendel's work been rediscovered? [J]. Annals of Science, 1936, 1: 115 - 137.

[17]Majumder P, Ghosh S. Mapping quantitative trait loci in humans: achievements and limitations[J]. J Clin Invest, 2005, 115 (6): 1 419 - 1 424.

[18]Yalcin B, Flint J, Mott R. Using progenitor strain information to identify quantitative trait nucleotides in outbred mice [J]. Genetics, 2005,171(2):673 - 681.

[19]Knott S A, Marklund L, Haley C S. Multiple marker mapping of quantitative trait loci in a cross between outbred wild boar and large white pigs [J]. Genetics, 1998, 149 (2): 1 069 - 1 080.

Analysis of the genetic structure of two mirror common carp population andgenotypes for some traits

Sun Xiaowen[1], Lu Cuiyun[1], Kuang Youyi[1], Jin Wankun[2], Shen Junbao[1],

Zhu Xiaodong[3], Li Dayu[4], Ma Haitao[4], Yu Dongmei[4]

(1. Heilongjiang Fisheries Research Institute, Chinese Academy of
Fishery Sciences and Key and Open Laboratory of Nothern Fin Fish Bioengeering Breeding
Certificated by the Ministry of Agriculture , Harbin 150070 , China;

2. National Level Tianjin Excellent Fisheries Seed Farm, Tianjin 301500, China;

3. College of Aqua - life Science and Technology, Shanghai Fisheries University,
Shanghai 200090, China;

4. Life Science and Technology Institute, Dalian Fisheries University, Dalian 116023, China)

Abstract:The genetic composition of populations for a species is mainly collection of its different genotypes in all loci. In this paper,26 microsatellite markers which had been identified with amplification reaction very well and with polymorphism were used. Two breeding population of mirror carp that one is in National Level Tianjin Huanxin Quality Fish Farm an other one is in Songpu Fishery Station of Heilongjiang Fishery Institute were analyzed by those markers. Gene frequency(P), observed heterozygosity(Ho), expected heterozygosity(He), polymorphism information contents(PIC), and number of effective alleles(Ne) were determined. The linkage analysis was done between 26 loci and data from body weight of 208 individuals of Huanxin population, and 12 loci seems associated with body weight. Of those 12 loci, 3 are high significant linkage. Some significant deviate genotypes were also analyzed, and discuss the cause of this kind of deviation. It was discussed that whether those significant deviate genotypes linked with is a major determinant of fatal or near-fatal gene in early development of embryo of mirror carp, and that the possibility of those markers linked with genes sensitive to some diseases. For describe the content of those genotype deviation, an index named genotype deviate index was made. Few phenomenon of some genotypes deviation were studied using this new index.

Key words:Mirror carp;Breeding population;Genetic structure;Genotype

[原载《水产学报》2007,31(3)]

微卫星分子标记指导镜鲤群体选育*

鲁翠云[1],金万昆[2],李 超[1],孙效文[1],杨建新[2]

(1. 中国水产科学研究院黑龙江水产研究所,哈尔滨 150070;
2. 国家级天津市换新水产良种场,天津 301500)

摘 要:本文用26个扩增效果好的微卫星分子标记分析了镜鲤(*Cyprinus carpio* L.)养殖亲本群体的遗传结构,指导其群体选育。本研究共检测到153个等位基因,片段大小为108~400bp,平均等位基因数(A)5.8846个,平均有效等位基因数(Ne)2.8625个,平均观察杂合度(Ho)0.5063,平均期望杂合度(He)0.5602,平均多态信息含量(PIC)0.5292,表明该繁育群体处于较高的遗传多样性水平。用χ^2检验和遗传偏离指数估计Hardv—Weinberg平衡,表明群体处于平衡状态,但在多个位点表现出杂合子缺失严重,显示出人工选择的痕迹。用PHYLIP3.6软件绘制基于Nei氏标准遗传距离的UPGMA聚类图,依据亲本个体间的遗传差异,以避免近亲交配为原则,建立最佳亲本配组体系,繁育获得2个选育群体,以常规群体繁育子代群体作为对照组,对子代群体的遗传结构及数量性状分析显示,选育群体保持了较高的遗传多样性水平,群体平均期望杂合度在0.5414~0.5449,其生长速度较对照群体快14.81%~63.71%。连续2年的生长实验证实,微卫星标记指导群体选育技术在保持群体的遗传多样性水平,避免近交衰退,快速建立优良种群方面具有一定的优势。

关键词:微卫星;镜鲤;群体选育

鲤(*Cyprinus carpio* L.)是我国分布最广、养殖产量较大的重要淡水经济鱼类之一。德国镜鲤自20世纪80年代引入我国后,经过黑龙江水产研究所20多年的系统选育,培育出抗寒、抗病、生长速度快、肉质好、适于我国大部分地区养殖的德国镜鲤新品种。但随着养殖面的扩大、养殖密度过大、繁育技术不规范,致使德国镜鲤选育系出现遗传多样性水平降低、抗病力下降、性成熟个体变小等近交衰退现象。因此,利用分子标记研究良种繁育群体的遗传结构,建立基于群体遗传变异的分子标记辅助选育体系,对抑制养殖群体的遗传退化,保护、开发利用优异种质资源起技术支撑作用。

微卫星(Microsatellite)作为近年来发展迅速、应用广泛的分子标记之一,具有共显性、多态性高、遗传稳定等优点,适用于持续地进行遗传与育种方面的研究。用微卫星分子标记指导选择育种在虹鳟(*Oncorhynchus mykiss*)和牙鲆(*Paralichthys olivaceus*)抗病群体的筛选上获得了成功,通过构建高密度遗传图谱,找到与抗病性状紧密连锁的微卫星标记,利用标记辅助选择和辅助渗入技术,培育出了抗病群体在生产上加以应用[1]。近几年,鲤微卫星分子标记的开发及利用发展迅速,制备了大批微卫星分子标记[2~5],构建了中等密度的遗传连锁图谱[6],获得了大量与体质量、体长、体高等生长性状相关的标记[7~9]。孙效文等[10]分析了镜鲤2个繁殖群体的遗传结构,找到了与体质量相关的基因型,并将这几种基因型应用于镜鲤优良子代的选育[11];鲁翠云等[12]用微卫星分子标记指导家系亲本的选配,也获得了良好的选育效果。但是,构建家系工作量大、操作繁琐,不适于鲤苗种培育生产,限制了该技术的推广。孙效文等[1]结合传统群体选育操作简便的优势,增加分子标记作为深入选择的手段,建立了实用

---

* 资助项目:国家重大基础研究计划资助项目(2004CB117405);农业部"引进国际先进农业科学技术"计划[2006－G55(5)];黑龙江水产研究所基本科研业务费专项资金(2009HSYZX－SJ－08)

性较强的分子育种技术——分子标记指导的群体选育技术。本研究具体报道了微卫星标记指导镜鲤群体选育的应用效果,利用微卫星多态标记分析了繁育群体的遗传结构及个体间的遗传差异,以建立最大程度避免近亲繁殖的目标繁殖组,通过生长实验证实了该技术的实用性,为现有优良种的持续利用及多样性保护探索了一条新途径。

1 材料与方法

1.1 材料

镜鲤亲本繁育群体采自国家级天津市换新水产良种场,亲本的选择包括外观选择、表型数据选择、分子标记选择,具体选择标准及详细实验步骤参照文献[1]。2006 年度分析亲本 208 尾:雌性 106 尾,雄性 102 尾,年龄 3~4 龄,体质量 4~7kg。

分析亲本群体的遗传结构后,根据个体遗传关系绘制个体亲缘关系图谱,以避免近亲繁殖为

目的将亲本分为两组,交叉进行繁育。第一组雌性 50 尾,雄性 53 尾;第二组雌性 56 尾,雄性 49 尾。组间雌雄交叉进行群体繁育,子一代分别编号为 A 组和 B 组,以良种场常规繁育的苗种作为对照组(C 组),每组随机取鱼苗 3 000 尾,在网箱中常规养殖,于当年 9 月分别由 A、B、C 组采鱼 50 尾,测量数量性状,提取基因组 DNA。2007 年 3 月从同一个亲本群体又选出 191 尾亲本进行了重复实验。

1.2 引物与试剂

微卫星分子标记为本实验室通过磁珠富集方法开发的鲤基因组微卫星[5],由上海生工生物工程公司(简称上海生工)合成,引物信息如表 1 所示。26 个标记分布于 11 个连锁群上[13],其中,8 个标记(* 表示)与镜鲤体质量、体长、体高等生长性状紧密相关[10,14]。实验所用的 Taq DNA 聚合酶、dNTP 及生化试剂均购自上海生工。

表 1 微卫星引物序列及扩增情况

Table 1 Sequence and amplificafion of the microsatellite loci.

位点	引物序列(5'-3')	核心序列	退火温度(℃)	位点	引物序列(5'-3')	核心序列	退火温度(℃)
HLJ019	F:actgctggctcaggaaca R:agagcaaagatggtagctc	(CA)26	53	HLJ319 *	F:cagtgggattgtgggagt R:cagggagggtcaaaggtc	(CA)14	53
HLJ041 *	F:agaccaccgcagtaacaa R:gactcactcagcaccaga	(CA)24	53	HLJ328 *	F:cctgacacctgccgttct R:tcctctgttctgctctccc	(CA)30	51
HLJ044	F:gtacagcgtgacagcatt R:aagttcatcggtgtcctc	(CA)28	53	HLJ338 *	F:gaagaatgggtgagtaaga R:actaggatttggaagagc	(AC)58	51
HLJ046	F:aaccctgaactcacaaac R:cacggaaactgagaagac	(CT)14	53	HLJ343 *	F:tcctcacaaccctccgtat R:caaaggcatcccatcagt	(TG)32	51
HLJ049	F:gatttgtgctcctcaacc R:ctgtcacttctccttcca	(GT)28	54	HLJ371	F:gtgctcaccgatcagagg R:caaagtgcaaaacaaccc	(CA)	54
HLJ055 *	F:ggtacaacgggaaccaca R:tgattgacaggcagtggg	(CT)11(CA)29	54	HLJ372	F:tctacttctaccgccact R:gactattcacctgcatctt	(CA)(CA)	54
HLJ057 *	F:gaatgtcatgcggttcat R:tatttgctgggtgtcctc	(GT)23	54	HLJ376	F:aagaaggactacgaggaga R:ttcggttgcttactatga	(CA)	54
HLJ058	F:cagatggcagacaggtaa R:gagcaagtgagggaacag	(CA)21	53	HLJ379	F:ggggagacgagaagtgca R:agcaggtctgtgggcaag	(CT)13CG(CT)5	54
HLJ060	F:cgatcactggcaagatta R:atggactacacctcaccc	(GT)23	54	HLJ383	F:ggctcctcctcatcctct R:gcacttctgcacctttca	(CA)14	51
HLJ133	F:aagggcgggttatctcac R:cacaggcatccatcagt	(GT)25	51	HLJ392	F:ggctacaaggcaacactg R:tgcggttaatgaggtctg	(CA)22	54
HLJ302 *	F:acctcatttgaatcctg R:aaatagagtttgtttgctga	(CA)23	50	HLJ393	F:tgcggtcattactcattcg R:cccagcacctgtttccac	(CA)10	54
HLJ307	F:atcatttgtattcgtgcttg R:gatccactgggtcctttt	(CA)18	53	HLJ398	F:cattacttgaactatcatc- cag R:tgtgctgaggattattgg	(CT)16(CA)10	54
HLJ315	F:acccttcctcttagtgcc R:aaaggttagcctgtgagc	(AC)30	51	HLJ400	F:aagaagcctcggtcctcc R:aaagcccaaagcaacatca	(CA)22	51

注:F,正向引物;R,反向引物

1.3 数据处理

微卫星是共显性遗传,可从琼脂糖凝胶电泳图谱上直接判断出个体的基因型,用 PopGene(Version 3.2)软件统计各微卫星基因座的等位基因频率(Allele Frequency,P)、等位基因数(Observed num ber of alleles,Ae)、有效等位基因数(Effective number ofalleles,Ne)、观测杂合度(Observed heterozygosity,Ho)、期望杂合度(Expected heterozygosity,He)。多态信息含量(Polymorphism Information Content,PIC)由 Botstein 等[15]公式计算:

$$PIC = 1 - (\sum_{i=1}^{n} P_i^2) - (\sum_{i=1}^{n-1} \sum_{j=i+1}^{n} 2P_i^2 P_j^2)$$

其中,n 为某一位点上等位基因数,Pi、Pj 分别为第 i 和第 j 个等位基因在群体中的频率,j = i + 1。

用 Genepop(Version 3.4)软件进行 χ^2 检验,估计群体 Hardy – Weinberg 平衡偏离。偏离指数(d)直观上表明群体杂合子的缺失或过剩,由下列公式计算:

$$d = (H_0 - H_e)/H_e$$

用自主开发的"鱼类种质资源遗传分析平台(专利号:ZL200710144749.3)"处理个体间遗传数据,将其转化为 PHYLIP3.6 识别数据格式,用 PHYLIP3.6 软件的 genedist 程序计算个体间的遗传距离,用 neighbor 程序绘制聚类图,经过 1000 次抽样自举检验,选定唯一聚类图,以避免近亲繁育为原则将全部个体分为两组,进行组间交叉繁育。体质量等数量性状由 Excel2003 处理。

2 结果

2.1 镜鲤亲本群体的遗传结构

26 个微卫星位点在镜鲤亲本群体共 208 个个体中均获得了稳定、清晰的 DNA 条带(图 1),在个体间表现出不同程度的多态性,共检测到 153 个等位基因,位点等位基因数在 2~8,平均等位基因数 5.8846 个,片段长度在 108~400bp。有效等位基因数在 1.2574~6.4665,观察杂合度 0.2019~1.0000,期望杂合度 0.2047~0.8454,多态信息含量在 0.1978~0.8263。26 个位点 4 项统计指标的均值分别为 2.8625、0.5063、0.5602 和 0.5292。统计结果显示,换新镜鲤亲本群体处于高度多态(PIC > 0.5)水平,遗传多样性较好。

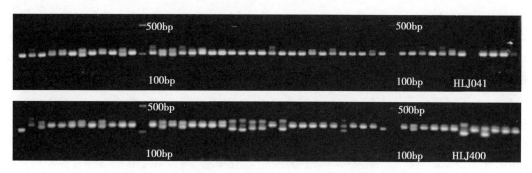

图1 部分亲本个体在 HLJ041、HLJ400 位点的电泳图谱

Figure 1 The electrophoretogram of HLJ041 and HLJ400 loci in partial samples

用 Genepop(Version 3.4)软件分析了群体的 Hardy – Weinberg 遗传偏离,结果表明换新镜鲤亲本群体整体保持遗传平衡状态(multi – loci test,P = 1);Hardy – Weinberg 遗传偏离指数从直观上表明了杂合子的缺失或过剩,统计结果显示,18 个位点(69.23%)表现为杂合子缺失,其中,HLJ044、HLJ049、HLJ133、HLJ315、HLJ338、HLJ371、HLJ376 和 HLJ383 8 个位点杂合子显著缺失(P < 0.05),表现出明显的人工选择趋向,占全部位点的 30.77%。详细统计数据如表 2 所示。

表2　26个微卫星位点在换新镜鲤亲本群体中的多样性指数及 Hardy – Weinberg 遗传平衡分析

Table 2　The genetic diversity index and Hardy – Weinberg equilibrium analysis of 26 microsatellite loci in HX mirror carp population

位点	片段大小	Ae	Ne	Ho	He	PIC	d
HLJ019	181 ~ 211	3	2.3509	0.9760	0.5746	0.4827	0.6986
HLJ041	246 ~ 305	5	1.6397	0.3510	0.3901	0.3670	- 0.1002
HLJ044	228 ~ 340	8	5.0598	0.5000	0.8024	0.7782	- 0.3769 *
HLJ046	108 ~ 246	2	1.3581	0.3125	0.2637	0.2289	0.1850
HLJ049	173 ~ 236	7	3.3369	0.2981	0.7003	0.6530	- 0.5743 *
HLJ055	250 ~ 364	8	5.8378	0.8173	0.8287	0.8055	- 0.0138
HLJ057	266 ~ 352	6	1.6790	0.3558	0.4044	0.3853	- 0.1202
HLJ058	298 ~ 383	5	3.0415	0.9808	0.6728	0.6324	0.4612
HLJ060	196 ~ 246	4	1.2574	0.2163	0.2047	0.1978	0.0567
HLJ133	240 ~ 340	7	2.1717	0.3846	0.5395	0.5081	- 0.2871 *
HLJ302	175 ~ 279	7	4.9208	0.6538	0.7987	0.7683	- 0.1794
HLJ307	195 ~ 275	5	1.5046	0.3365	0.3354	0.3193	0.0033
HLJ315	109 ~ 224	8	6.4665	0.5769	0.8454	0.8263	- 0.3176 *
HLJ319	237 ~ 353	7	4.4271	0.7692	0.7741	0.7485	- 0.0063
HLJ328	250 ~ 375	7	4.4915	0.9519	0.7774	0.7534	0.2245
HLJ338	210 ~ 297	7	3.8903	0.4856	0.7430	0.7025	- 0.3464 *
HLJ343	121 ~ 195	7	2.3290	0.3702	0.5706	0.5440	- 0.3512
HLJ371	135 ~ 206	6	2.8575	0.2163	0.6500	0.5989	- 0.6672 *
HLJ372	272 ~ 360	5	1.4431	0.2452	0.3070	0.2945	- 0.2013
HLJ376	230 ~ 300	5	1.3089	0.2019	0.2360	0.2258	- 0.1445 *
HLJ379	210 ~ 308	6	1.8220	0.3413	0.4522	0.4315	- 0.2434
HLJ383	246 ~ 322	6	1.8495	0.3798	0.4593	0.4330	- 0.1731 *
HLJ392	124 ~ 220	6	1.8650	0.4231	0.4638	0.4331	- 0.0878
HLJ393	204 ~ 267	4	2.9013	1.0000	0.6569	0.5899	0.5260
HLJ398	118 ~ 178	5	1.9722	0.5577	0.4930	0.4542	0.1312
HLJ400	280400	7	2.6422	0.4615	0.6215	0.5960	- 0.2574
Mean		5.8846	2.8625	0.5063	0.5602	0.5292	

注：＊：$P < 0.05$。

2.2　镜鲤亲本个体间的遗传分化

用26个微卫星标记进一步分析了镜鲤亲本个体间的亲缘关系,用 PHYLIP3.6 软件包内的 gendist 程序计算了个体间的遗传距离在 0.0256 ~ 0.9943,neighbor 程序绘制的聚类结果显示,多数亲本个体具有相似的遗传背景,个体间遗传分化程度较小,在同一结点位置有202个个体分为大小不同的50个小分支,分支内含的个体数在 2 ~ 10 个不等,只有 6 个个体以不同大小的遗传距离聚到大分支之外。

2.3　两试验组及对照组子一代的生长

连续 2 年的统计结果显示,经标记指导配组的群体 A 组、B 组的子一代平均体长、体质量与对照组差异显著,选育组的生长速度明显快于对照组 C(表3),其中,2 个选育群体的体长增长率比对照组快1.42% ~ 21.28%;体质量增长率比对照组快14.81% ~ 63.71%。

表3 镜鲤亲本经连续2年选育群体的子一代及对照群体的子一代的生长

Table 3 Growth of F_1 in two selective populations and in control

population of the continuous two years in mirror carp

编号	体长（cm）		体质量（g）	
	2006	2007	2006	2007
A组	12.45(4.53%)	14.30(1.42%)	73.74(19.09%)	124(14.84%)
B组	12.88(8.09%)	17.10(21.28%)	86.54(39.76%)	203(63.71%)
C组	11.92	14.10	61.92	108

注：括号内数据表示选育组较对照组的增长率。

2.4 两试验组及对照组子一代群体的遗传结构

用其中的11个微卫星标记对选育组、对照组的子一代群体遗传结构的分析结果显示（图2），两个选育群体的有效等位基因数、观察杂合度、期望杂合度等多项遗传多态指标均保持了较高的水平，平均多态信息含量在0.4960～0.5080，属于中高度多态群体，但是多项遗传指标的统计数据均低于对照群体。统计结果如表4所示。

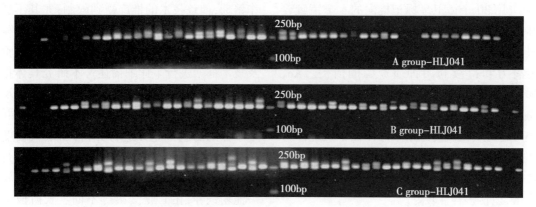

图2 A组、B组选育群体及对照群体的子一代的HLJ041位点的扩增结果

Figure 2 Amplification of the F1 in the selective populations（A and B）and the growing control population（C）at HLJ041 locus

表4 各组亲本及子代群体的遗传结构信息

Table 4 The statistic information of genetic structure in the parental populations and their offspring populations

编号	平均等位基因数（Ae）	平均有效等位基因数（Ne）	平均观察杂合度（Ho）	平均期望杂合度（He）	平均多态信息含量（PIC）
A组	5.0000	2.6337	0.4678	0.5414	0.4960
B组	5.2727	2.7100	0.4830	0.5449	0.5080
C组	5.3636	2.7614	0.5568	0.5713	0.5310

3 讨论

3.1 微卫星标记的选用

用于辅助育种的理想分子标记应具有检测简单快速、多态性好、遗传稳定等特点，而微卫星分子标记无疑成为中选者之一。其保守性好、呈共显性遗传，能够准确监测亲代等位基因在子代个体中的分布，易于区分纯合型和杂合型，在辅助育种操作中具有其他标记不可比拟的优势。将微卫星分子标记用于辅助育种在作物[16,17]和畜禽[18,19]中开展较多，在水产动物上的应用较晚。鲤作为我国北方的主养鱼类，标记的开发相对较早，本课题组已获得稳定多态的标记千余个，目前，以微卫星标记为主的第二代遗传连锁图谱已经达到中等密度，并获得了大量与性状相关的QTL结果，为标记辅助选育提供了有利的研究基础。孙效文等[10]等用微卫星分子标记评估了2个德国镜鲤繁殖群体的遗传潜力，获得了6个与

体质量性状相关的标记,并进一步将优势基因型用于优良子代的选育,取得了良好的效果[11]。以微卫星分子标记为工具开展水产动物分子育种研究的理论和技术路线也逐渐建立起来[1,20],但是,其应用效果还需要大量的实验数据。本研究报道了微卫星标记指导镜鲤群体选育的效果,使用的26个微卫星标记在育种亲本群体得到了稳定的扩增,等位基因数在2~8个不等,平均等位基因数达5.8846个,其中88.46%的位点在群体内表现为中高度多态(PIC > 0.25)[15],HLJ055、HLJ343等8个位点与体质量、体长、体高等生长性状具有一定的相关性[10,14]。统计结果显示亲本群体的平均等位基因数为5.8846个,略高于全迎春等[21]用30个微卫星标记检测的5个镜鲤养殖群体的平均等位基因数(Ae = 4.75 ~ 5.72)。最大限度地维持种内遗传多样性水平,是评价群体遗传潜力和持续利用种质资源的前提。Ae、Ho、He和PIC等都是反映群体遗传多样性和遗传潜力的度量,其数值越大,说明基因丰富度越高,遗传潜力越大。换新镜鲤亲本群体在4项统计指标的均值分别为 2.8625、0.5063、0.5602 和0.5292,表明其亲本群体处于高度多态(PIC > 0.5)水平,遗传多样性较好。

另外,换新镜鲤繁殖群体最早由10万尾左右的鱼种经过1龄、2龄、3龄3个年龄段的选择获得,选择强度在100∶2左右,目前繁殖群体保留雌鱼1 855尾,雄鱼2 000尾,较大群体内的随机交配使多位点(multi - loci)的等位基因频率和基因型频率保持 Hardy - Weinberg 遗传平衡状态,具有近一步繁育、筛选优良群体的遗传潜力。但是69.23%的位点表现为杂合子缺失,30.77%的位点杂合子缺失显著,少数等位基因的富集较为严重,某个等位基因的频率甚至达到0.8以上,稀有等位基因大量丢失,表现出明显的人工选择趋向,对优良种质资源的保护和持续利用极为不利。

3.2 微卫星标记指导群体选育技术应用效果

基于某种数量性状的常规选择育种,不仅效率低、周期长,并且带有一定的盲目性,致使大量基因型丢失,理想的选择方法应是依据个体基因型进行选择,通过对亲本配合力、遗传力、遗传相关分析及亲本间亲缘距离来选配亲本组合。遗传距离在水产动物亲本选配上的应用已有报道,鲁

翠云等[12]用微卫星标记指导家系亲本的配组,生长对照结果显示亲本个体间遗传距离与子一代的生产性能相关性较小,但是亲本间遗传距离在0.5 ~ 0.7的子一代具有较好的生产性能。毕金贞等[22]在牙鲆中也获得了相似的结果,不同遗传距离范围内,亲本间遗传距离与后代生长速度之间呈现不同的相关性,在0.2578 ~ 0.5958范围内呈现显著正相关(P < 0.05)。谷晶晶等[23]用微卫星标记揭示的红鳍东方鲀(Fugu rubripes)的家系配组亲本的遗传距离与子代的体质量呈正相关关系。以上实验结果均表明,在一定范围内,利用亲本间遗传差异指导家系配组具有一定的有效性和指导意义。但是,构建家系的方法工作量大、操作繁琐,使该技术的推广受到限制;尤其不适用于鲤等低值苗种的生产培育。因此,孙效文等[1]建立了标记指导的群体选择技术,并对其实验步骤及技术框架进行了详细描述。本研究具体报道了此技术在镜鲤繁殖群体的实施情况及应用效果。

首先,应用鲤微卫星多态标记对繁育群体亲本个体间的遗传差异进行分析,以最大程度避免近亲繁殖为目标,对繁殖亲本进行分组,进行交叉群体繁殖,然后将群体配组生产出的子代放到同一池塘饲养,在1龄、2龄等不同生长阶段选择外观和表型性状满足需要的个体,主要目标是克服传统群体选育后群体内的谱系不清楚、再继续繁殖或培育下一代亲本时,易出现近亲繁殖产生遗传衰退等不足,保留了群体选育可同池培育大量子代、选择强度大等优点。连续2年的生长对照实验结果表明,两个选育群体的体质量、体长高于对照组,其中体质量增长率较对照组快14.81% ~ 63.71%,具一定的选择优势;选育群体的平均多态信息含量在0.4960 ~ 0.5080,保持了较高的遗传多样性,证实了标记指导的群体选择技术的有效性。对照群体也保持了较高的遗传多样性水平,表明建立一个有效群体大小以上的亲鱼群体可以避免近交衰退,保持种质的优良生产性能。

3.3 微卫星标记指导群体选育在水产动物选育中的应用前景

微卫星分子标记指导鱼类的群体选育,从基因组水平上评估了亲本个体的遗传差异,最大限度避免了近亲繁育,克服了一对一亲本繁育工作量大、不易生产操作等缺点,适用于产卵量大的水

产养殖动物。目前,广泛开展标记指导的群体选育已经具备了实验条件,一方面,主要水产养殖动物包括鲤(*Cyprinus carpio. L*)、草鱼(*Ctenopharyndogon idellus*)、鲢(*Hypophthalmichthys molitrix*)、中国对虾(*Fenneropenaeus chinensis*)、牙鲆(*Paralichthys olivaceus*)等均开发了足够的微卫星标记,建立了较为完整的遗传连锁图谱,并鉴定了大量与生长、抗病等重要经济性状紧密连锁的位点,为标记指导群体选育技术的实施提供了足够的工具;另一方面,检测基因型技术的进步和成本的降低,使育种单位能够在繁殖季节短期内分析足够的亲本,保证了技术的实施。可以预见,这一技术在现有经济优良品种和引进种的遗传结构优化,缓解凡纳对虾(*Litopenaeus vannamei*)、大菱鲆(*Scophthalmus maximus*)、牙鲆等由于种质退化引起的病害问题,培养具有生产优势的优良群体等具有广阔的应用前景。

参考文献

[1]孙效文. 鱼类分子育种学[M]. 北京:海洋出版社,2010.

[2]Crooijmans R P M A,Poel J J,Groenen M A M,et al. Microsatellite markers in common carp (*Cyprinus carpio* L.)[J]. Animal Genetics,1997(28):129–134.

[3]Aliah R S,Takagi M,Dong S,et al. Isolation and inheritance of microsatellite markers in the common carp *Cyprinus carpio*[J]. Fisheries Science,1999,65(2):235–239.

[4]魏东旺,楼允东,孙效文,等. 鲤鱼微卫星分子标记的筛选[J]. 动物学研究,2001,22(3):238–241.

[5]孙效文,贾智英,魏东旺,等. 磁珠富集法与小片段克隆法筛选鲤微卫星的比较研究[J]. 中国水产科学,2005,12(2):126–132.

[6]张研,梁利群,常玉梅,等. 鲤鱼体长性状的QTL定位及其遗传效应分析[J]. 遗传,2007,29(10):1 243–1 248.

[7]张义凤,张研,鲁翠云,等. 鲤鱼微卫星标记与体重、体长和体高性状的相关分析[J]. 遗传,2008,30(5):613–619.

[8]顾颖,曹顶臣,张研,等. 鲤与生长性状相关的EST – SSRs标记筛选[J]. 中国水产科学,2009,16(1):15–22.

[9]杨晶,张晓峰,储志远,等. 鲤的微卫星标记与体质量、体长、体高和吻长的相关分析[J]. 中国水产科学,2010,17(4):723–730.

[10]孙效文,鲁翠云,匡友谊,等. 镜鲤两个繁殖群体的遗传结构和几种性状的基因型分析[J]. 水产学报,2007,31(3):273–279.

[11]孙效文,鲁翠云,曹顶臣,等. 镜鲤体重相关分子标记与优良子代的筛选和培育[J]. 水产学报,2009,33(2):177–181.

[12]鲁翠云,曹顶臣,孙效文,等. 微卫星分子标记辅助镜鲤家系构建[J]. 中国水产科学,2008,15(6):893–901.

[13]张义凤. 鲤鱼分子连锁图谱的构建及相关性状的QTL定位分析[D]. 大连水产学院硕士论文,2008.

[14]孙新,魏振邦,孙效文,等. 镜鲤繁殖群体的遗传结构及微卫星标记与经济性状的相关性分析[J]. 遗传,2008,30(3):359–366.

[15]Botstein D,White R I,Skolnich M,et al. Construction of a genetic linkage map in man using restriction fragment length polymorphisms[J]. American Journal of Human Genetics,1980(32):314–331.

[16]田清震,李新海,李明顺,等. 优质蛋白玉米的分子标记辅助选择[J]. 玉米科学,2004,12(2):108–110.

[17]严长杰,徐辰武,裔传灯,等. 利用SSR标记定位水稻糊化温度的QTLs[J]. 遗传学报,2001,28(11):1 006–1 011.

[18]Georges M,Dietz A B,Mishra A,et al. Microsatellite mapping of the gene causing weaver disease in cattle will allow the study of an associated quantitative trait locus[J]. Proc Natl Acad Sci USA,1993(90):1 058–1 062.

[19]储明星,叶素成,陈国宏. 微卫星标记与奶牛数量性状QTL定位[J]. 遗传,2003,25(3):337–340.

[20]孙效文,鲁翠云,贾智英,等. 水产动物分子育种研究进展[J]. 中国水产科学,2009,16(6):981–990.

[21]全迎春,李大宇,曹顶臣,等. 微卫星 DNA 标记探讨镜鲤的种群结构与遗传变异[J]. 遗传,2006,28(12):1 541 – 1 548.

[22]毕金贞,陈松林. 牙鲆亲本间遗传距离与其后代生长速度的相关性分析[J]. 中国农学通报,2010,26(15):395 – 401.

[23]谷晶晶,朱迎军,孟雪松,等. 微卫星标记对红鳍东方鲀繁殖的指导应用及遗传分析[J]. 水产科学,2010,29(9):527 – 531.

Population Selection in Mirror Carp *Cyprinus carpio* L. Assisted by Microsatellite Markes

Lu Cuiyun[1], Jin Wankun[2], Li Chao[1], Sun Xiaowen[1], Yang Jianxin[2]

(1. Heilongjiang Fisheries Research Institute, Chinese Academy of Fishery Sciences Harbin 150070, China;

2. National Level Tianjin Huanxin Excellent Fisheries Seed Farm, Tianjin 301500, China)

Abstract: In this paper, genetic structure of the broodstock of mirror carp (*Cyprinus carpio* L.) including 208 samples(106 females and 102 males) was analyzed using 26 microsatellite markers. Total 153 alleles ranging from 108 bp to 400 bp in size were screened and several genetic parameters were used to evaluate the parental population. There were 5. 8846 alleles on average with the mean effective alleles of 2. 8625. The mean observed heterozygosity value was found to be 0. 5063 and the mean expected heterozygosity value of 0. 5602. The mean value of polymorphism information content was 0. 5292 in 26 microsatellite loci. The relatively high level of genetic diversity was statistically found in the breeding population. Although the population accorded with Hardy – Weinberg equilibrium by checking by χ^2 test and genetic departure index, severe heterozygote deficit was shown to be derived from artificial selection in many loci. The genetic distance was varied from 0. 0256 to 0. 9943 among the individuals. A cluster gram was constructed based on UPGMA methods using PHYLIP 3. 6 software package. Based on the map, two breeding groups were selected to breed offspring and the fry from the control population was reared from the total broodstock. The selective offspring populations showed relatively high genetic diversity with the average expected heterozygosity ranging from 0. 5414 to 0. 5449. In Addition, the selective offspring population had good growch, from 14. 81% to 63. 71% higher than that in the control population. The successive two year growth revealed that the microsatellite markers – assisted population selection could hold genetic diversity and avoid inbreeding. It is superior to construct a good growth population of the mirror carp.

Key words: Microsatellite marker; Mirror carp(*Cyprinus carpio* L.); Population selection

[原载《水产学杂志》2011,24(3)]

二、三倍体乌克兰鳞鲤染色体核型分析*

王金雨[1]，俞　丽[2]，高永平[2]，杨建新[2]，陶秉春[1]

（1. 天津农学院，天津　300387；2. 天津市换新水产良种场，天津　301500）

摘　要：以二、三倍体乌克兰鳞鲤为材料，采用植物血球凝集素（PHA）体内注射，肾组织细胞短期培养，常规空气干燥法制备染色体。其核型分析结果：二倍体乌克兰鳞鲤染色体核型公式为 $2n = 100 = 26m + 30sm + 30st + 14t$，染色体臂数 $NF = 156$；三倍体乌克兰鳞鲤染色体的核型公式为 $3n = 150 = 39m + 45sm + 45st + 21t$，染色体臂数 $NF = 234$，二、三倍体染色体数之比为 $1:1.5$。二倍体核型与已报道的鲤鱼染色体核型相似。未发现性染色体。

关键词：乌克兰鳞鲤；染色体；核型

染色体核型或组型分析（Chromosome karyotype analysis）是染色体研究中的一种基本方法[1]。对染色体核型分析，不仅有助于了解生物的遗传组成、遗传变异规律和发育机制，而且对鉴定种间杂交和多倍体育种的结果、了解性别遗传机理以及基因组数、物种起源、进化和种族关系的鉴定都具有重要的参考价值[2]。我国于20世纪70年代开始进行鱼类染色体核型分析研究[3]，到2006年，我国已对鲤种鱼类的12个亚科157种鱼类的染色体核型进行了研究[4]。乌克兰鳞鲤（*Cyprinus carpio*），又名俄罗斯鲤，属脊椎动物门，真骨鱼纲，鲤形目，鲤科，鲤属，是从俄罗斯引进的养殖品种。该鱼在2006年被全国水产原种和良种审定委员会第三届第三次会议审定为水产优良新品种[5]。

本研究的目的在于通过对二、三倍体乌克兰鳞鲤染色体核型的研究，了解该鱼的遗传组成及其在三倍体诱导中染色体核型的变化，为制定乌克兰鳞鲤种质标准、品种间的杂交、培育适应性鲤鱼品系、多倍体育种、鱼类远缘杂交及保护和合理地利用该种质资源提供理论参数。

1　材料与方法

1.1　材料

实验所用的二、三倍体乌克兰鳞鲤5月龄鱼各5尾，体重为 $75 \sim 95g$，体长为 $150 \sim 170mm$，均采自天津市换新水产良种场。三倍体乌克兰鳞鲤采用热休克法诱导并培育而成。

1.2　方法

实验前2d将实验鱼从16℃养殖水中放到 $20℃ \pm 2℃$ 的水族缸内。实验前注射小牛血清 $0.25ml/$尾，PHA $1\mu g/g$ 鱼体重，经 $12 \sim 24h$ 后注射 $250\mu g/ml$ 的秋水仙素，剂量为 $1\mu g/g$ 鱼体重，3h后断尾及鳃部动脉，然后在流水中充分放血。取鱼头肾于 0.75% 的生理盐水中清洗 $2 \sim 3$ 遍，除去血块及其他组织，然后置于盛有少量生理盐水的培养皿中充分研磨，取上清液于离心管中离心收集细胞，加入 0.5% KCl 低渗液于室温下低渗40min，离心收集细胞，经3次卡诺氏固定液固定后，冰片滴片，自然干燥。Giemsa 染液染色30min，待干燥后于显微镜下观察。

2　结果

2.1　二、三倍体乌克兰鳞鲤染色体计数

选取清晰且分散良好的中期分裂相100个，在 Photoshop CS3 中将每条染色体用阿拉伯数字进行随机编号，确定二、三倍体染色体数目。其结果如表1和表2所示。

---

* 资助项目：天津市农业科技成果转化与推广项目（0701110）

表1 二倍体乌克兰鳞鲤染色体数

Table 1 Distribution of observed chromosome numbers of DiploidUkraine Carp

2n 染色体分布数目 Diploid chromosomes	101	100	99	98	97	95	93	92	91	90	88
分裂相数目 The number of metaphase	2	74	1	3	4	2	3	3	3	2	3
所占比例% Proportion	2	74	1	3	4	2	3	3	3	2	3

表2 三倍体乌克兰鳞鲤染色体数

Table 2 Distribution of observed chromosome numbers of Triploid Ukraine Carp

3n 染色体分布数目 Triploid chromosomes	151	150	146	145	143	142	140	139	137	132	123
分裂相数目 The number of metaphase	1	75	3	1	3	3	4	2	5	2	1
所占比例% Proportion	1	75	3	1	3	3	4	2	5	2	1

由表1可以看出,二倍体乌克兰鳞鲤的染色体数分布均在88～101,74%以上的细胞染色体数为100,故确定其染色体数为100。

由表2可以看出,三倍体乌克兰鳞鲤的染色体数分布均在123～151,75%以上的细胞染色体数为150,故确定其染色体数为150。

2.2 二、三倍体乌克兰鳞鲤染色体核型

选取10个左右数目完整、分散良好、长度适中、形态清晰的分裂相进行显微摄影,用 Photoshop CS3 软件处理图像,并按 Levan[6](1964)提出的标准进行测量、配对、分类、排列组型,将臂比值为1.70,3.00,7.00的染色体分别归入 m、sm、和 st 组中。相关指标按以下方法计算[7]:着丝点指数 = 短臂长度与正常单倍体组染色体(取同源染色体中的第一条组成单倍体组)全长之比乘以100。相对长度 = 每一染色体的绝对长度与正常单倍体组的总长度之比,以千分数表示。染色体臂数的计算按照 Matthey 的建议,中部和亚中部着丝点染色体的臂数计为2,亚端部和端部着丝点染色体的臂数计为1,简写为 NF。核型分析相关运算在 Excel 中进行。结果如图1和图2所示。

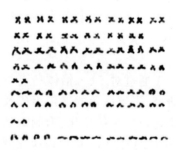

图1 二倍体乌克兰鳞鲤染色体中期分裂相及核型

Figure 1 The spread of the metaphase chromosome and the karyotypes of diploid Ukraine carp

由图1可以看出,二倍体乌克兰鳞鲤的中部着丝点染色体(m)13 对;亚中部着丝点染色体(sm)15 对;亚端部着丝点染色体(st)15 对;端部着丝点染色体(t)7 对。染色体臂数(NF)156,核型公式,$2n = 100$,$26m + 30sm + 30st + 14t$, NF = 156。

由图2可以看出,三倍体乌克兰鳞鲤的中部着丝点染色体(m)39 条;亚中部着丝点染色体(sm)45 条;亚端部着丝点染色体(st)45 条;端部着丝点染色体(t)21 条。染色体臂数(NF)234,核

型公式,$3n = 150, 39m + 45sm + 45st + 21t,$ NF = 234。

图2 三倍体乌克兰鳞鲤染色体中期分裂相及核型

Figure 2 The spread of the metaphase chromosome and the karyotypes of triploid Ukraine carp

经统计学分析,二倍体与三倍体乌克兰鳞鲤染色体着丝点指数范围分别为:6.67~44.98 和 9.74~44.64。平均值与标准差分别为:28.27 ± 11.55 和 27.76±10.96,t 检验得 t = 0.317 < t 0.05(98),所以二、三倍体着丝点差异不显著。乌克兰鳞鲤二、三倍体染色体相对长度的范围分别为:12.22~29.75 和 12.80~29.74。平均值及标准差分别为:20.00±3.76 和 20.00±4.02,t = 0.00 < t 0.05(98),所以差异也不显著。

3 讨论

关于鲤鱼的核型,国内外已有研究。本文研究结果与昝瑞光、宋峥[9]、吴政安[10]、余先觉[2]、尹洪滨[11]等人的研究结果是基本一致的,二倍体染色体为100条。每种生物染色体数都是相对固定的,对于具有非众数染色体的细胞,很可能是由于低渗过度或制片操做中导致少数染色体丢失或移位的结果。表3[4,11]表明不同研究者对不同的二倍体鲤鱼的染色体研究结果在染色体数方面是完全一致的,但核型构成和臂数稍有差异。从本实验结果看,二倍体乌克兰鳞鲤的染色体也分为A(m)、B(sm)、C(st、t)三组,同前人的研究结果基本相同。白庆利等[8]的高寒鲤,其核型公式为 $2n = 100 = 28m + 28sm + 44st, t$, NF = 156。除中部和亚中部着丝点染色体与本实验结果略有差异外,染色体数、染色体臂数均无差异。在同一鲤属中出现核型不同的情况,表现出核型多样性,这表明鲤属鱼类在进化过程中变异较多,分化活跃,这与鲤属鱼类种类多、适应力强、分布广泛的特点相吻合。

表3 不同研究者对鲤鱼二倍体染色体的研究结果

Table 3 The results of the karyotype analyses of carps

种名 Species	二倍体染色体数 Diploid chromosomes	核型公式 Karyotype formula	臂数 The number of chromosome arms	文献 References
鲤鱼 C. carpio	100	12m+40sm+48st,t	152	吴政安等(1980)
鲤鱼 C. carpio	100	12m+38sm+52st,t	148	Ojima 等(1976)
鲤鱼 C. carpio	100	36m+12sm+52st,t	148	Ojima 等(1972)
鲤鱼 C. carpio	100	22m+30sm+48st,t	152	昝瑞光等(1980)
鲤鱼 C. carpio	100	22m+34sm+54st,t	156	余先觉(1989)
春鲤 C. longipectoralis	100	22m+30sm+48st,t	152	昝瑞光(1980)
大眼鲤 C. megalophthalmus	100	22m+30sm+48st,t	152	昝瑞光(1980)
荷包红鲤 C. carpio var wuyuanensis	100	28m+22sm+50st,t	150	王蕊芳等(1985)
兴国红鲤 C. carpio var singuonensis	100	28m+22sm+50st,t	150	王蕊芳等(1985)
高寒鲤 C. carpio var gaohan carp	100	28m+28sm+44st,t	156	尹洪滨(1999)
松浦鲤 C. carpio var songpu carp	100	30m+26sm+44st,t	156	尹洪滨(2001)
德国镜鲤选育系	100	30m+26sm+44st,t	156	尹洪滨(2001)
荷包红鲤抗寒系	100	30m+26sm+44st,t	156	尹洪滨(2001)

目前,对三倍体鲤鱼染色体的研究仅见于倍性鉴定中[12~14],而核型分析较少。三倍体乌克兰鳞鲤的染色体数为 3n = 150,这与叶玉珍[12]、洪一江[13]、申佳珉[14]等人报道的鲤鱼相同。热休克法诱导三倍体乌克兰鳞鲤的原理是高温处理受精卵,阻止第二极体排出体外而形成的,因此,配型后的三条染色体中,理论上有两条来自母本,这两条染色体是完全一样的。从上述实验结果不难看出,二、三倍体染色体数分别为 100 和 150,其比值与理论值 1∶1.5 相符。并且,其单倍体组 50 条染色体中各类型染色体的划分也完全相同,分别都是 13、15、15 和 7。在二、三倍体乌克兰鳞鲤染色体分裂相中,其中部、亚中部、亚端部和端部着丝点染色体数之比也为 1∶1.5,这恰恰与上述理论相吻合,解释了三倍化过程中染色体的行为机制。诱导后的三倍体,其着丝点指数和相对长度与二倍体的差异均不显著,这说明在三倍化过程中,染色体只是数目上发生了变化,而在形态上没有变化。

朱传忠[15]认为,三倍体鱼因减数分裂不能均等进行,造成性腺发育不良,不育的三倍体可以避免因生殖造成的生产率降低、肉质退化、产后染病死亡等不良现象。而对于三倍体乌克兰鳞鲤的生长率及肌肉营养成分等指标是否优于二倍体,有待于进一步实验证实。

从总体上看,鱼类大多数种类性染色体尚无明显特征,具有比较原始的性别决定机制。从目前国内外的研究来看,能从细胞学上鉴别出性染色体的鱼类为数甚少[6]。在乌克兰鳞鲤的核型分析中未见到性染色体,说明乌克兰鳞鲤还没有进化到具有性染色体机制的程度,另外也没有发现随体和次缢痕的存在。若要更详尽地掌握乌克兰鳞鲤的其他遗传学特点,尚需进一步研究。

参考文献

[1]李枸. 染色体遗传导论[M]. 长沙:湖南科学技术出版社,1991.

[2]余先觉,周暾,等. 中国淡水鱼染色体[M]. 北京:科学出版社,1989.

[3]吴仲庆. 水产生物遗传育种学[M]. 厦门:厦门大学出版社,2012.

[4]罗旭光. 达赉湖四种鲤科野生经济鱼类染色体组型研究[D]. 内蒙古农业大学,2006.

[5]赵立明,东世民,朱洪燕,等. 乌克兰鳞鲤(俄罗斯鲤)健康养殖技术[J]. 齐鲁渔业,2007,24(6):29 – 30.

[6]Levan A., Fredga K., Sandberg A.. Nomenclature for centrometic position on chromosomes[J]. Hereditas,1964,52(2):201 – 220.

[7]李思发,等. 中国淡水主要养殖鱼类种质研究[M]. 上海:上海科学技术出版社,1996.

[8]白庆利,刘明华,尹洪斌,等. 高寒鲤染色体核型分析[J]. 水产学杂志,1995,12(1):47 – 49.

[9]咎瑞光,宋峥. 鲤、鲫、鲢、鳙染色体组型的分析比较[J]. 遗传学报,1980,7(1):72 – 77.

[10]吴政安,杨慧一. 鱼类细胞遗传学的研究 II. 鱼类淋巴细胞的培养及其染色体组型分析[J]. 遗传学报,1980,7(4):370 – 375.

[11]尹洪滨. 四种鲤鱼染色体核型比较研究[J]. 水产学杂志,2001,14(1):7 – 10.

[12]叶玉珍,吴清江. 人工复合三倍体鲤与亲本相对 DNA 含量及倍性分析[J]. 水生生物学报,1998,22(2):119 – 122.

[13]洪一江,胡成钰. 人工诱导兴国红鲤三倍体最佳诱导条件的研究[J]. 动物学杂志,2005,35(4):2 – 4.

[14]申佳珉,刘少军,孙远东,等. 新型三倍体鲫鱼 – 红鲫(♀)×四倍体鲫鲤(♂)[J]. 自然科学进展,2006,16(8):947 – 952.

[15]朱传忠,邹桂伟. 鱼类多倍体育种技术及其在水产养殖中的应用[J]. 淡水渔业,2004,34(3):53 – 56.

Karyotype analysis of diploid and triploidUkraine carp(*Cyprinus carpio*)

Wang Jinyu[1], Yu Li[2], Gao Yongping[2], Yang Jianxin[2], Tao Bingchun[1]

(1. Tianjin Agricultural University, Tianjin 300384, China;

2. National Level Tianjin Huanxin Excellent fisheries Seed Farm, Tianjin 301500, China)

Abstract: The karyotypes of diploid and triploid Ukraine carp (*Cyprinus carpio*) were examined in renal tissues by using PHA – injection and air drying method. The results revealed that the karyotype formula of diploid Ukraine carp was $2n = 100 = 26m + 30sm + 30st + 14t$, and the number of chromosome arm was NF = 156. Similarly, the values of triploid Ukraine carp were $3n = 150 = 39m + 45sm + 45st + 21t$ and NF = 234, respectively. The ratio of chromosome numbers between diploid and triploid Ukraine carp was 1 : 1.5. In this study, diploid karyotype formulae were similar to those of other carps that have been documented, and sexal chromosomes were not found inthese two fish species.

Key words: Ukraine carp; Chromosome; Karyotype

［原载《水产学杂志》2009,22(3)］

圆腹雅罗鱼的人工繁殖试验

金万昆[1,2]，高永平[1,2]，杨建新[1,2]，俞 丽[1,2]，朱振秀[1,2]，赵宜双[1]，张慈军[1]

(1. 国家级天津市换新水产良种场，天津 301500；

2. 天津市宁河县水产科学研究所，天津 301500)

圆腹雅罗鱼(*Leuciscus idus*)，又名高体雅罗鱼，属鲤形目，鲤科，雅罗鱼亚科，雅罗鱼属。俗称小白鱼。圆腹雅罗鱼分布于欧洲北部和俄罗斯西伯利亚地区的河流中，我国仅见于新疆的额尔齐斯河水系。高体雅罗鱼在俄罗斯西伯利亚地区为重要捕捞对象，也是当地池塘养殖的主要品种。在我国新疆布尔津地区产量很大，为产区的重要经济鱼类[1]。雅罗鱼是近期有发展前途的名优水产养殖品种。由于原产地环境的变化，这种鱼的天然捕捞产量急剧下降，造成了市场供应量的减少，价格居高不下[2]。为改变我市渔业现状，优化养殖品种结构，增加养殖效益，我场引进了抗寒能力强、适合我市养殖特点的低温性圆腹雅罗鱼，并对该品种进行人工繁殖技术试验，总结如下。

1 材料与方法

1.1 亲鱼

圆腹雅罗鱼亲鱼是天津换新水产良种场2006年从新疆额尔齐斯河特种鱼类繁殖场引进的3龄鱼，在池塘中单养，投喂自制的雅罗鱼专用配合饲料。2007年5月，选择性腺发育较好的亲鱼33组进行催产试验，雌鱼尾均0.65kg，雄鱼尾均0.6kg。2008年5月催产170组亲鱼，雌鱼尾均0.8kg，腹部松软膨大，卵巢轮廓明显；雄鱼尾均0.72kg，胸鳍及体表有明显追星，轻压腹部有乳白色精液流出。

1.2 催产和人工授精

用于催产试验的亲鱼，雌雄比为1:1，放入面积为24m²的水泥池，水深55～60cm，催情剂用LHRH－A2＋HCG＋PG的混合液，雌雄鱼注射剂量均为 LHRH－A_2 13.6μg＋HCG 1 500IU＋PG3.0mg/kg鱼体重，采用胸鳍基部2次注射，第一次注射全部剂量的1/3，第二次注射剩余量。注射后用微流水刺激亲鱼性腺发育。

2007年的催产试验在产卵池自然产卵，2008年采用自然产卵和人工授精2种方式。自然产卵的，注射催产剂后在水泥池中布设人工鱼巢，引诱亲鱼发情产卵。人工授精的，当亲鱼开始发情追逐，即可捕起亲鱼，进行人工授精，采用干法授精，受精后5min将受精卵均匀泼洒在人工仿真鱼巢(本场已获专利)上，或自然脱黏(本场已获专利)后，放入孵化桶内孵化，同时取少量卵在室内显微镜观察受精卵的发育全过程，计算受精率和孵化率。

1.3 孵化

亲鱼自然产卵结束或人工授精后，将附着有受精卵的人工仿真鱼巢从水泥池移入池塘小网箱内(4m×3m×1m，80目)行静水孵化；经脱黏处理的受精卵，在孵化桶内流水孵化。孵化期间每天观察水温，并泼洒一次本场研制的"灭霉灵"中草药制剂以防水霉感染受精卵，鱼苗孵出能平游后，放入池塘进行饲养培育。

1.4 乌仔鱼苗培育

在鱼苗放养前15d，用生石灰对池塘进行彻底消毒，待毒性消失后注水，注水时在注水口用60目筛绢网过滤以防野杂鱼或虫卵进入，注水水位为60cm，在鱼苗放养前7d左右，施经发酵的有机肥来培养鱼苗的开口饵料。鱼苗入池后每天泼洒豆浆2～3次，每次每667m²水面用干黄豆1.75kg。培育期间每5～7d加注新水1次，注水5～10cm。

2 结果与讨论

2.1 结果

2.1.1 圆腹雅罗鱼的卵为圆形，稍有黏性，灰蓝色。

卵径 0.150 ~ 0.172cm,平均 0.1632cm。受精后约 40min 吸水,吸水后卵径为 0.216 ~ 0.278cm,平均 0.240cm。

2.1.2 在水温 18.4 ~ 19℃ 时,效应时间为 7h 至 7h30min

2 年催产试验的催产率均为 100%。在 2008 年的试验中,采用人工授精的受精率平均为 94.9%,比自然产卵的平均受精率高 6.9%,孵化率基本相似,如下表所示。

表 圆腹雅罗鱼催产试验的受精率和孵化率表

年份	产卵方式	亲鱼组数	获卵量(万粒)	受精率(%)	孵化率(%)	孵出鱼苗(万尾)
2007	自然产卵	33	70	86.2	83.8	50.6
2008	自然产卵	60	156	88.4	90.2	124.4
	自然产卵	60	162	87.6	91.0	129.1
	人工授精	25	64	93.6	91.6	54.9
	人工授精	25	66	96.2	90.8	57.7
合计		203	518			416.4

2.1.3 鱼苗采用泼洒豆浆的方法

经 15 ~ 18d 的培育,可获全长 1.2 ~ 1.5cm 的乌仔,饲养成活率为 75% ~ 82%。

2.2 讨论

2.2.1 圆腹雅罗鱼为冷水性鱼类,产卵期为 4 月中旬至 5 月中旬,卵稍具黏性

水温为 5.0 ~ 18.6℃,产卵盛期平均水温为 11.9℃。3 龄为该鱼最小成熟年龄,5 龄为该鱼参加产卵群体的优势种群。圆腹雅罗鱼的卵属一批成熟,一次性产卵鱼类[3]。本试验的催产水温为 18.4 ~ 19℃,与本地区鲤鲫鱼催产繁殖的水温基本一致,其受精率和孵化率最低分别为 86.2% 和 83.8%,证实了本地区在进行鲤鲫鱼人繁的同时也可对圆腹雅罗鱼进行人工催产,或在其之前效果会更好。

2.2.2 在 2008 年试验中,采用自然产卵和人工授精 2 种方式进行对比试验

从上表看出,采用人工授精的受精率比自然产卵的高 6.9%,而孵化率则基本相似。选用自然产卵,对鱼体的损伤较少,而且节省人力;选用人工授精,相对孵出的鱼苗量较多。对于专业的鱼苗生产场家来说,一般采用自然产卵较好。

2.2.3 圆腹雅罗鱼

在天津市引进和人工繁殖的成功,为改变天津市渔业现状,优化养殖品种结构,增加养殖效益奠定了基础。

参考文献

[1]孟庆闻,苏锦祥,缪学祖. 鱼类分类学[M]. 北京:中国农业出版社,1995.

[2]史飞,赵西才,朱士祥,等. 雅罗鱼种培育与网箱养殖成鱼试验[J]. 齐鲁渔业,2008,25(6):25 - 27.

[3]刘立彭. 圆腹雅罗鱼[J]. 淡水渔业,1982,12(2):43 - 44,26.

[原载《齐鲁渔业》2009,26(4)]

圆腹雅罗鱼的染色体核型分析*

金万昆[1,2]，杨建新[2]，高永平[2]，俞　丽[2]，朱振秀[2]，赵宜双[1]，张慈军[1]

（1. 国家级天津市换新水产良种场，天津　301500；

2. 天津市宁河县水产科学研究所，天津　301500）

摘　要：采用 PHA 体内注射，肾细胞短期培养，空气干燥法制备圆腹雅罗鱼的染色体中期分裂相的玻片标本，以"GB/T 18654.12—2002 养殖鱼类种质检验 第 12 部分：染色体组型分析"对圆腹雅罗鱼的体细胞染色体进行了分析，结果是：圆腹雅罗鱼的体细胞染色体数为 $2n = 50$，核型公式为 18m + 22sm + 4st + 6t，染色体臂数（NF）= 90。未发现有随体和异型性染色体。

关键词：圆腹雅罗鱼（Leuciscus idus）；染色体；核型

圆腹雅罗鱼（Leuciscus idus），属鲤形目（Cypriniformes）、鲤科（Cyprinidae）、雅罗鱼亚科（Leuciscinae）、雅罗鱼属（Leuciscus），地方名小白鱼，是雅罗鱼属的经济鱼类之一，原产于欧洲北部和原苏联西伯利亚河流中，为前苏联重要捕捞对象，我国仅见于新疆维吾尔自治区的额尔齐斯河水系[1]。国内学者对其形态特征、生活习性、线粒体 DNA 序列、骨骼系统及其分类学意义[2~3]曾作过深入的研究，我们在完成《中华胭脂鱼、圆腹雅罗鱼新品种引进繁育》项目的部分内容过程中，对圆腹雅罗鱼的体细胞染色体数及核型进行了分析，其目的旨在探讨其遗传学特性，为进一步开发利用提供依据。

1　材料与方法

试验鱼取自国家级天津市换新水产良种场2007 年人工繁殖、培育的圆腹雅罗鱼当年鱼种 6尾，体重 8.6~9.3g，体长 7.85~7.89cm。染色体制备主要采用植物血球凝集素（PHA）体内注射，肾细胞短期培养，空气干燥制备染色体。试验前1 周将鱼移至室内控温充气的水族箱内，水温为（20±2）℃，试验前 1d 注射小牛血清（0.25mL/尾）及 PHA（1μg/g 鱼体重），12h 后注射秋水仙素（1μg/g 鱼体重），3h 后杀鱼放血，取头肾于 0.7%生理盐水中磨碎，取上清液于离心管收集细胞，加入 0.5% KCl 低渗液处理 40min，再离心收集细胞，经 3 次卡诺氏固定液固定后，冰片滴片，制成染色体中期分裂相的玻片标本。染色体玻片标本用 Giemsa（1：7）染液染色 20min，自然干燥后在 Nikon YS100 双筒显微镜下用 Nikon COOLPIX4500数码相机通过显微摄影技术，拍照 100 个以上清晰分散良好的中期分裂相，通过 USB 接口输入计算机内，然后计数每个中期分裂相的染色体数。从中选取一个有代表性的标准中期分裂相制成模型图，按同源染色体配对，并按"GB/T 18654.12—2002 养殖鱼类种质检验 第 12 部分：染色体组型分析"[4]对染色体进行命名和分类。

2　结果

2.1　圆腹雅罗鱼的染色体数目

圆腹雅罗鱼染色体数目统计结果，如表 1所示。

表 1　圆腹雅罗鱼染色体数统计结果

染色体数目	47	48	49	50	51	52	合计
细胞数（个）	1	3	3	89	3	1	100
出现频率（%）	1	3	3	89	3	1	100

* 资助项目：天津市科技发展项目（09YFGZNC001300）

从表1统计的100个中期分裂细胞看,圆腹雅罗鱼体细胞染色体 $2n=50$ 的有89个,占总数的89%; $2n<50$ 的有7个,占总数的7%; $2n>50$ 的有4个,占总数的4%。从这一结果看,圆腹雅罗鱼的二倍体细胞染色体数应为 $2n=50$,这一结果与Gold等[5]报道的圆腹雅罗鱼染色体数量是一致的。

2.2 圆腹雅罗鱼的染色体组型

从圆腹雅罗鱼的染色体分组结果看,其核型为:中部着丝点染色体(m)9对,亚中部着丝点染色体(sm)11对,亚端部着丝点染色体(st)2对,端部着丝点染色体(t)3对,如图1所示。核型公式为 $2n=18m+22sm+4st+6t$,染色体臂数(NF)为90。核型指数表,如表2所示。

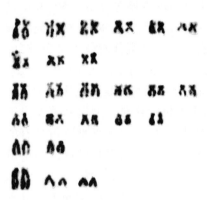

图1 圆腹雅罗鱼染色体中期分裂相及核型

表2 雅罗鱼核型指数

编号	长臂长(cm)	短臂长(cm)	全长(cm)	臂比	着丝点指数	类型
1	0.95	0.72	1.67	1.32	43.11	m_1
2	0.96	0.64	1.60	1.50	40.00	m_2
3	0.69	0.69	1.38	1.00	50.00	m_3
4	0.71	0.59	1.30	1.20	45.38	m_4
5	0.71	0.52	1.23	1.37	42.28	m_5
6	0.56	0.41	0.97	1.37	42.27	m_6
7	0.60	0.43	1.03	1.40	41.75	m_7
8	0.65	0.42	1.07	1.55	39.25	m_8
9	0.52	0.52	1.04	1.00	50.00	m_9
10	1.04	0.42	1.46	2.48	28.77	sm_1
11	1.05	0.43	1.48	2.44	29.05	sm_2
12	0.92	0.43	1.35	2.14	31.85	sm_3
13	0.70	0.36	1.06	1.94	33.96	sm_4
14	0.68	0.39	1.07	1.74	36.45	sm_5
15	0.73	0.41	1.14	1.78	35.96	sm_6
16	0.73	0.38	1.11	1.92	34.23	sm_7
17	0.59	0.30	0.89	1.97	33.71	sm_8
18	0.73	0.39	1.12	1.87	34.82	sm_9
19	0.76	0.32	1.08	2.38	29.63	sm_{10}
20	0.59	0.33	0.92	1.79	35.87	sm_{11}
21	1.08	0.27	1.35	4.00	20.00	st_1
22	0.98	0.19	1.17	5.16	16.24	st_2
23	1.68		1.68		∞	t_1
24	1.01		1.01		∞	t_2
25	0.75		0.75		∞	t_3

3 讨论

草鱼（*Ctenopharyngodon idellus*）、赤眼鳟（*Squaliobarbus curriculus*）和青鱼（*Mylopharyngodon piceus*）核型很相似，都有较高的 NF 值，没有端部着丝点染色体，并具有一对明显最大的染色体[6]，黑龙江亚区的瓦氏雅罗鱼和伊犁额敏亚区的贝加尔雅罗鱼的体细胞染色体数均为 $2n=50$，并都具有一对大型的端部着丝点染色体[6]，本研究的圆腹雅罗鱼也具有一对大型端部着丝点染色体，此特点是它们在核型上的共同点。瓦氏雅罗鱼具有的一对大型端部着丝点染色体是染色体组中最大的一个，贝加尔雅罗鱼的这对大型端部着丝点染色体在染色体中排列第二，而圆腹雅罗鱼具有的一对大型端部着丝点染色体，也是染色体组中最大的一个，这又表现出了特种的特异性。

圆腹雅罗鱼的核型公式为 $2n=18m+22sm+4st+6t$，$NF=90$，这一结果与 Gold 等的分析结果 $2n=38(m+sm)+12st(t)$，$NF=88$ 略有不同，这些差异可能是由于研究者所分析时取样的产地不同、所使用的方法不同、选择染色体的时相不一致、以及测量和配组误差所造成的，也可能是由于与 Gold 等的分析时间相隔了 20 多年，该物种为适应环境本身发生了某些改变。要深入研究圆腹雅罗鱼与其他雅罗鱼属在遗传进化上的差异，还需进行银染、G 带及其他染色体显带技术方面的研究。

参考文献

[1] 孟庆闻,苏锦祥,缪学祖. 鱼类分类学[M].北京:中国农业出版社,1995.

[2] 胡文革,段子渊,王金富,等. 新疆 3 种雅罗鱼线粒体 DNA 控制区序列的差异和系统进化关系[J]. 遗传学报,2004,31(9):970-975.

[3] 陈星玉. 中国雅罗鱼亚科的骨骼系统及其分类学意义[J]. 动物分类学报,1987,12(3):311-322.

[4] GB/T 18654.12-2002 养殖鱼类种质检验第 12 部分:染色体组型分析.

[5] Gold, J, R. and Awise. J. C. Cytogenetic studies in American Minnows (Cyprinidae) [J]. Karyolgy of Nine Coliformia Gopeia. 1997 (3): 541~549.

[6] 张立萍. 贝加尔雅罗鱼核型比较[J]. 干旱区研究,1997,14(1):80~83.

[原载《内陆水产》2009(1)]

4 种养殖鱼类非特异性免疫能力的比较研究*

冯守明[1],金万昆[2],李　军[1],杨　凯[1],王　菁[1]

(1. 天津市水产研究所,天津　300221;

2. 天津市换新水产良种场,天津　301500)

摘　要:对德国镜鲤、彭泽鲫、褐牙鲆和大菱鲆 4 种养殖鱼类的白细胞吞噬率和红细胞 C3b 受体花环率进行了测定和比较。结果表明,4 种养殖鱼类的白细胞均具有吞噬能力且差异显著(P <0.05),白细胞吞噬率的大小顺序为:彭泽鲫>大菱鲆>褐牙鲆>德国镜鲤;同时,4 种养殖鱼类的红细胞表面都存在 C3b 补体受体,均可形成花环且花环率差异显著(P <0.05),大小顺序为:彭泽鲫>德国镜鲤>大菱鲆>褐牙鲆。说明鱼类的非特异性免疫能力具有显著的种间差异性。

关键词:白细胞吞噬率;红细胞 C3b 受体花环率;德国镜鲤;彭泽鲫;褐牙鲆;大菱鲆

鱼类具有非特异性免疫能力已经被诸多学者所证明,白细胞吞噬能力和红细胞 C3b 受体的黏附作用是鱼类机体非特异性免疫能力的重要体现[1],多数学者将白细胞吞噬率和红细胞 C3b 受体花环率作为衡量鱼类机体非特异性免疫能力的重要指标[2~4]。另外,研究表明[2,5],一些鱼类的红细胞还具有吞噬能力,进一步证明了鱼类红细胞重要的免疫防御功能。由于鱼类的非特异免疫功能存在着种间及种内差异性[1,6]。因此,对不同种鱼类的非特异性免疫指标进行比较研究,可以为鱼类养殖生产中的品种选择和种质优化提供理论依据,具有较高的研究及应用价值。

德国镜鲤、彭泽鲫、褐牙鲆和大菱鲆是当今水产养殖的代表品种,一些学者对德国镜鲤[7]、彭泽鲫鱼[6]和褐牙鲆[5]的白细胞吞噬活性和红细胞免疫能力进行了研究。到目前为止,未见有关大菱鲆红细胞 C3b 受体花环的研究以及对 4 种鱼类非特异性免疫指标进行比较的报道。本文对 4 种养殖鱼类的白细胞吞噬率和红细胞 C3b 受体花环率进行了测定和比较,以此来阐明 4 种鱼类非特异性免疫能力的差异性,以期对鱼类养殖生产及丰富鱼类非特异性免疫研究成果有所裨益。

1　材料和方法

1.1　试验鱼

褐牙鲆及大菱鲆采自天津市塘沽海发海珍品养殖公司的工厂化养殖车间,德国镜鲤和彭泽鲫采自天津市西青区青泊洼养殖厂;鱼体健康、活力强。试验鱼运到实验室模拟原有生产养殖条件暂养 7d 后进行实验。

1.2　菌种及培养

金黄色葡萄球菌($S\,taphylococcus\,aureus$)购买于北京路桥公司,挑取单菌落接种于 LB 培养基 37℃过夜培养,生理盐水将菌体洗下,离心洗涤 3 次(3 000r/min,5min),然后配制成细胞浓度约为 6×10^8个/ml 的菌悬液备用。致敏酵母购自上海军医大学长海医院,使用前稀释成酵母浓度为 1.25×10^7个/ml 的悬液。

1.3　白细胞吞噬率的测定

白细胞吞噬率测定方法参照蔡完其[2]等人的方法。鱼尾柄取血 0.3ml,放入肝素处理过的离心管中,加 0.3ml 金黄色葡萄球菌悬液(6×10^8个/ml),边加边摇,置 28℃培养箱中保温 30min,每隔 10min 摇 1 次,取出后 1 500r/min 离心 5min。弃去上清液,取表层制成血涂片,自然干燥,甲醇固定 3min,姬姆萨染液染色,奥林巴斯 BH2 显微镜下观察(×400)、照相,每份血样镜检计数 2 片,连续计数 100 个白细胞,分别计算白细胞吞噬百分率,然后取平均值。计算公式如下:白细胞吞噬率 =(吞噬了菌的白细胞数/观察记录的白细胞总

* 资助项目:天津市科技发展项目(09YFGZNC001300)

数）×100%。

1.4 红细胞 C3b 受体花环率的测定

红细胞 C3b 受体花环率的测定参照郭峰[7,8]等人的方法进行。鱼尾柄取血 0.5ml，放入肝素处理过的离心管中，加等量生理盐水（0.85%）稀释后，然后用生理盐水洗涤 2 次（2 000 r/min，5min），配制成红细胞悬液（1.25×10^7 个/ml）。取与 50μl 红细胞悬液等体积的致敏酵母悬液（1.25×10^7 个/ml）混匀，20℃水浴 30min 后，加入 0.25% 戊二醛溶液 50μl，轻旋试管混匀。取细胞悬液 1 滴推片、干燥、甲醛固定、姬姆萨染液染色、奥林巴斯 BH2 镜检（×400）、照相。以 1 个红细胞结合 2 个或 2 个以上酵母菌者为 1 个 C3b 受体花环。计数 200 个红细胞，计算花环百分率。

1.5 数据处理

用 SPSS13.0 统计软件的均值多重比较分析，对 4 种养殖鱼类的白细胞吞噬率和红细胞 C3b 受体花环率的差异性进行比较。

2 结果

2.1 4 种养殖鱼类白细胞吞噬活性及比较

4 种养殖鱼类的白细胞对金黄色葡萄球菌均具有吞噬能力，白细胞中有明显的吞噬颗粒，如图 1 所示吞噬的金黄色葡萄球菌（箭头）及白细胞核（N）；空白对照白细胞没有吞噬现象。均值多重比较后发现，4 种鱼类的白细胞吞噬率的差异显著（表），大小顺序为：彭泽鲫 > 大菱鲆 > 褐牙鲆 > 德国镜鲤。

表 4 种养殖鱼类的非特异免疫力比较

品种	试验鱼（尾）	体长（cm）	体高（cm）	白细胞吞噬率（%）	红细胞花环率（%）
德国镜鲤	20	19.3 ± 3.6	8.85 ± 0.19	36.10 ± 1.74[a]	10.72 ± 1.34[a]
彭泽鲫	20	11.1 ± 0.7	4.20 ± 0.27	71.10 ± 2.84[b]	12.82 ± 1.42[b]
褐牙鲆	20	25.3 ± 0.7	8.9 ± 0.4	54.38 ± 1.34[c]	7.87 ± 0.95[c]
大菱鲆	20	23.3 ± 0.5	12.8 ± 0.3	60.71 ± 1.42[d]	9.12 ± 1.77[d]

注：同列肩标字母不同表示差异显著（$P < 0.05$）。

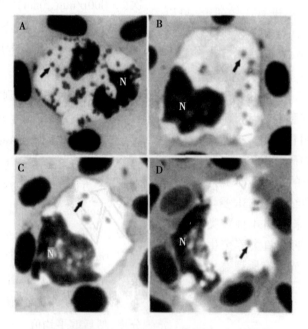

A – 德国镜鲤；B – 彭泽鲫；C – 褐牙鲆；D – 大菱鲆

图 1 白细胞吞噬现象

2.2　4 种养殖鱼类红细胞 C3b 受体花环率及比较

4 种养殖鱼类的红细胞均能与致敏酵母形成 C3b 受体花环,如图 2 所示黏附的酵母(箭头)及红细胞核(N)。均值多重比较后发现,4 种鱼类的花环百分率差异显著,如表所示,大小顺序为:彭泽鲫 > 德国镜鲤 > 大菱鲆 > 褐牙鲆。

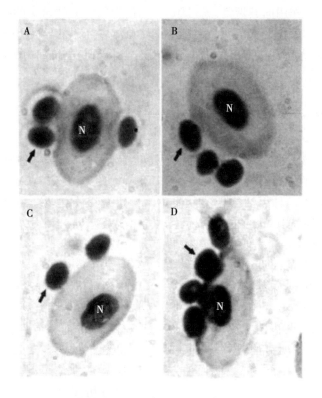

A – 德国镜鲤;B – 彭泽鲫;C – 褐牙鲆;D – 大菱鲆

图 2　红细胞 C3b 受体花环

2.3　红细胞的吞噬现象

4 种养殖鱼类的红细胞均能够吞噬酵母细胞。当红细胞靠近酵母细胞,红细胞通过伪足状装置与酵母细胞连接,待酵母细胞靠近红细胞时,红细胞自身形状发生变化,胞浆膜向核的方向下陷,将酵母细胞吞噬到细胞内,如图 3 所示。

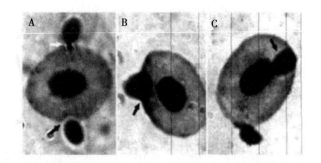

A – 红细胞与酵母间形成伪足状连接装置(白箭头),红细胞浆内陷(黑箭头);B – 酵母被部分吞噬(黑箭头);C – 酵母被全部吞噬(黑箭头)。

图 3　酵母被红细胞吞噬过程

3 讨论

白细胞吞噬能力是鱼类的非特异性免疫功能的重要组成部分[3],异物侵入机体或自身代谢产物积累时,白细胞发挥趋化作用向其聚集,通过胞吞作用将异物吞噬[5,9]。本实验结果表明,人工养殖的德国镜鲤、彭泽鲫、褐牙鲆和大菱鲆的白细胞对金黄色葡萄球菌均具有吞噬能力,进一步证明了鱼类白细胞的非特异性免疫功能。其中,德国镜鲤、彭泽鲫的白细胞对活金黄色葡萄球菌的吞噬率分别为 36.1% ±1.74% 和 71.1% ±2.84%,这与其他学者研究结果一致[7,10]。褐牙鲆的白细胞对活金黄色葡萄球菌的吞噬率为 60.71% ±1.42%,张振冬等[5]以福尔马林灭活的金黄色葡萄球菌作为吞噬原,测得体长 16cm 左右的褐牙鲆的白细胞吞噬率为 21.1% ±1.4%,低于本实验结果,这可能是由于实验方法及试验鱼年龄的差异造成的。另外,由表 1 可知,4 种养殖鱼类间的白细胞吞噬率差异显著($P < 0.05$),鲫鱼白细胞的吞噬能力最强,德国镜鲤最弱,表明 4 种鱼类白细胞的非特异免疫能力存在着明显的差异,也进一步证明鱼类的非特异性免疫能力具有种间差异性。

鱼类红细胞除具有携氧、运输等功能外,还具有重要的非特异性免疫功能,主要表现在红细胞对异物和自身代谢产物的非特异免疫黏附作用,且这种功能存在种间差异。本次研究表明,4 种养殖鱼类的红细胞均能与致敏酵母形成 C3b 受体花环,且花环百分率差异显著;同时,4 种养殖鱼类的红细胞均能够吞噬酵母细胞,具有吞噬功能;这与其他学者的研究结果一致[1,2]。本次试验 4 种养殖鱼类 C3b 受体花环百分率大小顺序为:彭泽鲫 > 德国镜鲤 > 大菱鲆 > 褐牙鲆,而白细胞吞噬率的大小顺序为:彭泽鲫 > 大菱鲆 > 褐牙鲆 > 德国镜鲤(表 1),鲫鱼的红细胞 C3b 受体花环率和白细胞吞噬率均最高,2 个指标存在着正相关的关系,通过对 2 个指标综合评价,推测鲫鱼的抗病力最强。而其他 3 种鱼类的红细胞 C3b 受体花环率与其白细胞吞噬率不存在这种关系,也就是说,红细胞 C3b 受体花环率高的鱼类,其白细胞吞噬率不一定高。因此,在鱼类苗种选育及种质鉴定工作中,不能片面地将某 1 个非特异性免疫指标作为判定 1 种鱼类的抗病力高低的标准,应该将鱼体多个非特异性免疫指标综合评定结果作为标准,进行鱼类抗病力的评价,以达到优化养殖品种的目的。

参考文献

[1]蔡完其,孙佩芳."四大家鱼"对暴发性流行性鱼病的抗病力的种间差异[J].中国水产科学,1995,2(12):23-29.

[2]蔡完其,轩兴荣.红鲤 4 群体间红细胞免疫功能及差异[J].中国水产科学,2003,10(2):133-136.

[3]聂品.鱼类非特异性免疫研究的新进展[J].水产学报,1997,21(1):69-73.

[4]秦启伟,吴灶和,周永灿.饵料维生素 C 对青石斑鱼的非特异性免疫调节[J].热带渔业,2000,19(1):58-63.

[5]张振冬,张培军,莫照兰.牙鲆红细胞免疫功能的初步研究[J].高技术通讯,2006,16(12):1312-1315.

[6]蔡完其,孙佩芳.三种鲫鱼对暴发性鱼病的抗病力[J].水产学报,1993,17(1):44-51.

[7]郭峰,虞紫茜,赵中平.红细胞免疫功能的初步研究[J].中华医学杂志,1982,62(12):715-716.

[8]蔡完其,孙佩芳.三种鲤对暴发性鱼病抗病力的差异[J].水产学报,1994,18(4):290-295.

[9]张永安,孙宝剑,聂品.鱼类免疫组织和细胞的研究概况[J].水生生物学报,2000,24(6):648-654.

[10]赵飞,吴志新,庞素风,等.菜籽粕对异育银鲫免疫应答能力的影响[J].华中农业大学学报,2007,26(3):261-263.

[原载《水利渔业》2008,28(4)]